虎奔科举网　等考新概念

虎奔科举网独创的边学边练、在线编译等系统为学员通过考试提供了……度，并且还提供了全职老师在线答疑、学霸系统等服务。学员通过率非常高，部分学员已经……人气也越来越高。

　　凡购买本书的读者，通过随书附赠的学习卡购买虎奔科举网的课程，均可在原课程价格的基础上优惠100元。具体说明如下：

　　（1）登录虎奔科举网（www.kejuwang.com），完成注册和登录后，在课程中心页单击对应科目下的"开通课程"按钮，如图1所示。

图1　"开通课程"按钮

　　（2）在"确认订单"页，单击"学习卡/优惠券"右侧的"添加"按钮，输入学习卡中的卡号和密码，并单击"添加"按钮，如图2所示。

图2　确认订单

　　注：① 考生在正式购买之前，可以先通过"开通体验班级"按钮，进入体验班感受课程效果，开通体验班后，仍可以继续使用该卡号和密码获取100元优惠。② 学习卡附于图书背面下方，样式如图3所示。

图3　学习卡刮开后效果

　　（3）单击图2中的"获取100元优惠"按钮，需支付的价格会在原来的基础上减少100元，填写正确的手机号，并单击"下一步"按钮，按照引导完成支付即可开通课程，成为虎奔科举网的正式学员，如图4所示。

图4　优惠后的价格

　　虎奔科举网更多的功能与服务，请登录www.kejuwang.com做进一步的了解。开始你轻松、高效的学习之旅吧。

虎奔手机软件　等考保驾护航

虎奔等考手机软件自 2013 年 9 月上市以来，已为数十万考生提供过级保障。全新的学习模式、强大的师资阵容、丰富的备考经验、精准的真考题库，以及贴心的消息推送等功能，为众多考生所青睐。

凡购买本书的读者，通过随书附赠的学习卡即可将手机软件激活成体验版，具体说明如下。

（1）扫描如图 1 所示的二维码（安卓和苹果手机均可），直接下载手机软件。用户也可以至各手机应用市场进行下载。

（2）安装完成后，按照系统的提示，完成科目的选择和题库的加载，并通过学习卡将手机软件激活成体验版。学习卡示例如图 2 所示。

图1　扫描封面的二维码

图2　学习卡刮开后效果

手机软件包括免费版、体验版和更新版 3 个版本。其中，免费版用户只能学习前 4 个考点的选择题、前 10 套操作题，其他功能均不能使用；体验版用户可以学习所有选择题、50% 的操作题，以及二级公共基础知识的所有视频；更新版用户可以使用手机软件中的全部功能，具体功能如下。

（1）界面清新，功能强大，如图 3 所示。

（2）覆盖最新真考题库，如图 4 所示。

图3　手机软件启动界面

图4　手机软件主界面

（3）针对真考试题快速搜索，如图 5 所示。

（4）高清、真人视频，如图 6 所示。

图5　试题搜索

图6　移动课堂

更多功能请下载手机软件进行了解。虎奔教育，因你而精彩。

软件使用说明

　　本软件是在深入研究全国计算机等级考试最新考试大纲及最新无纸化考试指南之后研发而成,内容丰富,功能强大,方便实用,界面清晰简洁。真考涉及的所有试题均可通过本软件进行练习,考题类型、考试环境、评分标准均模拟实际考试环境。

　　同时,软件还提供强大的服务体系,包括专业答疑QQ群(QQ号码:184526944)、读者答疑电话(15321575818)、YY冲刺大讲堂(YY频道号:52583601)、距离下次考试剩余时间的友情提示;并与虎奔科举网和虎奔手机软件相互打通,为考生提供全方位的服务,确保考生一次通关。

　　下面详细介绍软件的使用及主要功能。

一、软件安装

　　(1)将光盘放入光驱可自动开启安装界面;双击光盘中的文件"Autorun.exe",也可进入安装界面,如图1所示。

图1　自动运行的安装界面

　　(2)单击安装界面中的"点击安装"按钮,按照安装程序的引导,完成程序的安装,如图2所示。

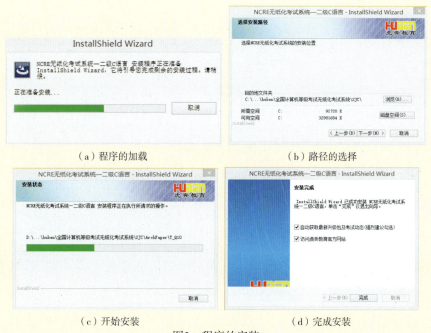

(a)程序的加载　　　　　　　　(b)路径的选择

(c)开始安装　　　　　　　　(d)完成安装

图2　程序的安装

二、软件下载

如果光盘受损坏，或者考生没有光驱，无法用光盘进行软件的安装，也可以从虎奔官网下载安装程序进行安装，过程如下。

（1）登录虎奔官网的下载专区（http://www.chinahuben.com/z/down/），如图 3 所示。找到并单击相应科目，打开对应的下载页面，如图 4 所示，单击下载按钮。

图3　下载专区

图4　下载页面

（2）在弹出的"文件下载"对话框中（如图 5 所示），单击"普通下载"按钮，打开如图 6 所示的对话框，指定并记住文件的保存路径，单击"下载"按钮，即开始程序的下载，如图 7 所示。

图5　文件下载　　　　　　　　　　　图6　指定保存路径

图7 开始下载

其中图6和图7所示的下载过程是使用搜狗浏览器的效果，可能与考生的界面不一致，但不会影响软件的下载和使用。

三、功能说明

1．软件激活

（1）软件安装完成后，默认状态下是未激活的状态，此时，部分功能无法正常使用，包括单项练习中选择题和程序题的部分试题，强化练习中第11套以后的内容（含第11套），以及名师讲堂功能。激活界面如图8所示。

（2）刮开图书背面下方学习卡中的卡号和密码，如图9所示，填入卡号和密码至指定位置，并单击"激活"按钮，等待系统与服务器进行验证，验证通过即可激活成功。

图8　联网激活　　　　　　　图9　学习卡刮开后效果

2．单项练习

本模块包括4大功能，分别是选择题、程序填空题、程序改错题和程序设计题。把真考题库中的所有试题按考点分类，配合考生日常对知识点学习的同时，通过本模块中的对应试题进行有针对性的练习。模块中的所有试题均可自动评分，并配有答案和详细的解析，尤其是程序题部分，不仅可以查看文字解析，还可以查看视频形式的操作演示，如图10所示。

图10　单项练习主界面

3．强化练习

通过一段时间的学习，考生就可以对题库中的试题进行强化练习了，如图11所示。系统按照考生的需要，为考生从题库中抽取指定套数的试题，包括1套选择题和1套程序题。其中，选择题共40道题，每题1分，共40分，前10道考查的是二级公共基础知识部分的内容，后30道考查的是二级C语言部分的内容；程序题包括1道程序填空题、1道程序改错题和1道程序设计题。

图11　强化练习主界面

1套试题的答题时间是120分钟，答题完成后，可通过"状态信息栏"中的"交卷"按钮，或"系统评分"菜单下的相关子菜单进行交卷（如图12所示），系统会对考生的答题结果进行评判，并给出分值和错误提示。

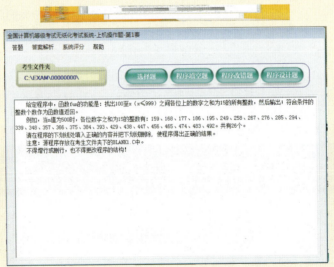

图12　强化练习答题界面

4．模拟考试

本模块从登录、信息验证、抽题、答题、交卷、评分等过程对真实考试进行模拟，使考生提前熟悉考试环境，尽快进入备考状态，如图13所示。同时，还能够检验考生对知识点的掌握情况。本部分与前面介绍的单项练习和强化练习所涉及的试题均源自最新真考题库。

图13　模拟考试主界面

5．名师讲堂

　　本模块中的课程由虎奔教育联合科举网共同开发，考生登录虎奔科举网，完成注册和登录，并选择相应科目的课程后，在购买页面输入图书背面下方学习卡中的卡号和密码，即可以优惠价（比正式价格优惠 100 元）购买虎奔科举网上的课程，如图14所示。

图14　名师讲堂主界面

6. 配书答案

本部分内容为选配模块，适用于购买了虎奔版计算机等级考试无纸化真考题库或无纸化真考三合一系列图书的考生。由于真考题库中的题量较大，为向考生提供更全面、更权威的内容，同时又不增加考生的费用支出，将部分试题对应的答案和解析在本模块中进行展示。同时，为满足部分有纸质版答案及解析需求的考生的需要，考生还可以对选择题或操作题对应的答案进行打印，如图15所示。

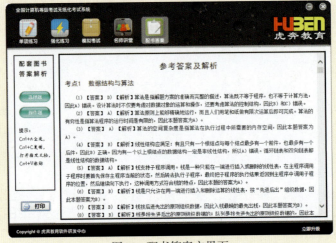

图15　配书答案主界面

7. 消息盒子

为了向考生提供更加全面的服务，软件还配有消息盒子功能，如图16所示。系统会不定期向使用本套软件的考生发送关于考试的信息或通知等。同时，如果软件有功能或题库的升级，我们也会以消息盒子的形式向考生发送通知。考生单击软件主界面中的"立即升级"按钮，即可检查并自动安装更新。

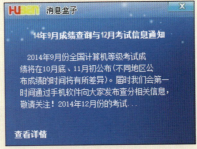

图16　消息盒子

8. 其他服务

为了更好地帮助考生通过考试，软件还提供了QQ答疑群、YY公益讲堂、手机软件、虎奔科举网等快速访问方式，如图17所示。同时，软件还会提示考生距离下一次考试的剩余天数，如图18所示。

图17　其他服务

图18　剩余天数提醒

全国计算机等级考试专业辅导用书

全国计算机等级考试
无纸化真考题库

二级C语言

全国计算机等级考试命题研究室
虎 奔 教 育 教 研 中 心 　编著

清华大学出版社
北　京

内 容 简 介

本书严格依据最新颁布的《全国计算机等级考试大纲》编写，并结合了历年考题的特点、考题的分布和解题的方法。

本书分为四部分：上机考试指南、上机选择题、上机操作题及上机操作题答案及解析。具体内容包括16个考点的经典题库和104套上机操作题及解析。

本书光盘提供强化练习、真考模拟环境、评分与视频解析、名师讲堂等模块。

本书适合报考全国计算机等级考试"二级C语言"科目的考生选用，也可作为大中专院校相关专业的教学辅导用书或相关培训课程的辅导书。

本书封面贴有清华大学出版社防伪标签，无标签者不得销售。
版权所有，侵权必究。侵权举报电话：010-62782989 13701121933

图书在版编目（CIP）数据

全国计算机等级考试无纸化真考题库．二级C语言/全国计算机等级考试命题研究室，虎奔教育教研中心编著．—北京：清华大学出版社，2015(2017.1重印)
全国计算机等级考试专业辅导用书
ISBN 978-7-302-38461-8

Ⅰ．①全… Ⅱ．①全… ②虎… Ⅲ．①电子计算机—水平考试—习题集②C语言—程序设计—水平考试—习题集 Ⅳ．①TP3-44

中国版本图书馆CIP数据核字（2014）第260815号

责任编辑：袁金敏
封面设计：傅瑞学
责任校对：胡伟民
责任印制：刘海龙

出版发行：清华大学出版社
    网　　址：http://www.tup.com.cn, http://www.wqbook.com
    地　　址：北京清华大学学研大厦A座   邮　　编：100084
    社 总 机：010-62770175   邮　　购：010-62786544
    投稿与读者服务：010-62776969, c-service@tup.tsinghua.edu.cn
    质量反馈：010-62772015, zhiliang@tup.tsinghua.edu.cn
印　刷　者：三河市君旺印务有限公司
装　订　者：三河市新茂装订有限公司
经　　销：全国新华书店
开　　本：185mm×260mm 印　张：13.5 字　数：440千字
    （附光盘1张）
版　　次：2015年1月第1版 印　次：2017年1月第2次印刷
定　　价：29.80元

产品编号：062189-02

前　言

全国计算机等级考试（以下简称等级考试）由教育部考试中心组织，是目前报考人数较多、影响较大的全国性计算机考试。随着教育信息化步伐的加快，等级考试逐渐取消了笔试，完全采取无纸化的考试形式。然而，这样的变化也给广大老师的授课与考生的备考带来一定困难。

为了适应等级考试的变化，同时帮助广大师生更好地把握新的考试内容，高效地通过计算机等级考试，本书编写组认真研究无纸化考试的考试形式和最新考试大纲，组织具有多年教学、命题、策划等方面有经验的专业人士，仔细分析众多全国计算机等级考试及其他教育产品的优点，精心策划了本套无纸化专用图书，同时，以软件、网校、手机和现场培训等多种形式为考生提供服务。

本书具有以下四大特点。

1. 百分百真考题库

本书所有试题均为真实考试原型题，试题类型包括选择题和上机操作题，知识点完全覆盖最新真考题库，并逐年不断更新，以真题为核心组织全书的内容，同时提供考前预测试题。

2. 无纸化真考环境

本书配套软件完全模拟真实考试环境，其中包括四大功能模块：选择题、操作题日常练习系统、强化练习系统、完全仿真的模拟考试系统以及真人高清名师讲堂系统，同时软件中配有所有试题的答案，方便有需要的考生查阅或打印。

3. 数字化学习平台

网络课堂，名师、真人、高清视频，循序渐进，由浅入深，结合诙谐的语言和生动的举例，讲解考试中的重点和难点；全新研发的手机软件，随时随地练习、答题和记忆，使备考变得简单。

4. 自助式全程服务

虎奔培训、虎奔官网、手机软件、YY讲座、虎奔网校、免费答疑热线、专业QQ群等互动平台，随时为考生答疑解惑；考前一周冲刺专题，还可以通过虎奔软件自动获取考前预测试卷；考后第一时间点评专题，帮助考生预测考试成绩。

王希更、路谨铭、李媛、王小平、张永刚、石永煊、刘爱格、戚海英、李鹏、刘欣苗等参与了本书的编写工作。

编　者

目 录

第1部分　上机考试指南 ·················· 1
　1.1　机考注意事项 ················· 1
　1.2　上机考试环境 ················· 1
　1.3　上机考试流程 ················· 1
第2部分　上机选择题 ···················· 5
　考点1　数据结构与算法 ············· 5
　考点2　程序设计基础 ··············· 7
　考点3　软件工程基础 ··············· 8
　考点4　数据库设计基础 ············· 9
　考点5　C语言概述 ················· 12
　考点6　数据类型、运算符与表达式 ··· 13
　考点7　顺序结构程序设计 ··········· 16
　考点8　选择结构程序设计 ··········· 18
　考点9　循环结构程序设计 ··········· 24
　考点10　数组 ····················· 29
　考点11　函数 ····················· 33
　考点12　指针 ····················· 42
　考点13　编译预处理 ··············· 47
　考点14　结构体与共用体 ··········· 49
　考点15　位运算 ··················· 55
　考点16　文件 ····················· 56
　参考答案及解析 ··················· 58
第3部分　上机操作题 ···················· 59
　第1套　上机操作题 ················ 59
　第2套　上机操作题 ················ 60
　第3套　上机操作题 ················ 62
　第4套　上机操作题 ················ 63
　第5套　上机操作题 ················ 64
　第6套　上机操作题 ················ 65
　第7套　上机操作题 ················ 66
　第8套　上机操作题 ················ 67
　第9套　上机操作题 ················ 69
　第10套　上机操作题 ··············· 70
　第11套　上机操作题 ··············· 71
　第12套　上机操作题 ··············· 73

第13套　上机操作题 ··············· 74
第14套　上机操作题 ··············· 75
第15套　上机操作题 ··············· 77
第16套　上机操作题 ··············· 78
第17套　上机操作题 ··············· 79
第18套　上机操作题 ··············· 81
第19套　上机操作题 ··············· 82
第20套　上机操作题 ··············· 83
第21套　上机操作题 ··············· 85
第22套　上机操作题 ··············· 86
第23套　上机操作题 ··············· 88
第24套　上机操作题 ··············· 89
第25套　上机操作题 ··············· 90
第26套　上机操作题 ··············· 91
第27套　上机操作题 ··············· 93
第28套　上机操作题 ··············· 94
第29套　上机操作题 ··············· 95
第30套　上机操作题 ··············· 96
第31套　上机操作题 ··············· 97
第32套　上机操作题 ··············· 98
第33套　上机操作题 ··············· 100
第34套　上机操作题 ··············· 101
第35套　上机操作题 ··············· 102
第36套　上机操作题 ··············· 104
第37套　上机操作题 ··············· 105
第38套　上机操作题 ··············· 107
第39套　上机操作题 ··············· 108
第40套　上机操作题 ··············· 110
第41套　上机操作题 ··············· 112
第42套　上机操作题 ··············· 113
第43套　上机操作题 ··············· 115
第44套　上机操作题 ··············· 117
第45套　上机操作题 ··············· 119
第46套　上机操作题 ··············· 121
第47套　上机操作题 ··············· 122
第48套　上机操作题 ··············· 123

第49套	上机操作题	125	第89套	上机操作题	181
第50套	上机操作题	127	第90套	上机操作题	182
第51套	上机操作题	128	第91套	上机操作题	184
第52套	上机操作题	130	第92套	上机操作题	185
第53套	上机操作题	131	第93套	上机操作题	186
第54套	上机操作题	133	第94套	上机操作题	188
第55套	上机操作题	134	第95套	上机操作题	189
第56套	上机操作题	135	第96套	上机操作题	190
第57套	上机操作题	137	第97套	上机操作题	191
第58套	上机操作题	138	第98套	上机操作题	193
第59套	上机操作题	140	第99套	上机操作题	194
第60套	上机操作题	142	第100套	上机操作题	195
第61套	上机操作题	143	第101套~104套	上机操作题	196
第62套	上机操作题	145	**第4部分 参考答案及解析**		**197**
第63套	上机操作题	146	第1套	参考答案及解析	197
第64套	上机操作题	148	第2套	参考答案及解析	197
第65套	上机操作题	149	第3套	参考答案及解析	198
第66套	上机操作题	150	第4套	参考答案及解析	198
第67套	上机操作题	152	第5套	参考答案及解析	199
第68套	上机操作题	153	第6套	参考答案及解析	199
第69套	上机操作题	154	第7套	参考答案及解析	200
第70套	上机操作题	156	第8套	参考答案及解析	200
第71套	上机操作题	157	第9套	参考答案及解析	201
第72套	上机操作题	158	第10套	参考答案及解析	201
第73套	上机操作题	160	第11套	参考答案及解析	202
第74套	上机操作题	161	第12套	参考答案及解析	202
第75套	上机操作题	162	第13套	参考答案及解析	203
第76套	上机操作题	163	第14套	参考答案及解析	204
第77套	上机操作题	164	第15套	参考答案及解析	204
第78套	上机操作题	166	第16套	参考答案及解析	205
第79套	上机操作题	167	第17套	参考答案及解析	205
第80套	上机操作题	168	第18套	参考答案及解析	206
第81套	上机操作题	170	第19套	参考答案及解析	207
第82套	上机操作题	171	第20套	参考答案及解析	207
第83套	上机操作题	172	第21套	参考答案及解析	208
第84套	上机操作题	174	第22套	参考答案及解析	208
第85套	上机操作题	175	第23套	参考答案及解析	209
第86套	上机操作题	176	第24套	参考答案及解析	209
第87套	上机操作题	178	第25套	参考答案及解析	210
第88套	上机操作题	179	第26套~104套	参考答案及解析	210

第 1 部分

上机考试指南

1.1 机考注意事项

（1）考生在上机考试时，应在开考前30分钟进入候考室，校验准考证和身份证（军人身份证或户口本），同时抽签确定上机考试的机器号。

（2）考生提前5分钟进入机房，坐在由抽签确定的机器号上，不允许乱坐位置。

（3）不得擅自登录与自己无关的考号。

（4）不得擅自复制或删除与自己无关的目录和文件。

（5）不得在考场内交头接耳、大声喧哗。

（6）开考未到10分钟不得离开考场。

（7）迟到10分钟者取消考试资格。

（8）考试中计算机出现故障、死机、死循环和电源故障等异常情况（即无法进行正常考试）时，应举手示意与监考人员联系，不得擅自关机。

（9）考生答题完毕后应立即离开考场，不得干扰其他考生答题。

注意： 考生必须在自己的考生目录下进行考试，否则在评分时查询不到考试内容而影响考试成绩。

1.2 上机考试环境

1. 硬件环境

上机考试系统所需的硬件环境，如表1.1所示。

表1.1 硬件环境

CPU	主频3 GHz或以上
内存	2GB以上（含2GB）
显卡	SVGA 彩显
硬盘空间	10GB以上可供考试使用的空间（含10GB）

2. 软件环境

上机考试系统所需的软件环境，如表1.2所示。

表1.2 软件环境

操作系统	中文版Windows 7
应用软件	中文版Microsoft Visual C++ 6.0和MSDN 6.0

3. 题型及分值

全国计算机等级考试二级C语言采取无纸化上机考试，满分为100分，共包括4种题型，即选择题（每题1分，共40分）、程序填空题（1小题，共18分）、程序改错题（1小题，共18分）和程序设计题（1小题，共24分）。总分达到60分即可取得合格证书。

4. 考试时间

全国计算机等级考试二级C语言上机考试时间为120分钟，由上机考试系统自动计时，考试结束前5分钟系统自动报警，以提醒考生及时存盘，考试时间结束后，上机考试系统自动将计算机锁定，考生不能继续进行考试。

1.3 上机考试流程

考生的考试过程分为登录、答题和交卷三大阶段。

1. 登录

在实际答题之前，考生需要进行考试系统的登录。一方面，这是考生信息的记录凭据，系统要验证考生的"合法"身份；另一方面，考试系统也需要为每一位考生随机抽题，生成一份二级C语言上机考试的试题。

（1）启动考试系统。双击桌面上的"考试系统"

快捷方式，或执行"开始"|"程序"|"第??（??为考次号）次NCRE"命令，启动"考试系统"，出现"登录界面"窗口，如图1.1所示。

图1.1　登录界面

（2）输入准考证号。单击图1.1中的"登录"按钮或按回车键进入"身份验证"窗口，如图1.2所示。

图1.2　身份验证

（3）考号验证。考生输入准考证号后，单击图1.2中的"登录"按钮或按回车键后，可能会出现两种情况的提示信息。

① 如果输入的准考证号存在，将弹出"信息验证"窗口，要求考生对自己的准考证号、姓名和身份证号进行验证，如图1.3所示。如果准考证号错误，单击"否(N)"重新输入；如果准考证号正确，单击"是(Y)"继续执行下面的操作。

图1.3　信息验证

② 如果输入的准考证号不存在，系统会显示相应的提示信息并要求考生重新输入准考证号，直到输入正确或单击"是(Y)"按钮退出考试系统为止，如图1.4所示。

图1.4　错误提示

（4）登录成功。当考试系统抽取试题成功后，屏幕上会显示二级C语言的上机考试须知窗口，考生选中"已阅读"并单击"开始考试并计时"按钮开始答题并计时，如图1.5所示。

图1.5　考试须知

2. 答题

（1）试题内容查阅窗口。登录成功后，考试系统将自动在屏幕中间生成试题内容查阅窗口，至此，系统已为考生抽取一套完整的试题，如图1.6所示，单击其中的"选择题"、"程序填空题"、"程序改错题"和"程序设计题"按钮，可以分别查看各题型题目要求。

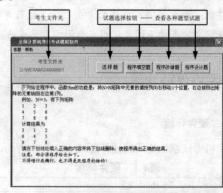

图1.6　试题内容查阅窗口

当试题内容查阅窗口中显示上下或左右滚动条时，表示该窗口中的试题尚未完全显示，因此，考生可用鼠标操作显示剩下的试题内容，防止因漏做试题而影响考试成绩。

（2）考试状态信息条。屏幕中间出现试题内容查阅窗口的同时，屏幕顶部显示考试状态信息条，其中包括：① 考生的准考证号、姓名、考试剩余时间；② 可以随时显示或隐藏试题内容查阅窗口的按钮；③ 退出考试系统进行交卷的按钮。"隐藏窗口"字符表示屏幕中间的考试窗口正在显示着，当单击"隐藏窗口"字符时，屏幕中间的考试窗口就被隐藏，且"隐藏窗口"字符串变成"显示窗口"，如图1.7所示。

图1.7　考试状态信息条

（3）启动考试环境。在试题内容查阅窗口中，单击"答题"菜单下的"启动 Visual C++ 6.0"菜单命令，即可启动二级 C 语言的上机考试环境，考生可以在此环境下答题。

（4）启动选择题答题程序。在试题内容查阅窗口中，单击"答题"菜单下的"选择题"菜单命令，即可启动选择题的答题窗口，如图1.8所示。

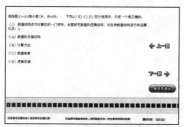

图1.8　选择题答题窗口

3. 考生文件夹

考生文件夹是存放考生答题结果的唯一位置。考生在考试过程中所操作的文件和文件夹千万不能脱离考生文件夹，同时千万不能随意删除此文件夹中的任何与考试要求无关的文件及文件夹，否则会影响考试成绩。考生文件夹的命名是系统默认的，一般为准考证号的前 2 位和后 6 位。假设某考生登录的准考证号为"2437999999000001"，则考生文件夹为"K:\考试机机号\24000001"。

4. 交卷

考试过程中，系统会为考生计算剩余考试时间。在剩余5分钟时，系统会显示提示信息，如图1.9所示。考试时间用完后，系统会锁住计算机并提示输入"延时"密码。这时考试系统并没有自行结束运行，它需要输入延时密码才能解锁计算机并恢复考试界面，考试系统会自动再运行5分钟，在此期间可以单击"交卷"按钮进行交卷处理。如果没有进行交卷处理，考试系统运行到5分钟时，又会锁住计算机并提示输入"延时"密码，这时还可以使用延时密码。

图1.9　信息提示

如果考生要提前结束考试并交卷，则在屏幕顶部显示的窗口中选择"交卷"按钮，上机考试系统将弹出如图1.10所示的信息提示。此时，考生如果选择"确定"按钮，则退出上机考试系统进行交卷处理，选择"取消"按钮则返回考试界面，继续进行考试。

图1.10　交卷确认

如果进行交卷处理，系统首先锁住屏幕，并显示"系统正在进行交卷处理，请稍候！"，当系统完成了交卷处理，在屏幕上显示"交卷正常，请输入结束密码："，这时只要输入正确的结束密码就可结束考试。

交卷过程不删除考生文件夹中的任何考试数据。

5. 意外情况

如果在考试过程中发生死机等意外情况，需要再次登录时，根据情况监考人员可输入以下两种密码。

（1）输入"二次登录密码"，将从考试中断的地方继续前面的考试，考题仍是原先的题目，考试时间也将继续累计，如图1.11所示。

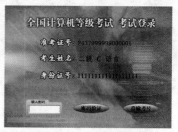

图1.11　二次登录密码

如果考试中使用过"延时"密码，再进行二次登录，系统会给出一分钟的时间给考生进行交卷处理。如果在这一分钟内退出考试，可以再进行二次登录，但系统只会给出前面一分钟内未使用完的时间给考生。只要不进行"交卷"处理，可以多次"延时"。

在考试中如果需要更换考试机，为保留考题和已作答信息，有两种处理办法：一是在新的考试机上建立相同用户名，再以二次登录的方式登录考试；二是通过管理系统的"为考生更换考试机"命令来为考生指定新的考试机，再以二次登录的方式登录考试。

（2）输入"重新抽题密码"，系统会为考生重新抽取一套考题，但考生前面的作答信息会被覆盖，同时考试系统会将发生的情况记录在案。

如果有多个考生同时用一个从未登录过的准考证号进行登录，那么只有一个考生可以正常登录，其余考生都不能登录，并且在屏幕上会提示已有一个考生正常登录，并显示该登录用户名。在这种情况下，如果那个正常登录的考生确实不是这个准考证号的拥有者，只要找到拥有这个准考证号的考生，在他的考试机上用重新抽题密码重新登录即可。

第 2 部分

上机选择题

考点1 数据结构与算法

（1）下列叙述中正确的是（　　）。
  A）算法就是程序
  B）设计算法时只需要考虑数据结构的设计
  C）设计算法时只需要考虑结果的可靠性
  D）以上三种说法都不对

（2）算法的有穷性是指（　　）。
  A）算法程序的运行时间是有限的　　B）算法程序所处理的数据量是有限的
  C）算法程序的长度是有限的　　　　D）算法只能被有限的用户使用

（3）算法的空间复杂度是指（　　）。
  A）算法在执行过程中所需要的计算机存储空间
  B）算法所处理的数据量
  C）算法程序中的语句或指令条数
  D）算法在执行过程中所需要的临时工作单元数

（4）下列叙述中正确的是（　　）。
  A）有一个以上根结点的数据结构不一定是非线性结构
  B）只有一个根结点的数据结构不一定是线性结构
  C）循环链表是非线性结构
  D）双向链表是非线性结构

（5）支持子程序调用的数据结构是（　　）。
  A）栈　　　　　　B）树　　　　　　C）队列　　　　　　D）二叉树

（6）下列关于栈的叙述正确的是（　　）。
  A）栈按"先进先出"组织数据　　　　B）栈按"先进后出"组织数据
  C）只能在栈底插入数据　　　　　　D）不能删除数据

（7）一个栈的初始状态为空。现将元素1、2、3、4、5、A、B、C、D、E依次入栈，然后依次出栈，则元素出栈的顺序是（　　）。
  A）12345ABCDE　　B）EDCBA54321　　C）ABCDE12345　　D）54321EDCBA

（8）下列数据结构中，能够按照"先进后出"原则存取数据的是（　　）。
  A）循环队列　　　B）栈　　　　　　C）队列　　　　　　D）二叉树

（9）下列关于栈叙述正确的是（　　）。
  A）栈顶元素最先能被删除　　　　　B）栈顶元素最后才能被删除

C）栈底元素永远不能被删除　　　　　D）栈底元素最先能被删除

(10) 下列叙述中正确的是（　　）。
A）在栈中，栈中元素随栈底指针与栈顶指针的变化而动态变化
B）在栈中，栈顶指针不变，栈中元素随栈底指针的变化而动态变化
C）在栈中，栈底指针不变，栈中元素随栈顶指针的变化而动态变化
D）在栈中，栈中元素不会随栈底指针与栈顶指针的变化而动态变化

(11) 下列叙述中正确的是（　　）。
A）栈是"先进先出"的线性表
B）队列是"先进后出"的线性表
C）循环队列是非线性结构的线性表
D）有序线性表既可以采用顺序存储结构，也可以采用链式存储结构

(12) 下列叙述中正确的是（　　）。
A）栈是一种先进先出的线性表　　　　B）队列是一种后进先出的线性表
C）栈与队列都是非线性结构　　　　　D）以上三种说法都不对

(13) 下列叙述中正确的是（　　）。
A）循环队列有队头和队尾两个指针，因此，循环队列是非线性结构
B）在循环队列中，只需要队头指针就能反映队列中元素的动态变化情况
C）在循环队列中，只需要队尾指针就能反映队列中元素的动态变化情况
D）循环队列中元素的个数是由队头指针和队尾指针共同决定

(14) 对于循环队列，下列叙述中正确的是（　　）。
A）队头指针是固定不变的
B）队头指针一定大于队尾指针
C）队头指针一定小于队尾指针
D）队头指针可以大于队尾指针，也可以小于队尾指针

(15) 下列叙述中正确的是（　　）。
A）循环队列是队列的一种链式存储结构　B）循环队列是队列的一种顺序存储结构
C）循环队列是非线性结构　　　　　　　D）循环队列是一种逻辑结构

(16) 下列叙述中正确的是（　　）。
A）顺序存储结构的存储空间一定是连续的，链式存储结构的存储空间不一定是连续的
B）顺序存储结构只针对线性结构，链式存储结构只针对非线性结构
C）顺序存储结构能存储有序表，链式存储结构不能存储有序表
D）链式存储结构比顺序存储结构节省存储空间

(17) 下列叙述中正确的是（　　）。
A）线性表的链式存储结构与顺序存储结构所需要的存储空间是相同的
B）线性表的链式存储结构所需要的存储空间一般要多于顺序存储结构
C）线性表的链式存储结构所需要的存储空间一般要少于顺序存储结构
D）线性表的链式存储结构所需要的存储空间与顺序存储结构没有任何关系

(18) 下列关于线性链表的叙述中，正确的是（　　）。
A）各数据结点的存储空间可以不连续，但它们的存储顺序与逻辑顺序必须一致
B）各数据结点的存储顺序与逻辑顺序可以不一致，但它们的存储空间必须连续
C）进行插入与删除时，不需要移动表中的元素
D）各数据结点的存储顺序与逻辑顺序可以不一致，它们的存储空间也可以不一致

(19) 下列数据结构中，属于非线性结构的是（　）。
　　A）循环队列　　　B）带链队列　　　C）二叉树　　　D）带链栈

(20) 某系统总体结构图如下图所示。

```
            XT系统
       ┌─────┼─────┐
     功能1  功能2  功能3
            ┌──┼──┐
         功能2.1 功能2.2 功能2.3
```

该系统总体结构图的深度是（　）。
　　A）7　　　B）6　　　C）3　　　D）2

(21) 某二叉树有5个度为2的结点，则该二叉树中的叶子结点数是（　）。
　　A）10　　　B）8　　　C）6　　　D）4

(22) 某二叉树共有7个结点，其中叶子结点只有1个，则该二叉树的深度为（假设根结点在第1层）（　）。
　　A）3　　　B）4　　　C）6　　　D）7

(23) 下列关于二叉树的叙述中，正确的是（　）。
　　A）叶子结点总是比度为 2 的结点少一个　　　B）叶子结点总是比度为 2 的结点多一个
　　C）叶子结点数是度为 2 的结点数的两倍　　　D）度为 2 的结点数是度为 1 的结点数的两倍

(24) 一棵二叉树共有25个结点，其中5个是叶子结点，则度为1的结点数为（　）。
　　A）16　　　B）10　　　C）6　　　D）4

(25) 在长度为n的有序线性表中进行二分法查找，最坏情况下需要比较的次数是（　）。
　　A）$O(n)$　　　B）$O(n^2)$　　　C）$O(\log_2 n)$　　　D）$O(n\log_2 n)$

(26) 对长度为n的线性表排序，在最坏情况下，比较次数不是n(n-1)/2的排序方法是（　）。
　　A）快速排序　　　B）冒泡排序　　　C）直接插入排序　　　D）堆排序

(27) 下列排序方法中，最坏情况下比较次数最少的是（　）。
　　A）冒泡排序　　　B）简单选择排序　　　C）直接插入排序　　　D）堆排序

考点2　程序设计基础

(1) 结构化程序设计的基本原则不包括（　）。
　　A）多态性　　　B）自顶向下　　　C）模块化　　　D）逐步求精

(2) 下列选项中不属于结构化程序设计原则的是（　）。
　　A）可封装　　　B）自顶向下　　　C）模块化　　　D）逐步求精

(3) 结构化程序所要求的基本结构不包括（　）。
　　A）顺序结构　　　　　　　　　　B）GOTO 跳转
　　C）选择（分支）结构　　　　　　D）重复（循环）结构

(4) 下列选项中属于面向对象设计方法主要特征的是（　）。
　　A）继承　　　B）自顶向下　　　C）模块化　　　D）逐步求精

(5) 在面向对象方法中，不属于"对象"基本特点的是（　）。
　　A）一致性　　　B）分类性　　　C）多态性　　　D）标识唯一性

(6) 定义无符号整数类为UInt,下面可以作为类UInt实例化值的是（　）。
　　A) –369　　　　　B) 369　　　　　C) 0.369　　　　D) 整数集合 {1,2,3,4,5}

(7) 面向对象方法中,继承是指（　）。
　　A) 一组对象所具有的相似性质　　　B) 一个对象具有另一个对象的性质
　　C) 各对象之间的共同性质　　　　　D) 类之间共享属性和操作的机制

考点3 软件工程基础

(1) 软件按功能可以分为：应用软件、系统软件和支撑软件（工具软件）。下面属于应用软件的是（　）。
　　A) 学生成绩管理系统　B) C语言编译程序　C) UNIX 操作系统　D) 数据库管理系统

(2) 软件按功能可以分为：应用软件、系统软件和支撑软件（工具软件）。下面属于应用软件的是（　）。
　　A) 编译程序　　　　B) 操作系统　　　　C) 教务管理系统　　D) 汇编程序

(3) 下面描述中,不属于软件危机表现的是（　）。
　　A) 软件过程不规范　　　　　　　　B) 软件开发生产率低
　　C) 软件质量难以控制　　　　　　　D) 软件成本不断提高

(4) 软件生命周期是指（　）。
　　A) 软件产品从提出、实现、使用维护到停止使用退役的过程
　　B) 软件从需求分析、设计、实现到测试完成的过程
　　C) 软件的开发过程
　　D) 软件的运行维护过程

(5) 软件生命周期中的活动不包括（　）。
　　A) 市场调研　　　　B) 需求分析　　　　C) 软件测试　　　　D) 软件维护

(6) 在软件开发中,需求分析阶段产生的主要文档是（　）。
　　A) 可行性分析报告　　　　　　　　B) 软件需求规格说明书
　　C) 概要设计说明书　　　　　　　　D) 集成测试计划

(7) 在软件开发中,需求分析阶段产生的主要文档是（　）。
　　A) 软件集成测试计划　　　　　　　B) 软件详细设计说明书
　　C) 用户手册　　　　　　　　　　　D) 软件需求规格说明书

(8) 下面不属于需求分析阶段任务的是（　）。
　　A) 确定软件系统的功能需求　　　　B) 确定软件系统的性能需求
　　C) 需求规格说明书评审　　　　　　D) 制定软件集成测试计划

(9) 数据流图中带有箭头的线段表示的是（　）。
　　A) 控制流　　　　　B) 事件驱动　　　　C) 模块调用　　　　D) 数据流

(10) 软件设计中模块划分应遵循的准则是（　）。
　　A) 低内聚低耦合　　B) 高内聚低耦合　　C) 低内聚高耦合　　D) 高内聚高耦合

(11) 耦合性和内聚性是对模块独立性度量的两个标准,下列叙述中正确的是（　）。
　　A) 提高耦合性降低内聚性有利于提高模块的独立性
　　B) 降低耦合性提高内聚性有利于提高模块的独立性
　　C) 耦合性是指一个模块内部各个元素间彼此结合的紧密程度
　　D) 内聚性是指模块间互相连接的紧密程度

（12）软件设计中划分模块的一个准则是（　）。
　　A）低内聚低耦合　　B）高内聚低耦合　　C）低内聚高耦合　　D）高内聚高耦合
（13）在软件开发中，需求分析阶段可以使用的工具是（　）。
　　A）N-S 图　　B）DFD 图　　C）PAD 图　　D）程序流程图
（14）下面描述中错误的是（　）。
　　A）系统总体结构图支持软件系统的详细设计
　　B）软件设计是将软件需求转换为软件表示的过程
　　C）数据结构与数据库设计是软件设计的任务之一
　　D）PAD 图是软件详细设计的表示工具
（15）在软件设计中不使用的工具是（　）。
　　A）系统结构图　　B）PAD 图　　C）数据流图（DFD 图）　　D）程序流程图
（16）程序流程图中带有箭头的线段表示的是（　）。
　　A）图元关系　　B）数据流　　C）控制流　　D）调用关系
（17）软件详细设计产生的图如下：

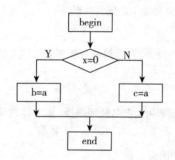

该图是（　）。
　　A）N-S 图　　B）PAD 图　　C）程序流　　D）E-R 图
（18）下面叙述中错误的是（　）。
　　A）软件测试的目的是发现错误并改正错误
　　B）对被调试的程序进行"错误定位"是程序调试的必要步骤
　　C）程序调试通常也称为 Debug
　　D）软件测试应严格执行测试计划，排除测试的随意性
（19）软件测试的目的是（　）。
　　A）评估软件可靠性　　B）发现并改正程序中的错误
　　C）改正程序中的错误　　D）发现程序中的错误
（20）在黑盒测试方法中，设计测试用例的主要根据是（　）。
　　A）程序内部逻辑　　B）程序外部功能　　C）程序数据结构　　D）程序流程图
（21）程序调试的任务是（　）。A）设计测试用例　　B）验证程序的正确性　　C）发现程序中的错误　　D）诊断和改正程序中的错误

考点4 数据库设计基础

（1）数据库管理系统是（　）。
　　A）操作系统的一部分　　　　　　　　B）在操作系统支持下的系统软件

C）一种编译系统　　　　　　　　D）一种操作系统
(2) 负责数据库中查询操作的数据库语言是（　　）。
　　　A）数据定义语言　B）数据管理语言　C）数据操纵语言　D）数据控制语言
(3) 在数据管理技术发展的三个阶段中，数据共享最好的是（　　）。
　　　A）人工管理阶段　B）文件系统阶段　C）数据库系统阶段　D）三个阶段相同
(4) 数据库设计中反映用户对数据要求的模式是（　　）。
　　　A）内模式　　　　B）概念模式　　　C）外模式　　　　D）设计模式
(5) 数据库系统的三级模式不包括（　　）。
　　　A）概念模式　　　B）内模式　　　　C）外模式　　　　D）数据模式
(6) 在下列模式中，能够给出数据库物理存储结构与物理存取方法的是（　　）。
　　　A）外模式　　　　B）内模式　　　　C）概念模式　　　D）逻辑模式
(7) 层次型、网状型和关系型数据库的划分原则是（　　）。
　　　A）记录长度　　　B）文件的大小　　C）联系的复杂程度　D）数据之间的联系方式
(8) 一间宿舍可住多名学生，则实体宿舍和学生之间的联系是（　　）。
　　　A）一对一　　　　B）一对多　　　　C）多对一　　　　D）多对多
(9) 一名工作人员可以使用多台计算机，而一台计算机可被多名工作人员使用，则实体工作人员与实体计算机之间的联系是（　　）。
　　　A）一对一　　　　B）一对多　　　　C）多对多　　　　D）多对一
(10) 一名教师可讲授多门课程，一门课程可由多名教师讲授。则实体教师和课程间的联系是（　　）。
　　　A）1：1 联系　　　B）1：m 联系　　 C）m：1 联系　　 D）m：n 联系
(11) 在 E-R 图中，用来表示实体联系的图形是（　　）。
　　　A）椭圆形　　　　B）矩形　　　　　C）菱形　　　　　D）三角形
(12) 设有表示学生选课的三张表，学生S（学号，姓名，性别，年龄，身份证号），课程C（课号，课名），选课SC（学号，课号，成绩），则表SC的关键字（键或码）为（　　）。
　　　A）课号，成绩　　B）学号，成绩　　C）学号，课号　　D）学号，姓名，成绩
(13) 在满足实体完整性约束的条件下（　　）。
　　　A）一个关系中应该有一个或多个候选关键字
　　　B）一个关系中只能有一个候选关键字
　　　C）一个关系中必须有多个候选关键字
　　　D）一个关系中可以没有候选关键字
(14) 有两个关系R，S如下。

R

A	B	C
a	3	2
b	0	1
c	2	1

S

A	B
a	3
b	0
c	2

由关系 R 通过运算得到关系 S，则所使用的运算为（　　）。
　　　A）选择　　　　　B）投影　　　　　C）插入　　　　　D）连接

(15) 有三个关系R、S和T如下。

R		
B	C	D
a	0	k1
b	1	n1

S		
B	C	D
f	3	h2
a	0	k1
n	2	x1

T		
B	C	D
a	0	k1

由关系 R 和 S 通过运算得到关系 T，则所使用的运算为（　　）。
A）并　　　　　　B）自然连接　　　　C）笛卡儿积　　　　D）交

(16) 有三个关系R、S和T如下。

R	
A	B
m	1
n	2

S	
B	C
1	3
3	5

T		
A	B	C
m	1	3

由关系 R 和 S 通过运算得到关系 T，则所使用的运算为（　　）。
A）笛卡儿积　　　B）交　　　　　　C）并　　　　　　D）自然连接

(17) 有三个关系R、S和T如下。

R		
A	B	C
a	1	2
b	2	1
c	3	1

S		
A	B	C
a	1	2
b	2	1

T		
A	B	C
c	3	1

则由关系 R 和 S 得到关系 T 的操作是（　　）。
A）自然连接　　　B）差　　　　　　C）交　　　　　　D）并

(18) 有三个关系R、S和T如下。

R		
A	B	C
a	1	2
b	2	1
c	3	1

S		
A	B	C
a	1	2
d	2	1

T		
A	B	C
b	2	1
c	3	1

则由关系 R 和 S 得到关系 T 的操作是（　　）。
A）自然连接　　　B）并　　　　　　C）交　　　　　　D）差

(19) 有三个关系R、S和T如下。

R		
A	B	C
a	1	2
b	2	1
c	3	1

S	
A	D
c	4

T			
A	B	C	D
c	3	1	4

则由关系 R 和 S 得到关系 T 的操作是（　　）。
A）自然连接　　　B）交　　　　　　C）投影　　　　　D）并

(20) 有三个关系R、S和T如下。

R		
A	B	C
a	1	2
b	2	1
c	3	1

S	
A	B
c	3

T
C
1

则由关系 R 和 S 得到关系 T 的操作是（　　）。
A）自然连接　　　B）交　　　　　　C）除　　　　　　D）并

(21) 数据库应用系统中的核心问题是（　　）。

A）数据库设计　　　　B）数据库系统设计　　C）数据库维护　　　　D）数据库管理员培训

(22) 下列关于数据库设计的叙述中，正确的是（　　）。
A）在需求分析阶段建立数据字典　　　　B）在概念设计阶段建立数据字典
C）在逻辑设计阶段建立数据字典　　　　D）在物理设计阶段建立数据字典

(23) 在数据库设计中，将E-R图转换成关系数据模型的过程属于（　　）。
A）需求分析阶段　　　B）概念设计阶段　　　C）逻辑设计阶段　　　D）物理设计阶段

(24) 将E-R图转换为关系模式时，实体和联系都可以表示为（　　）。
A）属性　　　　　　　B）键　　　　　　　　C）关系　　　　　　　D）域

(25) 有三个关系R，S和T如下。

R

A	B	C
a	1	2
b	2	1
c	3	1

S

A	B	C
d	3	2

T

A	B	C
a	1	2
b	2	1
c	3	1
d	3	2

其中，关系T由关系R和S通过某种操作得到，该操作为（　　）。
A）选择　　　　　　　B）投影　　　　　　　C）交　　　　　　　　D）并

考点5　C语言概述

(1) 以下叙述中错误的是（　　）。
A）使用三种基本结构构成的程序只能解决简单问题
B）结构化程序由顺序、分支、循环三种基本结构组成
C）C语言是一种结构化程序设计语言
D）结构化程序设计提倡模块化的设计方法

(2) 以下叙述中错误的是（　　）。
A）算法正确的程序最终一定会结束　　　　B）算法正确的程序可以有零个输出
C）算法正确的程序可以有零个输入　　　　D）算法正确的程序对于相同的输入一定有相同的结果

(3) 以下选项中关于程序模块化的叙述错误的是（　　）。
A）可采用自底向上、逐步细化的设计方法把若干独立模块组装成所要求的程序
B）把程序分成若干相对独立、功能单一的模块，可便于重复使用这些模块
C）把程序分成若干相对独立的模块，可便于编码和调试
D）可采用自顶向下、逐步细化的设计方法把若干独立模块组装成所要求的程序

(4) 以下叙述中正确的是（　　）。
A）在算法设计时，可以把复杂任务分解成一些简单的子任务
B）在C语言程序设计中，所有函数必须保存在一个源文件中
C）只要包含了三种基本结构的算法就是结构化程序
D）结构化程序必须包含所有的三种基本结构，缺一不可

(5) 下列叙述中错误的是（　　）。
A）C程序可以由一个或多个函数组成　　　B）C程序可以由多个程序文件组成
C）一个C语言程序只能实现一种算法　　　D）一个C函数可以单独作为一个C程序文件存在

(6) 对于一个正常运行的C程序, 以下叙述中正确的是( )。
　　A) 程序的执行总是从程序的第一个函数开始, 在 main 函数结束
　　B) 程序的执行总是从 main 函数开始
　　C) 程序的执行总是从 main 函数开始, 在程序的最后一个函数中结束
　　D) 程序的执行总是从程序的第一个函数开始, 在程序的最后一个函数中结束

(7) 以下选项中能表示合法常量的是( )。
　　A) "\007"　　　　　　B) 1.5E2.0　　　　　　C) '\'　　　　　　D) 1,200

(8) 下列叙述中错误的是( )。
　　A) C 程序可以由多个程序文件组成　　　　B) 一个 C 语言程序只能实现一种算法
　　C) C 程序可以由一个或多个函数组成　　　D) 一个 C 函数可以单独作为一个 C 程序文件存在

(9) 下列叙述中正确的是( )。
　　A) 每个 C 程序文件中都必须要有一个 main 函数
　　B) 在 C 程序中 main 函数的位置是固定的
　　C) C 程序中所有函数之间都可以相互调用
　　D) 在 C 程序的函数中不能定义另一个函数

(10) 以下叙述正确的是( )。
　　A) C 语言函数可以嵌套调用, 例如: fun(fun(x))
　　B) C 语言程序是由过程和函数组成的
　　C) C 语言函数不可以单独编译
　　D) C 语言中除了 main 函数, 其他函数不可作为单独文件形式存在

(11) 以下叙述中正确的是( )。
　　A) C 程序中的注释只能出现在程序的开始位置和语句的后面
　　B) C 程序书写格式严格, 要求一行内只能写一个语句
　　C) C 程序书写格式自由, 一个语句可以写在多行上
　　D) 用 C 语言编写的程序只能放在一个程序文件中

(12) 以下叙述中错误的是( )。
　　A) C 语言中的每条可执行语句和非执行语句最终都将被转换成二进制的机器指令
　　B) C 程序经过编译、链接步骤之后才能形成一个真正可执行的二进制机器指令文件
　　C) 用 C 语言编写的程序称为源程序, 它以 ASCII 代码形式存放在一个文本文件中
　　D) C 语言源程序经编译后生成后缀为 .obj 的目标程序

考点6 数据类型、运算符与表达式

(1) 以下选项中不合法的标识符是( )。
　　A) _00　　　　　　B) FOR　　　　　　C) print　　　　　　D) &a

(2) 按照C语言规定的用户标识符命名规则, 不能出现在标识符中的是( )。
　　A) 大写字母　　　　B) 连接符　　　　　C) 数字字符　　　　D) 下划线

(3) 下列定义变量的语句中错误的是( )。
　　A) double int_;　　B) float US$;　　　C) char For;　　　　D) int _int;

(4) 以下选项中, 能用作用户标识符的是( )。
　　A) _0_　　　　　　B) 8_8　　　　　　C) void　　　　　　D) unsigned

(5) 以下关于C语言数据类型使用的叙述中错误的是（　　）。
   A）若只处理"真"和"假"两种逻辑值，应使用逻辑类型
   B）若要保存带有多位小数的数据，可使用双精度类型
   C）若要处理如"人员信息"等含有不同类型的相关数据，应自定义结构体类型
   D）整数类型表示的自然数是准确无误差的

(6) 以下选项中，合法的一组C语言数值常量是（　　）。
   A）12.　0Xa23　4.5e0　　　　　B）028　.5e-3　-0xf
   C）.177　4e1.5　0abc　　　　　D）0x8A　10,000　3.e5

(7) 以下选项中，能用作数据常量的是（　　）。
   A）115L　　　B）0118　　　C）1.5e1.5　　　D）o115

(8) C源程序中不能表示的数制是（　　）。
   A）十六进制　　B）八进制　　C）十进制　　D）二进制

(9) 以下定义语句中正确的是（　　）。
   A）float a=1,*b=&a,*c=&b;　　　B）int a=b=0;
   C）char A=65+1,b='b';　　　　　D）double a=0.0; b=1.1;

(10) 以下不合法的字符常量是（　　）。
   A）'\018'　　B）'\"'　　C）'\\'　　D）'\xcc'

(11) 以下选项中不能用作C程序合法常量的是（　　）。
   A）'\123'　　B）1,234　　C）123　　D）"\x7D"

(12) 以下不能输出字符A的语句是（注：字符A的ASCII码值为65，字符a的ASCII码值为97）（　　）。
   A）printf ("%c \n",'B'-1);　　　B）printf ("%c \n",'a'-32);
   C）printf ("%c \n",65);　　　　D）printf ("%d \n",'A');

(13) 以下选项中不能作为C语言合法常量的是（　　）。
   A）'cd'　　B）0.1e+6　　C）"\a"　　D）'\011'

(14) 已知大写字母A的ASCII码是65，小写字母a的ASCII码是97。以下不能将变量c中的大写字母转换为对应小写字母的语句是（　　）。
   A）c=('A'+c)%26-'a'　　B）c=c+32　　C）c=c-'A'+'a'　　D）c=(c-'A')%26 +'a'

(15) 以下选项中，值为1的表达式是（　　）。
   A）'1' -0　　B）1 - '0'　　C）1 - '\0'　　D）'\0' - '0'

(16) 以下选项中非法的C语言字符常量是（　　）。
   A）'aa'　　B）'\b'　　C）'\007'　　D）'\xaa'

(17) 以下选项中非法的C语言字符常量是（　　）。
   A）'\x9d'　　B）'9'　　C）'\x09'　　D）'\09'

(18) 若有定义语句
   　　char c='\101';
   则变量c在内存中占（　　）。
   A）2个字节　　B）1个字节　　C）3个字节　　D）4个字节

(19) 若有以下程序
```
#include <stdio.h>
main()
{  char c1,c2;
   c1='C'+'8'-'3';   c2='9'-'0';
   printf("%c %d\n",c1,c2);
}
```
则程序的输出结果是（　　）。

A）H 9　　　　　　　　　　　　B）表达式不合法输出无定值
C）F '9'　　　　　　　　　　　 D）H '9'

(20) 设变量已正确定义并赋值，以下正确的表达式是（　　）。

A）x=y+z+5,++y　　B）int(15.8%5)　　C）x=y*5=x+z　　D）x=25%5.0

(21) 有以下程序
```
#include <stdio.h>
main()
{  int x,y,z;
   x=y=1;
   z=x++,y++,++y;
   printf("%d,%d,%d\n",x,y,z);
}
```
程序运行后的输出结果是（　　）。

A）2,3,1　　　B）2,3,2　　　C）2,3,3　　　D）2,2,1

(22) 表达式3.6-5/2+1.2+5%2的值是（　　）。

A）4.8　　　B）3.8　　　C）3.3　　　D）4.3

(23) 有以下定义：
　　int a;
　　long b;
　　double x,y;
则以下选项中正确的表达式是（　　）。

A）(a*y)%b　　B）a=x<>y　　C）a%(int)(x-y)　　D）y=x+y=x

(24) C语言程序中，运算对象必须是整型数的运算符是（　　）。

A）&&　　　B）/　　　C）%　　　D）*

(25) 有以下程序
```
#include <stdio.h>
main()
{
   int sum,pad,pAd;
   sum = pad = 5;
   pAd = ++sum,pAd++,++pad;
   printf("%d\n",pad );
```

}
程序的输出结果是（   ）。
A）8   B）5   C）7   D）6

(26) 若有定义：
  double a=22; int i=0,k=18;
则不符合 C 语言规定的赋值语句是（   ）。
A）i=a%11;   B）i=(a+k)<=(i+k);   C）a=a++,i++;   D）i=!a;

(27) 设有定义：
  int x=2;
以下表达式中，值不为 6 的是（   ）。
A）2*x,x+=2   B）x++,2*x   C）x*=(1+x)   D）x*=x+1

(28) 若有定义语句：
  int x=10;
则表达式 x-=x+x 的值为（   ）。
A）–20   B）–10   C）0   D）10

(29) 有以下程序
  #include <stdio.h>
  main( )
  {   int a=3;
      printf("%d\n",(a+=a-=a*a));
  }
程序运行后的输出结果是（   ）。
A）–12   B）9   C）0   D）3

考点7 顺序结构程序设计

(1) 若变量x、y已正确定义并赋值，以下符合C语言语法的表达式是（   ）。
A）x+1=y   B）++x,y=x--   C）x=x+10=x+y D）double(x)/10

(2) 若变量均已正确定义并赋值，以下合法的C语言赋值语句是（   ）。
A）x=y==5;   B）x=n%2.5;   C）x+n=i;   D）x=5=4+1;

(3) 若变量已正确定义为int型，要通过语句
  scanf("%d,%d,%d",&a,&b,&c);
给 a 赋值1、给 b 赋值2、给 c 赋值3，以下输入形式中错误的是（注：□代表一个空格符）（   ）。
A）1,2,3< 回车 >   B）□□□1,2,3< 回车 >
C）1,□□2,□□□3< 回车 >   D）1□2□3< 回车 >

(4) 设变量均已正确定义，若要通过
  scanf("%d%c%d%c",&a1,&c1,&a2,&c2);
语句为变量a1和a2赋数值10和20，为变量c1和c2赋字符X和Y。以下所示的输入形式中正确的是（注：□代表空格字符）（   ）。
A）10X< 回车 >   B）10□X20□Y< 回车 >

　　　　20Y<回车>
　　C）10□X<回车>　　　　　　　　D）10□X□20□Y<回车>
　　　　20□Y<回车>

(5) 有如下程序段。
　　int x=12;
　　double y=3.141593;
　　printf("%d%8.6f",x,y);
　　其输出结果是（　　）。
　　A）12,3.141593　　B）12 3.141593　　C）123.141593　　D）123.1415930

(6) 若有定义：
　　int a,b;
　　通过语句
　　scanf("%d;%d",&a,&b);
　　能把整数 3 赋给变量 a，5 赋给变量 b 的输入数据是（　　）。
　　A）3,5　　　　　　B）3;5　　　　　　C）3 5　　　　　　D）35

(7) 若有定义
　　int a;
　　float b;
　　double c;
　　程序运行时输入：
　　3 4 5<回车>
　　能把值 3 输入给变量 a、4 输入给变量 b、5 输入给变量 c 的语句是（　　）。
　　A）scanf("%lf%lf%lf",&a,&b,&c);　　B）scanf("%d%lf%lf",&a,&b,&c);
　　C）scanf("%d%f%f",&a,&b,&c);　　　D）scanf("%d%f%lf",&a,&b,&c);

(8) 以下叙述中正确的是（　　）。
　　A）赋值语句是一种执行语句，必须放在函数的可执行部分
　　B）scanf 和 printf 是 C 语言提供的输入和输出语句
　　C）由 printf 输出的数据都隐含左对齐
　　D）由 printf 输出的数据的实际精度是由格式控制中的域宽和小数的域宽来完全决定的

(9) 以下叙述中正确的是（　　）。
　　A）在 scanf 函数的格式串中，必须有与输入项一一对应的格式转换说明符
　　B）只能在 printf 函数中指定输入数据的宽度，而不能在 scanf 函数中指定输入数据占的宽度
　　C）scanf 函数中的字符串是提示程序员的，输入数据时不必管它
　　D）复合语句也被称为语句块，它至少要包含两条语句

(10) 有以下程序
```
#include <stdio.h>
main( )
{
    int a=2,c=5;
    printf( "a=%%d,b=%%d\n",a,c );
```

程序的输出结果是（　　）。
A）a=2,b=5　　　B）a=%2,b=%5　　　C）a=%d,b=%d　　　D）a=%%d,b=%%d

(11) 有以下程序
```
#include <stdio.h>
main( )
{   int a1,a2; char c1,c2;
    scanf("%d%c%d%c",&a1,&c1,&a2,&c2);
    printf("%d,%c,%d,%c",a1,c1,a2,c2);
}
```
若想通过键盘输入，使得a1的值为12，a2的值为34，c1的值为字符a，c2的值为字符b，程序输出结果是：12,a,34,b，则正确的输入格式是（以下□代表空格，<CR>代表回车）（　　）。
A）12a34b<CR>
B）12□a□34□b<CR>
C）12,a,34,b<CR>
D）12□a34□b<CR>

(12) 有以下程序段
```
#include <stdio.h>
int a,b,c;
a=10; b=50; c=30;
if (a>b) a=b, b=c; c=a;
printf("a=%d b=%d c=%d\n",a,b,c);
```
程序的输出结果是（　　）。
A）a=10 b=50 c=30　　B）a=10 b=50 c=10　　C）a=10 b=30 c=10　　D）a=50 b=30 c=50

(13) 有以下程序
```
#include <stdio.h>
main( )
{   char a,b,c,d;
    scanf("%c%c",&a,&b);
    c=getchar( );
    d=getchar( );
    printf("%c%c%c%c\n",a,b,c,d);
}
```
当执行程序时，按下列方式输入数据（从第1列开始，<CR>代表回车，注意，回车也是一个字符）
12<CR>
34<CR>
则输出结果是（　　）。
A）12
　　3
B）12
C）1234
D）12
　　34

考点8　选择结构程序设计

(1) 若变量已正确定义，在if (W) printf("%d\n",k); 中，以下不可替代W的是（　　）。

A）ch=getchar()　　　B）a<>b+c　　　C）a==b+c　　　D）a++

(2) 以下叙述中正确的是（　　）。

A）分支结构是根据算术表达式的结果来判断流程走向的

B）在C语言中，逻辑真值和假值分别对应1和0

C）对于浮点变量x和y，表达式：x==y是非法的，会出编译错误

D）关系运算符两边的运算对象可以是C语言中任意合法的表达式

(3) 设有定义：

　　int a=1,b=2,c=3;

以下语句中执行效果与其他三个不同的是（　　）。

A）if(a>b) c=a;a=b;b=c;　　　　　B）if(a>b) {c=a,a=b,b=c;}

C）if(a>b) c=a,a=b,b=c;　　　　　D）if(a>b) {c=a;a=b;b=c;}

(4) if语句的基本形式是：if(表达式)语句，以下关于"表达式"值的叙述中正确的是（　　）。

A）必须是正数　　　　　　　　　B）必须是整数值

C）可以是任意合法的数值　　　　D）必须是逻辑值

(5) 若有以下程序

```
#include <stdio.h>
main()
{   int a=1,b=2,c=3,d=4;
    if ((a==2) || (b==1)) c=2;
    if ((c==3) && (d==-1)) a=5;
    printf("%d,%d,%d,%d\n",a,b,c,d);
}
```

则程序的输出结果是（　　）。

A）2,2,2,4　　　B）2,1,2,-1　　　C）5,1,2,-1　　　D）1,2,3,4

(6) 若有以下程序

```
#include <stdio.h>
main()
{   int a=1,b=2,c=3,d=4;
    if ((a==2) && (b==1)) c=2;
    if ((c==3) || (d==-1)) a=5;
    printf("%d,%d,%d,%d\n",a,b,c,d);
}
```

则程序的输出结果是（　　）。

A）5,1,2,-1　　　B）2,1,2,-1　　　C）2,2,2,4　　　D）1,2,3,4

(7) 有以下程序

```
#include <stdio.h>
main()
{   int a=0,b=0,c=0,d=0;
    if(a=1) b=1;c=2;
    else d=3;
```

```
    printf("%d,%d,%d,%d\n",a,b,c,d);
}
```
程序输出（　）。

A）0,0,0,3 B）编译有错 C）1,1,2,0 D）0,1,2,0

(8) 有以下计算公式：

$$y=\begin{cases}\sqrt{x} & (x\geq 0)\\ -x & (x<0)\end{cases}$$

若程序前面已在命令行中包含 math.h 文件，不能够计算上述公式的程序段是（　）。

A）y=sqrt(x);　　　　　　　　　　B）if(x>=0) y=sqrt(x);
　　if(x<0) y=sqrt(-x);　　　　　　　else y=sqrt(-x);
C）if(x>=0) y=sqrt(x);　　　　　　D）y=sqrt(x>=0?x :-x);
　　if(x<0) y=sqrt(-x);

(9) 下列条件语句中，输出结果与其他语句不同的是（　）。

A）if (a) printf("%d\n",x); else printf("%d\n",y);
B）if (a==0) printf("%d\n",y); else printf("%d\n",x);
C）if (a!=0) printf("%d\n",x); else printf("%d\n",y);
D）if (a==0) printf("%d\n",x); else printf("%d\n",y);

(10) 有以下程序

```c
#include <stdio.h>
main()
{   int x=1,y=0;
    if (!x) y++;
    else if (x==0)
    if (x) y+=2;
    else  y+=3;
    printf("%d\n",y);
}
```

程序运行后的输出结果是（　）。

A）0 B）2 C）1 D）3

(11) 有以下程序

```c
#include <stdio.h>
main()
{   int x;
    scanf("%d",&x);
    if(x<=3) ; else
    if(x!=10) printf("%d\n",x);
}
```

程序运行时，输入的值在哪个范围才会有输出结果？（　）。

A）大于 3 或等于 10 的整数　　　　B）不等于 10 的整数
C）大于 3 且不等 10 的整数　　　　D）小于 3 的整数

(12) 有如下嵌套的if语句

```
if(a<b)
    if(a<c) k=a;
    else k=c;
else
    if(b<c) k=b;
    else k=c;
```
以下选项中与上述 if 语句等价的语句是（   ）。
A）k=(a<b)?((a<c)?a:c):((b<c)?b:c);
B）k=(a<b)?((b<c)?a:b):((b>c)?b:c);
C）k=(a<b)?a:b;k=(b<c)?b:c;
D）k=(a<b)?a:b;k=(a<c)?a:c;

(13) 若有定义 "int x,y;" 并已正确给变量赋值，则以下选项中与表达式(x-y)?(x++) : (y++)中的条件表达式(x-y)等价的是（   ）。
A）(x-y==0)　　　B）(x-y<0)　　　C）(x-y>0)　　　D）(x-y<0||x-y>0)

(14) 以下程序段中，与语句：
k=a>b?(b>c ? 1 : 0) : 0;
功能相同的是（   ）。
A）if((a>b) && (b>c)) k=1;
　　else k=0;
B）if((a>b)||(b>c)) k=1;
　　else k=0;
C）if(a<=b) k=0;
　　else if(b<=c) k=1;
D）if(a>b) k=1;
　　else if(b>c) k=1;
　　else k=0;

(15) 有以下程序
```
#include <stdio.h>
main( )
{
    int x;
    for( x=3; x<6; x++ )
        printf( (x%2 ) ? ("*%d") :("#%d"),x);
    printf("\n");
}
```
程序的输出结果是（   ）。
A）*3#4*5　　　B）#3*4#5　　　C）*3*4#5　　　D）*3#4#5

(16) 有以下程序
```
#include <stdio.h>
main( )
{   int x=1,y=0,a=0,b=0;
    switch ( x )
    {   case 1:
        switch(y)
        {   case 0: a++; break;
            case 1: b++; break;
        }
```

```
        case 2: a++; b++; break;
        case 3: a++; b++;
    }
    printf("a=%d,b=%d\n",a,b);
}
```
程序的运行结果是（　　）。
A）a=2，b=1　　　　B）a=2，b=2　　　　C）a=1，b=1　　　　D）a=1，b=0

(17) 若有定义：
```
float x=1.5;
int a=1,b=3,c=2;
```
则正确的 switch 语句是（　　）。

A）switch(a+b)
　　{ case 1: printf("*\n");
　　case c: printf("**\n"); }

B）switch((int)x);
　　{ case 1: printf("*\n");
　　case 2: printf("**\n"); }

C）switch(x)
　　{ case 1.0: printf("*\n");
　　case 2.0: printf("**\n"); }

D）switch(a+b)
　　{ case 1: printf("*\n");
　　case 2+1: printf("**\n"); }

(18) 有以下程序
```
#include <stdio.h>
main( )
{   int s;
    scanf("%d",&s);
    while( s>0 )
    {   switch(s)
        {   case 1: printf("%d",s+5);
            case 2: printf("%d",s+4); break;
            case 3: printf("%d",s+3);
            default: printf("%d",s+1); break;
        }
        scanf("%d",&s);
    }
}
```
运行时，若输入１２３４５０<回车>，则输出结果是（　　）。
A）6566456　　　　B）66656　　　　C）66666　　　　D）6666656

(19) 有以下程序段
```
int i,n;
for( i=0; i<8; i++ )
{   n = rand( ) % 5;
    switch (n)
    {   case 1:
        case 3: printf("%d \n",n); break;
        case 2:
```

```
        case 4: printf("%d \n",n); continue;
        case 0: exit(0);
    }
    printf("%d \n",n);
}
```
以下关于程序段执行情况的叙述，正确的是（ ）。
A）当产生的随机数 n 为 4 时结束循环操作
B）当产生的随机数 n 为 0 时结束程序运行
C）当产生的随机数 n 为 1 和 2 时不做任何操作
D）for 循环语句固定执行 8 次

(20) 若有以下程序
```
#include <stdio.h>
main( )
{   int s=0,n;
    for (n=0; n<4; n++)
    {  switch(n)
       {  default: s+=4;
          case 1: s+=1; break;
          case 2: s+=2; break;
          case 3: s+=3;
       }
    }
    printf("%d\n",s);
}
```
则程序的输出结果是（ ）。
A）13　　　　　B）10　　　　　C）11　　　　　D）15

(21) 有以下程序
```
#include <stdio.h>
main( )
{  int a[]={2,3,5,4},i;
   for(i=0;i<4;i++)
   switch(i%2)
   {  case 0: switch(a[i]%2)
      {  case 0:a[i]++;break;
         case 1:a[i]--;
      }break;
      case 1:a[i]=0;
   }
   for(i=0;i<4;i++) printf("%d ",a[i]); printf("\n");
}
```
程序运行后的输出结果是（ ）。
A）3 0 4 0　　　B）2 0 5 0　　　C）3 3 4 4　　　D）0 3 0 4

考点9 循环结构程序设计

(1) 在以下给出的表达式中，与while(E)中的(E)不等价的表达式是（ ）。
   A）(!E==0)   B）(E>0||E<0)   C）(E==0)   D）(E!=0)

(2) 要求通过while循环不断读入字符，当读入字母N时结束循环。若变量已正确定义，以下正确的程序段是（ ）。
   A）while((ch=getchar( ))!='N') printf("%c ",ch);
   B）while(ch=getchar( ) ='N') printf("%c ",ch);
   C）while(ch=getchar( )=='N') printf("%c ",ch);
   D）while((ch=getchar( ))=='N') printf("%c ",ch);

(3) 对于"while(!E) s;"，若要执行循环体s，则E的取值应为（ ）。
   A）E 等于1   B）E 不等于0   C）E 不等于1   D）E 等于0

(4) 关于"while(条件表达式) 循环体"，以下叙述正确的是（ ）。
   A）循环体的执行次数总是比条件表达式的执行次数多一次
   B）条件表达式的执行次数总是比循环体的执行次数多一次
   C）条件表达式的执行次数与循环体的执行次数一样
   D）条件表达式的执行次数与循环体的执行次数无关

(5) 以下不构成无限循环的语句或语句组是（ ）。
   A）n=0;
      do {++n;} while (n<=0);
   B）n=0;
      while（1）{ n++;}
   C）n=10;
      while (n); {n--;}
   D）for(n=0,i=1; ; i++) n+=i;

(6) 有以下程序
```
#include <stdio.h>
main( )
{  int k=5;
   while(--k) printf("%d",k -= 3);
   printf("\n");
}
```
执行后的输出结果是（ ）。
   A）1   B）2   C）4   D）死循环

(7) 若有以下程序
```
#include <stdio.h>
main( )
{  int a=-2,b=0;
   while(a++) ++b ;
   printf("%d,%d\n",a,b);
}
```
则程序的输出结果是（ ）。
   A）1,2   B）0,2   C）1,3   D）2,3

(8) 有以下程序
   #include <stdio.h>

```
main( )
{ int a = -2,b = 0;
  while (a++ && ++b) ;
  printf("%d,%d\n", a,b );
}
```
程序运行后输出结果是（　　）。
A）0,2　　　　　B）0,3　　　　　C）1,3　　　　　D）1,2

(9) 有以下程序
```
#include <stdio.h>
main( )
{ int y=9;
  for( ; y>0; y--)
    if(y%3==0) printf("%d",--y);
}
```
程序的运行结果是（　　）。
A）852　　　　　B）963　　　　　C）741　　　　　D）875421

(10) 有以下程序
```
#include <stdio.h>
main( )
{ int i,j,m=1;
  for(i=1;i<3;i++)
  { for(j=3;j>0;j-- )
    { if(i*j>3) break;
      m*=i*j;
    }
  }
  printf("m=%d\n",m);
}
```
程序运行后的输出结果是（　　）。
A）m=6　　　　　B）m=2　　　　　C）m=4　　　　　D）m=5

(11) 有以下程序
```
#include <stdio.h>
main( )
{ int i;
  for(i=1; i<=40; i++)
  { if(i++%5==0)
      if(++i%8==0) printf("%d ",i);
  }
  printf("\n");
}
```
执行后的输出结果是（　　）。
A）32　　　　　B）24　　　　　C）5　　　　　D）40

(12) 有以下程序
　　#include <stdio.h>

```
main()
{   int i,sum;
    for( i=1; i<6; i++ ) sum+=i;
    printf("%d\n",sum);
}
```
程序运行后的输出结果是（   ）。
A）0   B）随机值   C）15   D）16

(13) 以下叙述中正确的是（   ）。
　　A）如果根据算法需要使用无限循环（即通常所称的"死循环"），则只能使用 while 语句
　　B）对于"for(表达式 1; 表达式 2; 表达式 3) 循环体"首先要计算表达式 2 的值，以便决定是否开始循环
　　C）对于"for(表达式 1; 表达式 2; 表达式 3) 循环体"，只在个别情况下才能转换成 while 语句
　　D）只要适当地修改代码，就可以将 do-while 与 while 相互转换

(14) 若变量已正确定义
```
for( x=0,y=0; ( y!=99 && x<4 ); x++ )
```
则以上 for 循环（   ）。
A）执行无限次   B）执行 3 次   C）执行 4 次   D）执行次数不定

(15) 若有以下程序
```
#include <stdio.h>
main()
{   int a=6,b=0,c=0;
    for( ;a; )
    { b += a;  a -= ++c; }
    printf("%d,%d,%d\n",a,b,c);
}
```
则程序的输出结果是（   ）。
A）0,18,3   B）1,14,3   C）0,14,3   D）0,14,6

(16) 有以下程序
```
#include <stdio.h>
main()
{   int  i=5;
    do
    {   if (i%3==1)
            if (i%5==2)
            { printf("*%d",i); break; }
        i++;
    } while(i!=0);
    printf("\n");
}
```
程序的运行结果是（   ）。
A）*7   B）*3*5   C）*5   D）*2*6

(17) 若变量已正确定义，有以下程序段
　　i=0;

```
do printf("%d,",i); while( i++ );
printf("%d\n",i);
```
其输出结果是（　　）。
A）0,1　　　　　　　B）0,0　　　　　　　C）1,1　　　　　　　D）程序进入无限循环

(18) 若有以下程序
```
#include <stdio.h>
main( )
{  int a=-2,b=0;
   do { ++b ; } while(a++);
   printf("%d,%d\n",a,b);
}
```
则程序的输出结果是（　　）。
A）2,3　　　　　　　B）0,2　　　　　　　C）1,2　　　　　　　D）1,3

(19) 以下程序段中的变量已正确定义
```
for( i=0; i<4; i++,i++ )
    for( k=1; k<3; k++); printf("*");
```
该程序段的输出结果是（　　）。
A）*　　　　　　　　B）****　　　　　　C）**　　　　　　　D）********

(20) 有以下程序
```
#include <stdio.h>
main( )
{  int  i,j;
   for(i=3; i>=1; i--)
   {  for(j=1; j<=2; j++) printf("%d ",i+j);
      printf("\n");
   }
}
```
程序的运行结果是（　　）。

A）2 3　　　　　　　B）4 3　　　　　　　C）4 5　　　　　　　D）2 3
　　3 4　　　　　　　　2 5　　　　　　　　3 4　　　　　　　　3 4
　　4 5　　　　　　　　4 3　　　　　　　　2 3　　　　　　　　2 3

(21) 有以下程序
```
#include <stdio.h>
main( )
{  int i,j,m=55;
   for(i=1;i<=3;i++)
   for(j=3; j<=i; j++) m=m%j;
   printf("%d\n ",m);
}
```
程序的运行结果是（　　）。
A）1　　　　　　　　B）0　　　　　　　　C）2　　　　　　　　D）3

(22) 以下叙述中正确的是（　　）。
　　A）break 语句只能用于 switch 语句体中

B）continue 语句的作用是使程序的执行流程跳出包含它的所有循环
C）在循环体内使用 break 语句和 continue 语句的作用相同
D）break 语句只能用在循环体内和 switch 语句体内

(23) 以下叙述中正确的是（　　）。
A）break 语句不能用于提前结束 for 语句的本层循环
B）使用 break 语句可以使流程跳出 switch 语句体
C）continue 语句使得整个循环终止
D）在 for 语句中，continue 与 break 的效果是一样的，可以互换

(24) 有以下程序
```c
#include <stdio.h>
main()
{
    int i,j,x=0;
    for(i=0; i<2; i++)
    {
        x++;
        for( j=0; j<=3; j++)
        {
            if(j%2) continue;
            x++;
        }
        x++;
    }
    printf("x=%d\n",x);
}
```
程序执行后的输出结果是（　　）。
A）x=8　　　　　B）x=4　　　　　C）x=6　　　　　D）x=12

(25) 有以下程序
```c
#include <stdio.h>
main()
{
    int x=8;
    for( ; x>0; x-- )
    {
        if(x%3)
        {
            printf("%d,",x--);
            continue ;
        }
        printf("%d,",--x);
    }
}
```
程序的运行结果是（　　）。
A）8,5,4,2,　　B）8,7,5,2,　　C）9,7,6,4,　　D）7,4,2,

考点10 数组

(1) 下列定义数组的语句中,正确的是( )。
　　A) int x[];　　　　　　B) int N=10;　　　　　C) int x[0..10];　　　D) #define N 10
　　　　　　　　　　　　　　int x[N];　　　　　　　　　　　　　　　　　int x[N];

(2) 下列选项中,能正确定义数组的语句是( )。
　　A) int N=2008;　　　　B) int num[];　　　　　C) #define N 2008　　D) int num[0..2008];
　　　　int num[N];　　　　　int num[N];　　　　　　int num[N];

(3) 以下叙述中正确的是( )。
　　A) 数组说明符的一对方括号中只能使用整型常量,而不能使用表达式
　　B) 一条语句只能定义一个数组
　　C) 每个数组包含一组具有同一类型的变量,这些变量在内存中占有连续的存储单元
　　D) 在引用数组元素时,下标表达式可以使用浮点数

(4) 以下叙述中正确的是( )。
　　A) 语句 "int a[8] = {0};" 是合法的
　　B) 语句 "int a[] = {0};" 是不合法的,遗漏了数组的大小
　　C) 语句 "char a[2] = {"A","B"};" 是合法的,定义了一个包含两个字符的数组
　　D) 语句 "char a[3]; a = "AB";" 是合法的,因为数组有三个字符空间的容量,可以保存两个字符

(5) 有以下程序
```
#include <stdio.h>
main()
{  int x[3][2]={0},i;
   for(i=0; i<3; i++) scanf("%d",x[i]);
   printf("%3d%3d%3d\n",x[0][0],x[0][1],x[1][0]);
}
```
若运行时输入:2 4 6< 回车 >,则输出结果为( )。
　　A) 2 0 4　　　　　　B) 2 0 0　　　　　　C) 2 4 0　　　　　　D) 2 4 6

(6) 以下数组定义中错误的是( )。
　　A) int x[2][3]={{1,2},{3,4},{5,6}};　　　　　B) int x[][3]={0};
　　C) int x[][3]={{1,2,3},{4,5,6}};　　　　　　D) int x[2][3]={1,2,3,4,5,6};

(7) 以下定义数组的语句中错误的是( )。
　　A) int num[]={ 1,2,3,4,5,6 };　　　　　　　 B) int num[][3]={ 1,2},3,4,5,6 };
　　C) int num[2][4]={ {1,2},{3,4},{5,6} };　　　D) int num[][4]={1,2,3,4,5,6};

(8) 以下错误的定义语句是( )。
　　A) int x[][3]={1,2,3,4};　　　　　　　　　　B) int x[4][3]={{1,2,3},{1,2,3},{1,2,3},{1,2,3}};
　　C) int x[][3]={{0},{1},{1,2,3}};　　　　　　D) int x[4][]= {{1,2,3},{1,2,3},{1,2,3},{1,2,3}};

(9) 有以下程序
#include <stdio.h>

```
main( )
{   int b[3][3]={0,1,2,0,1,2,0,1,2},i,j,t=1;
    for(i=0; i<3; i++)
        for(j=i;j<=i;j++) t+=b[i][b[j][i]];
    printf("%d\n",t);
}
```
程序运行后的输出结果是（   ）。
A）4　　　　　　　B）3　　　　　　　C）1　　　　　　　D）9

(10) 有以下程序
```
#include <stdio.h>
main( )
{
    int a[4][4]={{1,4,3,2},
                 {8,6,5,7},
                 {3,7,2,5},
                 {4,8,6,1}};
    int i,j,k,t;
    for (i=0; i<4; i++)
        for (j=0; j<3; j++)
            for (k=j+1; k<4; k++)
                if (a[j][i] > a[k][i])
                {
                    t=a[j][i];
                    a[j][i] = a[k][i];
                    a[k][i] = t;
                } /* 按列排序 */
    for (i=0; i<4; i++)
        printf("%d,",a[i][i]);
}
```
程序运行后的输出结果是（   ）。
A）8,7,3,1,　　　B）1,6,5,7,　　　C）4,7,5,2,　　　D）1,6,2,1,

(11) 有以下程序
```
#include <stdio.h>
main( )
{
    int i,t[][3]={9,8,7,6,5,4,3,2,1};
    for(i=0;i<3;i++)
        printf("%d ",t[2-i][i]);
}
```
程序执行后的输出结果是（   ）。
A）3 5 7　　　　B）7 5 3　　　　C）3 6 9　　　　D）7 5 1

(12) 下列叙述中正确的是（   ）。

A）两个连续的双引号（""）是合法的字符串常量

B）两个连续的单引号（''）是合法的字符常量

C）可以对字符串进行关系运算

D）空字符串不占用内存，其内存空间大小是 0

(13) 以下叙述中正确的是（　　）。

A）语句" char str[10] = "string!"; "和" char str[10] = {"string!"}; "并不等价

B）对于字符串常量"string!"，系统已自动在最后加入了 '\0' 字符，表示串结尾

C）对于一维字符数组，不能使用字符串常量来赋初值

D）在语句"char str[] = "string!";"中，数组 str 的大小等于字符串的长度

(14) 设有定义：

char s[81]; int i=0;

以下不能将一行（不超过 80 个字符）带有空格的字符串正确读入的语句或语句组是（　　）。

A）gets(s);　　　　　　　　　　　　B）while((s[i++]=getchar( ))!='\n');s[i]='\0';

C）scanf("%s",s);　　　　　　　　　D）do{ scanf("%c",&s[i]); }while(s[i++]!='\n'); s[i]='\0';

(15) 有以下程序

```
#include <stdio.h>
main( )
{   char s[]="012xy\08s34f4w2";
    int i,n=0;
    for ( i=0; s[i]!=0; i++ )
        if(s[i] >= '0' && s[i] <= '9') n++;
    printf("%d\n",n);
}
```

程序运行后的输出结果是（　　）。

A）8　　　　　　　B）0　　　　　　　C）7　　　　　　　D）3

(16) 下列语句组中，正确的是（　　）。

A）char *s;s="Olympic";　　　　　　B）char s[7];s="Olympic";

C）char *s;s={"Olympic"};　　　　　D）char s[7];s={"Olympic"};

(17) 以下选项中正确的语句组是（　　）。

A）char *s; s="BOOK!";　　　　　　B）char *s; s={"BOOK!"};

C）char s[10]; s="BOOK!";　　　　　D）char s[]; s="BOOK!";

(18) 有以下程序

```
#include <stdio.h>
main( )
{   char c[2][5]={"6938","8254" },*p[2];
    int i,j,s=0;
    for( i=0; i<2; i++ )
        p[i]=c[i];
    for( i=0; i<2; i++ )
        for( j=0; p[i][j]>0 ; j+=2)
```

```
        s=10*s+p[i][j]-'0';
    printf("%d\n",s);
}
```
程序运行后的输出结果是（　　）。
A）9284　　　　　　B）9824　　　　　　C）6982　　　　　　D）6385

(19) 下面选项中的程序段，没有编译错误的是（　　）。
A）char* sp,s[10]; sp = "Hello";
B）char* sp,s[10]; s = "Hello";
C）char str1[10] = "computer",str2[10]; str2 = str1;
D）char mark[]; mark = "PROGRAM";

(20) 以下叙述中正确的是（　　）。
A）不能用字符串常量对字符数组名进行整体赋值操作
B）字符串常量 "Hello" 会被隐含处理成一个无名字符型数组，它有 5 个元素
C）"char str[7] = "string!";" 在语法上是合法的，运行也是安全的
D）"char *str; str = "Hello";" 与 "char str[]; str = "Hello";" 效果是一样的

(21) 若要求从键盘读入含有空格字符的字符串，应使用函数（　　）。
A）gets()　　　　B）getc()　　　　C）getchar()　　　　D）scanf()

(22) 有以下程序
```
#include <stdio.h>
char fun( char *c )
{
    if ( *c<='Z' && *c>='A' )
        *c -= 'A'-'a';
    return *c;
}
main()
{
    char s[81],*p=s;
    gets( s );
    while( *p )
    {
        *p =fun( p );
        putchar( *p );
        p++;
    }
    printf( "\n");
}
```
若运行时从键盘上输入 OPEN THE DOOR< 回车 >，程序的输出结果是（　　）。
A）OPEN tHE DOOR　　　　　　B）oPEN tHE dOOR
C）open the door　　　　　　D）Open The Door

(23) 有以下程序

```
#include <stdio.h>
#include <string.h>
main()
{   char str[][20]={"One*World","One*Dream!"},*p=str[1];
    printf("%d,",strlen(p)); printf("%s\n",p);
}
```
程序运行后的输出结果是（　　）。

A）10,One*Dream!　　　B）9,One*Dream!　　　C）9,One*World　　　D）10,One*World

(24) 若有定义语句：

char s[10]="1234567\0\0";

则 strlen(s) 的值是（　　）。

A）7　　　B）8　　　C）9　　　D）10

(25) 若有定义语句：

char *s1="OK",*s2="ok";

以下选项中，能够输出 "OK" 的语句是（　　）。

A）if (strcmp(s1,s2)!=0) puts(s2);　　　B）if (strcmp(s1,s2)!=0) puts(s1);
C）if (strcmp(s1,s2)==1) puts(s1);　　　D）if (strcmp(s1,s2)==0) puts(s1);

(26) 若有以下定义和语句

#include <stdio.h>

char s1[10]= "abcd!", *s2="\n123\\";

printf("%d %d\n",strlen(s1),strlen(s2));

则输出结果是（　　）。

A）5 8　　　B）10 5　　　C）10 7　　　D）5 5

考点11　函数

(1) 若有代数式 $\sqrt{|n^x+e^x|}$（其中e仅代表自然对数的底数，不是变量），则以下能够正确表示该代数式的C语言表达式是（　　）。

A）sqrt(fabs(pow(n,x)+exp(x)))　　　B）sqrt(fabs(pow(n,x)+pow(x,e)))
C）sqrt(abs(n^x+e^x))　　　D）sqrt(fabs(pow(x,n)+exp(x)))

(2) C语言主要是借助以下哪种手段来实现程序模块化？（　　）

A）定义函数　　　B）定义常量和外部变量
C）使用丰富的数据类型　　　D）使用三种基本结构语句

(3) 若有以下函数首部

int fun(double x[10],int *n)

则下面针对此函数的函数声明语句中正确的是（　　）。

A）int fun(double *, int *);　　　B）int fun(double ,int);
C）int fun(double *x,int n);　　　D）int fun(double x,int *n);

(4) 若函数调用时的实参为变量时，以下关于函数形参和实参的叙述中正确的是（　　）。

A）函数的形参和实参分别占用不同的存储单元
B）形参只是形式上的存在，不占用具体存储单元

C）同名的实参和形参占同一存储单元
D）函数的实参和其对应的形参共占同一存储单元

(5) 以下叙述中错误的是（ ）。
A）C 程序必须由一个或一个以上的函数组成
B）函数调用可以作为一个独立的语句存在
C）若函数有返回值，必须通过 return 语句返回
D）函数形参的值也可以传回给对应的实参

(6) 以下叙述中正确的是（ ）。
A）不同函数的形式参数不能使用相同名称的标识符
B）用户自己定义的函数只能调用库函数
C）实用的 C 语言源程序总是由一个或多个函数组成
D）在 C 语言的函数内部，可以定义局部嵌套函数

(7) 有以下程序
```
#include <stdio.h>
int fun (int x,int y )
{ if (x!=y) return ( (x+y) /2 );
  else return ( x );
}
main( )
{ int a=4,b=5,c=6;
  printf("%d\n" ,fun(2*a,fun(b,c)));
}
```
程序运行后的输出结果是（ ）。
A）6　　　　　　B）3　　　　　　C）8　　　　　　D）12

(8) 有以下程序
```
#include <stdio.h>
double f (double x);
main( )
{ double a=0; int i;
  for ( i=0; i<30; i+=10 ) a += f( (double)i );
  printf ("%3.0f\n",a);
}
double f (double x)
{ return x*x+1; }
```
程序运行后的输出结果是（ ）。
A）503　　　　　B）401　　　　　C）500　　　　　D）1404

(9) 若各选项中所用变量已正确定义，函数 fun 中通过 return 语句返回一个函数值，以下选项中错误的程序是（ ）。

A）float fun(int a,int b){……}
　　main( )
　　{ …… x=fun(i,j); …… }

B）main( )
　　{ …… x=fun(2,10); …… }
　　float fun(int a,int b){……}

C）float fun(int ,int);
　　main( )

D）main( )
　　{ float fun(int i,int j);

```
    …… x=fun(2,10); ……  }                    …… x=fun(i,j); …… }
    float fun(int a,int b){……}               float fun(int a,int b){……}
```

(10) 有以下程序
```
#include <stdio.h>
int fun( int a,int b)
{ return a+b; }
main( )
{  int x=6,y=7,z=8,r ;
   r = fun ( fun(x,y),z-- );
   printf (" %d\n" ,r );
}
```
程序运行后的输出结果是（   ）。
A）15   B）21   C）20   D）31

(11) 有以下程序
```
#include <stdio.h>
int f( int x );
main( )
{  int a,b=0;
   for ( a=0; a<3; a+=1 )
   { b += f(a);  putchar('A'+b); }
}
int f( int x )
{ return x*x+1; }
```
程序运行后输出结果是（   ）。
A）BDI   B）BCD   C）ABE   D）BCF

(12) 有以下程序
```
#include <stdio.h>
int add( int a,int b){ return (a+b); }
main( )
{  int k,(*f)( int,int ),a=5,b=10;
   f=add;
   …
}
```
则以下函数调用语句错误的是（   ）。
A）k= *f(a,b);   B）k=add(a,b);   C）k=(*f)(a,b);   D）k=f(a,b);

(13) 有以下程序
```
#include <stdio.h>
int f(int x);
main( )
{  int n=1,m;
   m=f(f(f(n))); printf("%d\n",m);
}
int f(int x)
{ return x*2; }
```

程序运行后的输出结果是（　　）。
A）4　　　　　　　　B）2　　　　　　　　C）8　　　　　　　　D）1

(14) 以下叙述中正确的是（　　）。
A）简单递归不需要明确的结束递归的条件
B）任何情况下都不能用函数名作为实参
C）函数的递归调用不需要额外开销，所以效率很高
D）函数既可以直接调用自己，也可以间接调用自己

(15) 设有如下函数定义
```
#include <stdio.h>
int fun( int k )
{   if (k<1) return 0;
    else if (k==1) return 1;
    else return fun(k-1)+1;
}
```
若执行调用语句"n=fun(3);"，则函数 fun 总共被调用的次数是（　　）。
A）3　　　　　　　　B）2　　　　　　　　C）4　　　　　　　　D）5

(16) 有以下程序
```
#include <stdio.h>
int fun(int x)
{
    int p;
    if(x==0||x==1)
        return（3）;
    p=x-fun(x-2);
    return p;
}
main( )
{
    printf("%d\n",fun（7）);
}
```
执行后的输出结果是（　　）。
A）2　　　　　　　　B）3　　　　　　　　C）7　　　　　　　　D）0

(17) 若有以下程序
```
#include <stdio.h>
int f(int a[],int n)
{   if (n > 1)
    {   int t;
        t=f(a,n-1);
        return t > a[n-1] ? t : a[n-1];
    }
    else
        return a[0];
}
main( )
```

```
    {   int a[] = {8,2,9,1,3,6,4,7,5};
        printf("%d\n",f(a,9));
    }
```
则程序的输出结果是( )。
A）1   B）9   C）8   D）5

(18) 有以下程序
```
    #include <stdio.h>
    void fun ( int n ,int *s )
    {
        int f;
        if( n==1 ) *s = n+1 ;
        else
        {
            fun( n-1,&f) ;
            *s = f ;
        }
    }
    main( )
    {
        int x =0;
        fun( 4,&x );
        printf("%d\n",x);
    }
```
程序运行后的输出结果是( )。
A）3   B）1   C）2   D）4

(19) 有以下程序
```
    #include <stdio.h>
    void fun( int a, int b )
    {   int  t;
        t=a; a=b; b=t;
    }
    main( )
    {   int  c[10]={1,2,3,4,5,6,7,8,9,0},i;
        for (i=0; i<10; i+=2) fun(c[i],c[i+1]);
        for (i=0;i<10; i++) printf("%d,",c[i]);
        printf("\n");
    }
```
程序的运行结果是( )。
A）1,2,3,4,5,6,7,8,9,0,   B）2,1,4,3,6,5,8,7,0,9,
C）0,9,8,7,6,5,4,3,2,1,   D）0,1,2,3,4,5,6,7,8,9,

(20) 有以下程序
```
    #include <stdio.h>
    void fun( int a[],int n)
    {   int  i,t;
```

```
        for(i=0; i<n/2; i++) { t=a[i]; a[i]=a[n-1-i]; a[n-1-i]=t; }
    }
    main( )
    {   int k[10]={ 1,2,3,4,5,6,7,8,9,10},i;
        fun(k,5);
        for(i=2; i<8; i++) printf("%d",k[i]);
        printf("\n");
    }
```
程序的运行结果是（   ）。
A）345678   B）876543   C）1098765   D）321678

(21) 有以下程序
```
    #include <stdio.h>
    #define N 4
    void fun(int a[][N],int b[])
    {   int i;
        for (i=0; i<N; i++)  b[i] = a[i][i] – a[i][N-1-i];
    }
    main( )
    {   int x[N][N]={{1,2,3,4},{5,6,7,8},{9,10,11,12},{13,14,15,16}},y[N],i;
        fun (x,y);
        for (i=0; i<N; i++)  printf("%d,",y[i]); printf("\n");
    }
```
程序运行后的输出结果是（   ）。
A）–3,–1,1,3,   B）–12,–3,0,0,   C）0,1,2,3,   D）–3,–3,–3,–3,

(22) 有以下程序
```
    #include <stdio.h>
    void f( int *q )
    {   int i=0;
        for ( ;i<5; i++) (*q)++;
    }
    main( )
    {   int a[5] ={1,2,3,4,5},i;
        f(a);
        for (i=0;i<5; i++) printf("%d,",a[i]);
    }
```
程序运行后的输出结果是（   ）。
A）2,2,3,4,5,   B）6,2,3,4,5,   C）1,2,3,4,5,   D）2,3,4,5,6,

(23) 有以下程序
```
    #include <stdio.h>
    int fun(int (*s)[4],int n,int k)
    {   int m,i;
        m=s[0][k];
        for(i=1; i<n; i++)
            if(s[i][k]>m)
```

```
            m= s[i][k];
        return m;
    }
    main( )
    {   int a[4][4]={{1,2,3,4},
                    {11,12,13,14},
                    {21,22,23,24},
                    {31,32,33,34}};
        printf("%d\n",fun(a,4,0));
    }
```
程序的运行结果是（   ）。
A）31   B）34   C）4   D）32

(24) 若有以下程序
```
#include <stdio.h>
#define N 4
void fun(int a[][N],int b[],int flag)
{   int i,j;
    for(i=0; i<N; i++)
    {   b[i] = a[i][0];
        for(j=1; j<N; j++)
            if (flag ? (b[i] > a[i][j]) : (b[i] < a[i][j]))
                b[i] = a[i][j];
    }
}
main( )
{   int x[N][N]={1,2,3,4,5,6,7,8,9,10,11,12,13,14,15,16},y[N],i;
    fun(x,y,1);
    for ( i=0; i<N; i++ ) printf("%d,",y[i]);
    fun(x,y,0);
    for (i=0;i<N; i++)  printf("%d,",y[i]);
    printf("\n");
}
```
则程序的输出结果是（   ）。
A）1,2,3,4,13,14,15,16,   B）4,8,12,16,1,5,9,13,
C）1,5,9,13,4,8,12,16,   D）13,14,15,16,1,2,3,4,

(25) 若有以下程序
```
#include <stdio.h>
void fun(int a[ ],int n)
{   int t,i,j;
    for (i=1; i<n; i+=2)
        for (j=i+2; j<n; j+=2)
            if (a[i] > a[j]) { t=a[i]; a[i]=a[j];a[j]=t;}
}
main( )
{   int c[10]={10,9,8,7,6,5,4,3,2,1},i;
```

```
        fun(c,10);
        for (i=0;i<10; i++)  printf("%d,",c[i]);
        printf("\n");
    }
```
则程序的输出结果是（　　）。
A）2,9,4,7,6,5,8,3,10,1,
B）10,9,8,7,6,5,4,3,2,1,
C）10,1,8,3,6,5,4,7,2,9,
D）1,10,3,8,5,6,7,4,9,2,

(26) 有以下程序
```
#include <stdio.h>
int f(int n)
{   int t = 0, a=5;
    if (n/2) {int a=6; t += a++; }
    else {int a=7; t += a++; }
    return t + a++;
}
main()
{   int s=0,i=0;
    for (; i<2;i++) s += f(i);
    printf("%d\n",s);
}
```
程序运行后的输出结果是（　　）。
A）36　　　　B）28　　　　C）32　　　　D）24

(27) 以下叙述中正确的是（　　）。
A）只要是用户定义的标识符，都有一个有效的作用域
B）只有全局变量才有自己的作用域，函数中的局部变量没有作用域
C）只有在函数内部定义的变量才是局部变量
D）局部变量不能被说明为 static

(28) 以下叙述中正确的是（　　）。
A）在复合语句中不能定义变量
B）对于变量而言，"定义"和"说明"这两个词实际上是同一个意思
C）全局变量的存储类别可以是静态类
D）函数的形式参数不属于局部变量

(29) 在C语言中，只有在使用时才占用内存单元的变量，其存储类型是（　　）。
A）extern 和 register　　B）auto 和 register　　C）auto 和 static　　D）static 和 register

(30) 以下选项中叙述错误的是（　　）。
A）在 C 程序的同一函数中，各复合语句内可以定义变量，其作用域仅限本复合语句内
B）C 程序函数中定义的赋有初值的静态变量，每调用一次函数，赋一次初值
C）C 程序函数中定义的自动变量，系统不自动赋确定的初值
D）C 程序函数的形参不可以说明为 static 型变量

(31) 有以下程序
```
#include <stdio.h>
int fun(int x,int y)
{   static int m=0,i=2;
```

i+=m+1; m=i+x+y; return m;
　　}
　　main( )
　　{ 　int j=1,m=1,k;
　　　k=fun(j,m); printf("%d,",k);
　　　k=fun(j,m); printf("%d\n",k);
　　}
　　执行后的输出结果是（　　）。
　　A）5,11　　　　　　B）5,5　　　　　C）11,11　　　　D）11,5

(32) 有以下程序
　　#include <stdio.h>
　　int fun( )
　　{ 　static int x=1;
　　　x*=2;
　　　return x;
　　}
　　main( )
　　{ 　int i,s=1;
　　　for(i=1; i<=3; i++) s*=fun( );
　　　printf("%d\n",s);
　　}
　　程序运行后的输出结果是（　　）。
　　A）30　　　　　　　B）10　　　　　　C）0　　　　　　D）64

(33) 有以下程序
　　#include <stdio.h>
　　int fun( )
　　{
　　　static int x=1;
　　　x+=1;
　　　return x;
　　}
　　main( )
　　{
　　　int i,s=1;
　　　for(i=1;i<=5;i++) s+=fun( );
　　　printf("%d\n",s);
　　}
　　程序运行后的输出结果是（　　）。
　　A）21　　　　　　　B）11　　　　　　C）6　　　　　　D）120

(34) 有以下程序
　　#include <stdio.h>
　　int a=4;
　　int f(int n)
　　{ 　int t = 0; static int a=5;

```
    if (n%2) {int a=6; t += a++; }
    else {int a=7; t += a++; }
    return t + a++;
}
main( )
{   int s=a,i=0;
    for (; i<2;i++) s += f(i);
    printf("%d\n",s);
}
```
程序运行后的输出结果是（   ）。
A）36   B）24   C）32   D）28

考点12 指针

(1) 若有定义语句：
    double a,*p=&a;
以下叙述中错误的是（   ）。
A）定义语句中的 p 只能存放 double 类型变量的地址
B）定义语句中的 * 号是一个说明符
C）定义语句中的 * 号是一个间址运算符
D）定义语句中 *p=&a 把变量 a 的地址作为初值赋给指针变量 p

(2) 若有定义语句：
    double x,y,*px,*py;
执行
    px=&x; py=&y;
正确的输入语句是（   ）。
A）scanf("%lf %lf",px,py);   B）scanf("%f %f" &x,&y);
C）scanf("%f %f",x,y);   D）scanf("%lf %lf",x,y);

(3) 以下程序段完全正确的是（   ）。
A）int *p; scanf("%d",p);   B）int k,*p=&k; scanf("%d",p);
C）int *p; scanf("%d",&p);   D）int k,*p; *p=&k; scanf("%d",p);

(4) 有以下程序
```
#include <stdio.h>
void fun(char *c,int d)
{   *c=*c+1;
    d=d+1;
    printf("%c,%c,",*c,d);
}
main( )
{   char b='a',a='A';
    fun(&b,a);
    printf("%c,%c\n",b,a);
```

}
程序运行后的输出结果是（　　）。
A）b,B,b,A　　　　　B）b,B,B,A　　　　　C）a,B,B,a　　　　　D）a,B,a,B

(5) 设有定义：
int x=0,*p;
紧接着的赋值语句正确的是（　　）。
A）*p=x;　　　　　B）*p=NULL;　　　　C）p=x;　　　　　D）p=NULL;

(6) 设已有定义：
float x;
则以下对指针变量p进行定义且赋初值的语句中正确的是（　　）。
A）float *p=&x;　　B）int *p=(float)x;　　C）float p=&x;　　D）float *p=1024;

(7) 若有以下程序
```
#include <stdio.h>
void sp(int *a)
{   int b=2;
    a=&b; *a = *a * 2; printf("%d,",*a);
}
main()
{   int k=3,*p=&k;
    sp(p); printf("%d,%d\n",k,*p);
}
```
则程序的输出结果是（　　）。
A）4,3,4　　　　　B）4,3,3　　　　　C）6,3,6　　　　　D）6,6,6

(8) 若有以下程序
```
#include <stdio.h>
int *f(int *s,int *t)
{   int *k;
    if (*s < *t){ k = s; s=t; t=k; }
    return s;
}
main()
{   int i=3,j=5,*p=&i,*q=&j,*r;
    r=f(p,q); printf("%d,%d,%d,%d,%d\n",i,j,*p,*q,*r);
}
```
则程序的输出结果是（　　）。
A）5,3,5,3,5　　　B）3,5,5,3,5　　　C）3,5,3,5,5　　　D）5,3,3,5,5

(9) 若有定义语句：
int year=2009,*p=&year;
以下不能使变量year中的值增至2010的语句是（　　）。
A）*p++;　　　　　B）(*p)++;　　　　　C）++(*p);　　　　　D）*p+=1;

(10) 以下叙述中正确的是（　　）。
　　A）在对指针进行加、减算术运算时，数字1表示1个存储单元的长度
　　B）如果p是指针变量，则 *p 表示变量p的地址值
　　C）如果p是指针变量，则 &p 是不合法的表达式
　　D）如果p是指针变量，则 *p+1 和 *(p+1) 的效果是一样的

(11) 以下叙述中正确的是（　　）。
　　A）函数的形参类型不能是指针类型
　　B）函数的类型不能是指针类型
　　C）设有指针变量为 double *p，则 p+1 将指针 p 移动 8 个字节
　　D）基类型不同的指针变量可以相互混用

(12) 有以下程序
```
#include <stdio.h>
main()
{   int m=1,n=2,*p=&m,*q=&n,*r;
    r=p; p=q; q=r;
    printf("%d,%d,%d,%d\n",m,n,*p,*q);
}
```
程序运行后的输出结果是（　　）。
　　A）1,2,1,2　　　　B）1,2,2,1　　　　C）2,1,2,1　　　　D）2,1,1,2

(13) 有以下程序
```
#include <stdio.h>
main()
{   int c[6]={10,20,30,40,50,60}, *p,*s;
    p = c; s = &c[5];
    printf("%d\n",*( s-p ));
}
```
程序运行后的输出结果是（　　）。
　　A）5　　　　B）50　　　　C）6　　　　D）60

(14) 有以下程序
```
#include <stdio.h>
void fun( int x,int y,int *c,int *d )
{ *c = x+y; *d = x-y; }
main()
{   int a=4,b=3,c=0,d=0;
    fun ( a,b,&c,&d );
    printf( "%d %d\n" ,c,d );
}
```
程序的输出结果是（　　）。
　　A）7 1　　　　B）4 3　　　　C）3 4　　　　D）0 0

(15) 有以下程序
　　#include <stdio.h>

```
void fun( int *p,int *q )
{   int t;
    t = *p; *p = *q; *q=t;
    *q = *p;
}
main( )
{   int a=0,b=9;
    fun ( &a,&b );
    printf( "%d %d\n" ,a,b );
}
```
程序的输出结果是（   ）。

A）0 9　　　　　B）0 0　　　　　C）9 0　　　　　D）9 9

(16) 有以下程序
```
#include <stdio.h>
main( )
{   int a[ ]={ 2,4,6,8,10 },x,*p,y=1;
    p = &a[1];
    for( x=0; x<3; x++ ) y += *(p+x);
    printf( "%d\n",y );
}
```
程序的输出结果是（   ）。

A）19　　　　　B）13　　　　　C）11　　　　　D）15

(17) 若有以下定义
　　int x[10], *pt=x;
则对 x 数组元素的正确引用是（   ）。

A）*&x[10]　　　B）*(x+3)　　　C）*(pt+10)　　　D）pt+3

(18) 有以下程序
```
#include <stdio.h>
main( )
{   int i,s=0,t[]={1,2,3,4,5,6,7,8,9};
    for(i=0;i<9;i+=2) s+=*(t+i);
    printf("%d\n",s);
}
```
程序执行后的输出结果是（   ）。

A）25　　　　　B）20　　　　　C）45　　　　　D）36

(19) 设有定义
　　double a[10] ,*s=a;
以下能够代表数组元素 a[3] 的是（   ）。

A）(*s)[3]　　　B）*(s+3)　　　C）*s[3]　　　D）*s+3

(20) 若有定义语句：
　　int a[2][3],*p[3];

则以下语句中正确的是（　　）。
A）p[0]=&a[1][2]　　B）p[0]=a;　　C）p=a;　　D）p[1]=&a;

(21) 若有定义：
　　int w[3][5];
则以下不能正确表示该数组元素的表达式是（　　）。
A）*(w+1)[4]　　B）*(*w+3)　　C）*(*(w+1))　　D）*(&w[0][0]+1)

(22) 有以下程序
```
#include <stdio.h>
main()
{   int a[3][4]={ 1,3,5,7,9,11,13,15,17,19,21,23},(*p)[4]=a,i,j,k=0;
    for( i=0; i<3; i++ )
        for( j=0; j<2; j++ ) k=k+*(*(p+i)+j);
    printf("%d\n",k );
}
```
程序运行后的输出结果是（　　）。
A）99　　B）68　　C）60　　D）108

(23) 以下不能将s所指字符串正确复制到t所指存储空间的是（　　）。
A）do{*t++=*s++;}while(*s);　　B）for(i=0;t[i]=s[i];i++);
C）while(*t=*s){t++;s++;}　　D）for(i=0,j=0;t[i++]=s[j++];);

(24) 有以下函数
```
int fun(char *x,char *y)
{   int n=0;
    while ( (*x==*y) && *x!='\0' ) {x++; y++; n++;}
    return n ;
}
```
函数的功能是（　　）。
A）统计 x 和 y 所指字符串中相同的字符个数
B）查找 x 和 y 所指字符串中是否有 '\0'
C）将 y 所指字符串赋给 x 所指存储空间
D）统计 x 和 y 所指字符串中最前面连续相同的字符个数

(25) 有以下程序
```
#include <stdio.h>
main()
{
    char ch[ ] ="uvwxyz",*pc;
    pc=ch;
    printf("%c\n",*(pc+5));
}
```
程序运行后的输出结果是（　　）。
A）0　　B）z
C）元素 ch[5] 的地址　　D）字符 y 的地址

（26）设有如下程序段
```
#include <stdio.h>
char s[20]="Beijing",*p;
p=s;
```
则执行 p=s; 语句后，以下叙述正确的是（   ）。

A）可以用 *p 表示 s[0]

B）s 数组中元素的个数和 p 所指字符串长度相等

C）s 和 p 都是指针变量

D）数组 s 中的内容和指针变量 p 中的内容相同

（27）若有以下程序段
```
char str[4][12]={ "aa","bbb","ccccc","d" } ,*strp[4];
int i;
for( i = 0; i< 4; i++ ) strp[i] = str[i];
```
不能正确引用字符串的选项是（   ）。

A）*strp   B）str[0]   C）strp[3]   D）strp

（28）有以下程序
```
#include <stdio.h>
main( )
{   int a[5]={2,4,6,8,10}, *p,**k;
    p = a; k = &p;
    printf("%d ",*( p++ ) );
    printf("%d\n",**k );
}
```
程序运行后的输出结果是（   ）。

A）2 4   B）4 4   C）2 2   D）4 6

（29）设有以下函数：
```
void fun(int n,char *s)
{ ...... }
```
则下面对函数指针的定义和赋值均正确的是（   ）。

A）void *pf( ); *pf=fun;   B）void *pf( ); pf=fun;

C）void (*pf)(int,char*); pf=fun;   D）void (*pf)(int,char); pf=&fun;

考点13 编译预处理

（1）以下叙述中正确的是（   ）。

A）在 C 语言中，预处理命令行都以 "#" 开头

B）预处理命令行必须位于 C 源程序的起始位置

C）#include <stdio.h> 必须放在 C 程序的开头

D）C 语言的预处理不能实现宏定义和条件编译的功能

（2）以下关于宏的叙述中正确的是（   ）。

A）宏替换没有数据类型限制   B）宏定义必须位于源程序中所有语句之前

C）宏名必须用大写字母表示　　　　　　D）宏调用比函数调用耗费时间

(3) 若程序中有宏定义行：
　　#define N 100
　　则以下叙述中正确的是（　　）。
　　A）宏定义行中定义了标识符 N 的值为整数 100
　　B）在编译程序对 C 源程序进行预处理时用 100 替换标识符 N
　　C）上述宏定义行实现将 100 赋给标识符 N
　　D）在运行时用 100 替换标识符 N

(4) 有以下程序
```
#include <stdio.h>
#define N 2
#define M N+1
#define NUM (M+1) * M/2
main( )
{ printf("%d\n",NUM ); }
```
　　程序运行后的输出结果是（　　）。
　　A）6　　　　　　B）4　　　　　　C）9　　　　　　D）8

(5) 有以下程序
```
#include <stdio.h>
#define PT 3.5;
#define S(x) PT*x*x;
main( )
{ int a=1,b=2; printf("%4.1f\n" ,S(a+b)); }
```
　　程序运行后的输出结果是（　　）。
　　A）7.5　　　　　　　　　　　　　　B）31.5
　　C）程序有错无输出结果　　　　　　D）14.0

(6) 设有宏定义：
　　#define IsDIV(k,n) ((k%n==1) ? 1 : 0)
　　且变量 m 已正确定义并赋值，则宏调用：
　　IsDIV(m,5) && IsDIV(m,7)
　　为真时所要表达的是（　　）。
　　A）判断 m 被 5 和 7 整除是否都余 1　　　　B）判断 m 是否能被 5 和 7 整除
　　C）判断 m 被 5 或者 7 整除是否余 1　　　　D）判断 m 是否能被 5 或者 7 整除

(7) 若有以下程序
```
#include <stdio.h>
#define S(x) x*x
#define T(x) S(x)*S(x)
main( )
{   int k=5,j=2;
    printf("%d,%d\n",S(k+j),T(k+j));
}
```

则程序的输出结果是（ ）。

A）17,37 B）49,2401 C）17,289 D）49,289

(8) 若有以下程序
```
#include <stdio.h>
#define S(x) (x)*(x)
#define T(x) S(x)/S(x)+1
main( )
{ int k=3,j=2;
  printf("%d,%d\n", S(k+j),T(k+j) );
}
```
则程序的输出结果是（ ）。

A）11,2 B）25,2 C）11,12 D）25,26

(9) 有以下程序
```
#include <stdio.h>
#define SUB( X,Y ) (X+1)*Y
main( )
{ int a=3,b=4;
  printf("%d\n",SUB(a++ ,b++ ));
}
```
程序运行后的输出结果是（ ）。

A）20 B）16 C）12 D）25

考点14 结构体与共用体

(1) 下面结构体的定义语句中, 错误的是（ ）。

A）struct ord {int x;int y;int z;} struct ord a;
B）struct ord {int x;int y;int z;}; struct ord a;
C）struct ord {int x;int y;int z;} a;
D）struct {int x;int y;int z;} a;

(2) 以下结构体类型说明和变量定义中正确的是（ ）。

A）struct REC ;
　　{ int n; char c; };
　　REC t1,t2;

B）typedef struct
　　{ int n; char c; } REC;
　　REC t1,t2;

C）typedef struct REC;
　　{ int n=0; char c='A' ; } t1,t2;

D）struct
　　{ int n; char c; } REC;
　　REC t1,t2;

(3) 有以下程序
```
#include <stdio.h>
main( )
{
  struct STU { char name[9]; char sex; double score[2]; };
  struct STU a={"Zhao",'m',85.0,90.0},b={"Qian",'f',95.0,92.0};
  b=a;
```

```
        printf("%s,%c,%2.0f,%2.0f\n",b.name,b.sex,b.score[0],b.score[1]);
}
```
程序的运行结果是（　）。

A）Zhao,f,95,92　　B）Qian,m,85,90　　C）Zhao,m,85,90　　D）Qian,f,95,92

(4) 有以下程序
```
#include <stdio.h>
typedef struct { int b,p; } A;
void f(A c)  /* 注意：c 是结构变量名 */
{   int j;
    c.b += 1; c.p+=2;
}
main( )
{   int i;
    A a={1,2};
    f(a);
    printf("%d,%d\n",a.b,a.p);
}
```
程序运行后的输出结果是（　）。

A）1,2　　B）2,4　　C）1,4　　D）2,3

(5) 有以下定义和语句
```
struct workers
  { int num; char name[20]; char c;
    struct
      { int day; int month; int year;} s;
  };
struct workers w,*pw;
pw=&w;
```
能给 w 中 year 成员赋 1980 的语句是（　）。

A）w.year=1980　　B）w.s.year=1980　　C）pw->year=1980　　D）*pw.year=1980

(6) 设有定义：
```
struct {char mark[12]; int num1; double num2;} t1,t2;
```
若变量均已正确赋初值，则以下语句中错误的是（　）。

A）t2.mark=t1.mark　　B）t2.num1=t1.num1　　C）t1=t2　　D）t2.num2=t1.num2

(7) 若有以下程序
```
#include <stdio.h>
#include <stdlib.h>
#include <string.h>
typedef struct stu {
    char *name,gender;
    int score;
} STU;
```

```
    void f(char *p)
    {
        p=(char *)malloc(10);
        strcpy(p,"Qian");
    }
    main( )
    {
        STU a={NULL,'m',290},b;
        a.name=(char *)malloc(10);
        strcpy( a.name,"Zhao" );
        b = a;
        f(b.name);
        b.gender = 'f';  b.score = 350;
        printf("%s,%c,%d,",a.name,a.gender,a.score);
        printf("%s,%c,%d\n",b.name,b.gender,b.score);
    }
```
则程序的输出结果是（   ）。
A）Qian,m,290,Qian,f,350   B）Zhao,m,290,Qian,f,350
C）Qian,f,350,Qian,f,350   D）Zhao,m,290,Zhao,f,350

(8) 有以下程序
```
    #include <stdio.h>
    struct S
    { int a, b; } data[2]={10,100,20,200};
    main( )
    {   struct S p=data[1];
        printf("%d\n",++(p.a) );
    }
```
程序运行后的输出结果是（   ）。
A）21   B）11   C）20   D）10

(9) 以下叙述中正确的是（   ）。
A）函数的返回值不能是结构体指针类型
B）函数的返回值不能是结构体类型
C）在调用函数时，可以将结构体变量作为实参传给函数
D）结构体数组不能作为参数传给函数

(10) 以下叙述中正确的是（   ）。
A）结构体数组名不能作为实参传给函数
B）结构体变量的地址不能作为实参传给函数
C）结构体中可以含有指向本结构体的指针成员
D）即使是同类型的结构体变量，也不能进行整体赋值

(11) 有以下程序
    #include <stdio.h>

```
struct S{int n; int a[20]; };
void f(struct S *p)
{   int i,j,t;
    for (i=0; i<p->n-1; i++)
        for (j=i+1; j<p->n; j++)
            if (p->a[i] > p->a[j]) { t= p->a[i]; p->a[i] = p->a[j]; p->a[j] = t; }
}
main( )
{   int i; struct S s={10,{2,3,1,6,8,7,5,4,10,9}};
    f(&s);
    for (i=0; i<s.n; i++) printf("%d,",s.a[i]);
}
```

程序运行后的输出结果是（   ）。

A）1,2,3,4,5,6,7,8,9,10,   B）10,9,8,7,6,5,4,3,2,1,
C）2,3,1,6,8,7,5,4,10,9,   D）10,9,8,7,6,1,2,3,4,5,

(12) 有以下程序

```
#include <stdio.h>
#include <string.h>
typedef struct { char name[9]; char sex; float score[2]; } STU;
STU f(STU  a)
{   STU b={"Zhao",'m',85.0,90.0}; int i;
    strcpy(a.name,b.name);
    a.sex = b.sex;
    for (i=0; i<2; i++) a.score[i] = b.score[i];
    return  a;
}
main( )
{   STU  c={"Qian",'f',95.0,92.0},d;
    d=f(c);
    printf("%s,%c,%2.0f,%2.0f\n",d.name,d.sex,d.score[0],d.score[1]);
}
```

程序的运行结果是（   ）。

A）Qian,m,85,90   B）Zhao,m,85,90   C）Qian,f,95,92   D）Zhao,f,95,92

(13) 若有以下程序

```
#include <stdio.h>
typedef struct stu {
    char name[10],gender;
    int score;
} STU;
void f(STU a,STU b)
{   b = a;
    printf( "%s,%c,%d,",b.name,b.gender,b.score );
```

```
    }
    main( )
    {   STU a={"Zhao",'m',290},b={"Qian",'f',350};
        f(a,b);
        printf("%s,%c,%d\n",b.name,b.gender,b.score);
    }
```
则程序的输出结果是（   ）。

A）Zhao,m,290,Qian,f,350   B）Zhao,m,290,Zhao,m,290

C）Qian,f,350,Qian,f,350   D）Zhao,m,290,Zhao,f,350

(14) 有以下结构体说明、变量定义和赋值语句
```
    struct STD
    {   char name[10];
        int age;
        char sex;
    } s[5],*ps;
    ps=&s[0];
```
则以下 scanf 函数调用语句有错误的是（   ）。

A）scanf("%d",ps->age)

B）scanf("%d",&s[0].age)

C）scanf("%c",&(ps->sex))

D）scanf("%s",s[0].name)

(15) 有以下程序
```
    #include <stdio.h>
    struct ord
    { int x,y; } dt[2]={1,2,3,4};
    main( )
    {
        struct ord *p=dt;
        printf("%d,",++(p->x));
        printf("%d\n",++(p->y));
    }
```
程序运行后的输出结果是（   ）。

A）1,2   B）4,1   C）3,4   D）2,3

(16) 若有以下程序段
```
    struct st{ int n; struct st *next; };
    struct st a[3]={ 5,&a[1],7,&a[2],9,'\0' }, *p;
    p=&a[0];
```
则以下选项中值为 6 的表达式是（   ）。

A）p->n++   B）(*p).n   C）++(p->n)   D）p->n

(17) 有以下程序
```
    #include <stdio.h>
```

```
#include <stdlib.h>
main( )
{ int *a,*b,*c;
    a=b=c=(int *)malloc(sizeof(int));
    *a=1;*b=2;*c=3;
    a=b;
    printf("%d,%d,%d\n",*a,*b,*c);
}
```
程序运行后的输出结果是（ ）。
A）3,3,3 B）2,2,3 C）1,2,3 D）1,1,3

(18) 有以下程序
```
#include <stdio.h>
#include <stdlib.h>
void fun(int *p1,int *p2,int *s )
{ s=( int * )malloc( sizeof(int) );
    *s = *p1 + *(p2++);
}
main( )
{ int a[2]={1,2 },b[2]={10,20},*s=a;
    fun( a,b,s );  printf("%d\n",*s );
}
```
程序运行后的输出结果是（ ）。
A）1 B）10 C）11 D）2

(19) 有以下程序段
　　int *p;
　　p= _____ malloc(sizeof(int));
　　若要求使 p 指向一个 int 型的动态存储单元，在横线处应填入的是（ ）。
　　A）int B）(int *) C）int * D）(*int)

(20) 程序中已构成如下图所示的不带头结点的单向链表结构，指针变量s、p、q均已正确定义，并用于指向链表结点，指针变量s总是作为头指针指向链表的第一个结点。

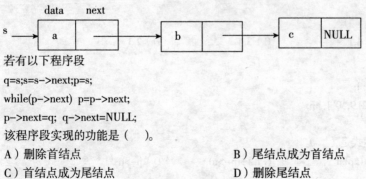

若有以下程序段
　　q=s;s=s->next;p=s;
　　while(p->next) p=p->next;
　　p->next=q; q->next=NULL;
该程序段实现的功能是（ ）。
A）删除首结点 B）尾结点成为首结点
C）首结点成为尾结点 D）删除尾结点

(21) 为了建立如图所示的存储结构（即每个结点含两个域，data是数据域，next是指向结点的指针域），则在【 】处应填入的选项是（ ）。

struct link{ char data; 【 】}node;

data	next

A）link *next   B）link next   C）struct link *next   D）struct link next

考点15 位运算

（1）下面选项中关于位运算的叙述正确的是（　　）。
　　A）位运算符都需要两个操作数　　　B）位运算的对象只能是整型或字符型数据
　　C）左移运算的结果总是原操作数据2倍　D）右移运算时，高位总是补0

（2）下面关于位运算符的叙述，正确的是（　　）。
　　A）& 表示"按位与"的运算　　　B）# 表示"按位异或"的运算
　　C）|| 表示"按位或"的运算　　　D）~ 表示"按位异或"的运算

（3）有以下程序
```
#include <stdio.h>
main( )
{  unsigned char a=8, c;
   c = a>>3;
   printf("%d\n",c);
}
```
程序运行后的输出结果是（　　）。
　　A）32   B）16   C）1   D）0

（4）设有以下语句
```
int a=1,b=2,c;
c=a^（b<<2);
```
执行后，c 的值为（　　）。
　　A）9   B）7   C）8   D）6

（5）有以下程序
```
#include <stdio.h>
main( )
{  unsigned char a=2,b=4,c=5,d;
   d = a | b; d &= c; printf("%d\n",d); }
```
程序运行后的输出结果是（　　）。
　　A）4   B）3   C）5   D）6

（6）有以下程序
```
#include <stdio.h>
main( )
{  int i=1;
   i = i^i;
   printf("%d\n",i );
```

}
程序运行后的输出结果是（　　）。
A）7　　　　B）–1　　　　C）1　　　　D）0

(7)若有定义语句
   int b = 2;
   则表达式 (b<<2) / (3||b) 的值是（　　）。
   A）8　　　　B）2　　　　C）4　　　　D）0

考点16 \ 文件

(1)下面选项中关于"文件指针"概念的叙述正确的是（　　）。
   A）文件指针就是文件位置指针，表示当前读写数据的位置
   B）文件指针是程序中用 FILE 定义的指针变量
   C）文件指针指向文件在计算机中的存储位置
   D）把文件指针传给 fscanf 函数，就可以向文本文件中写入任意的字符

(2)以下叙述中正确的是（　　）。
   A）C 语言中的文件是流式文件，因此只能顺序存取数据
   B）打开一个已存在的文件并进行了写操作后，原有文件中的全部数据必定被覆盖
   C）在一个程序当中对文件进行了写操作后，必须先关闭该文件然后再打开，才能读到第1个数据
   D）当对文件的读（写）操作完成之后，必须将它关闭，否则可能导致数据丢失

(3)下列关于C语言文件的叙述中正确的是（　　）。
   A）文件由数据序列组成，可以构成二进制文件或文本文件
   B）文件由结构序列组成，可以构成二进制文件或文本文件
   C）文件由一系列数据依次排列组成，只能构成二进制文件
   D）文件由字符序列组成，其类型只能是文本文件

(4)设fp为指向某二进制文件的指针，且已读到此文件末尾，则函数feof(fp)的返回值为（　　）。
   A）非0值　　　B）'\0'　　　C）0　　　D）NULL

(5)若fp已定义为指向某文件的指针，且没有读到该文件的末尾，则C语言函数feof(fp)的函数返回值是（　　）。
   A）0　　　　B）非0　　　C）–1　　　D）EOF

(6)以下程序依次把从终端输入的字符存放到f文件中，用#作为结束输入的标志,则在横线处应填入的选项是（　　）。
```
#include <stdio.h>
main()
{   FILE *fp; char ch;
    fp=fopen( "fname","w" );
    while(( ch=getchar( )) !='#' ) fputc(_____);
    fclose(fp);
}
```
   A）ch　　　B）fp,ch　　　C）ch,fp　　　D）ch,"fname"

(7)有以下程序

```
#include <stdio.h>
main( )
{   FILE *f;
    f=fopen("filea.txt","w");
    fprintf(f,"abc");
    fclose(f);
}
```
若文本文件"filea.txt"中原有内容为 hello,则运行以上程序后,文件"filea.txt"中的内容为

A) abcclo　　　　　B) ab　　　　　C) helloabc　　　　　D) abchello

(8) 有以下程序
```
#include <stdio.h>
main( )
{   FILE *fp; int i,a[6] = {1,2,3,4,5,6};
    fp = fopen( "d2.dat","w+" );
    for (i=0; i<6; i++) fprintf( fp,"%d\n",a[i] );
    rewind( fp );
    for ( i=0; i<6; i++ ) fscanf( fp,"%d",&a[5−i] );
    fclose(fp);
    for ( i=0; i<6; i++ ) printf( "%d,",a[i] );
}
```
程序运行后的输出结果是（　）。

A) 6,5,4,3,2,1,　　B) 1,2,3,4,5,6,　　C) 4,5,6,1,2,3,　　D) 1,2,3,3,2,1,

(9) 有以下程序
```
#include <stdio.h>
main( )
{   FILE *fp;
    int  a[10]={1,2,3,0,0},i;
    fp = fopen("d2.dat","wb");
    fwrite(a,sizeof(int),5,fp);
    fwrite(a,sizeof(int),5,fp);
    fclose(fp);
    fp = fopen("d2.dat","rb");
    fread(a,sizeof(int),10,fp);
    fclose(fp);
    for (i=0; i<10; i++)
        printf("%d,",a[i]);
}
```
程序的运行结果是（　）。

A) 1,2,3,0,0,0,0,0,0,0,　　　　　　　B) 1,2,3,1,2,3,0,0,0,0,
C) 123,0,0,0,0,123,0,0,0,0,　　　　　D) 1,2,3,0,0,1,2,3,0,0,

(10) 有以下程序
```
#include <stdio.h>
```

```
main()
{   FILE *fp;char str[10];
    fp=fopen("myfile.dat","w");
    fputs("abc",fp);
    fclose(fp);
    fp=fopen("myfile.dat","a+");
    fprintf(fp,"%d",28);
    rewind(fp);
    fscanf(fp,"%s",str);
    puts(str);
    fclose(fp);
}
```
程序运行后的输出结果是（　）。

A）abc28　　　　　　　　B）28c　　　　　　　　C）abc　　　　　　　　D）因类型不一致而出错

参考答案及解析

本部分对应的内容在图书配套软件中。先安装二级 C 语言软件，启动软件后单击主界面中的"配书答案"按钮，即可查看。

第 3 部分 上机操作题

第1套 上机操作题

一、程序填空题

给定程序中，函数 fun 的功能是找出 100 至 x（x ≤ 999）之间各位上的数字之和为 15 的所有整数，然后输出；符合条件的整数个数作为函数值返回。

例如，当 n 值为 500 时，各位数字之和为 15 的整数有：159、168、177、186、195、249、258、267、276、285、294、339、348、357、366、375、384、393、429、438、447、456、465、474、483、492。共有 26 个。

请在程序的下划线处填入正确的内容并把下划线删除，使程序得出正确的结果。

注意：源程序存放在考生文件夹下的 BLANK1.C 中。

不得增行或删行，也不得更改程序的结构！
给定源程序如下。

```
#include <stdio.h>
int fun(int x)
{   int n, s1, s2, s3, t;
/**********found**********/
    n= __1__ ;
    t=100;
/**********found**********/
    while(t<= __2__ )
    {   s1=t%10;  s2=(t/10)%10;  s3=t/100;
        if(s1+s2+s3==15)
        {   printf("%d ",t);
            n++;
        }
/**********found**********/
        __3__ ;
    }
    return n;
}
main()
{   int x=-1;
    while(x>999||x<0)
    {   printf("Please input(0<x<=999): ");
        scanf("%d",&x); }
    printf("\nThe result is: %d\n",fun(x));
}
```

二、程序改错题

给定程序 MODI1.C 中函数 fun 的功能是先将 s 所指字符串中的字符按逆序存放到 t 所指字符串中，然后把 s 所指串中的字符按正序连接到 t 所指串的后面。

例如：当 s 所指的字符串为"ABCDE"时，则 t 所指的字符串应为"EDCBAABCDE"。

请改正程序中的错误，使它能得出正确的结果。

注意：不要改动 main 函数，不得增行或删行，也不得更改程序的结构！
给定源程序如下。

```
#include <stdio.h>
#include <string.h>
void fun (char *s, char *t)
{
/**********found**********/
    int  i;
    i=0;
    sl = strlen(s);
```

```
        for (; i<sl; i++)
/***********found***********/
            t[i] = s[sl-i];
        for (i=0; i<sl; i++)
            t[sl+i] = s[i];
        t[2*sl] = '\0';
}
main()
{   char s[100], t[100];
    printf("\nPlease enter string s:"); scanf("%s", s);
    fun(s, t);
    printf("The result is: %s\n", t);
}
```

三、程序设计题

函数 fun 的功能是 将 a、b 中的两个两位正整数合并形成一个新的整数放在 c 中。合并的方式是将 a 中的十位和个位数依次放在变量 c 的百位和个位上，b 中的十位和个位数依次放在变量 c 的千位和十位上。

例如，当 a = 45，b=12 时，调用该函数后，c=1425。

注意：部分源程序存在文件 PROG1.C 中。数据文件 IN.DAT 中的数据不得修改。

请勿改动主函数 main 和其他函数中的任何内容，仅在函数 fun 的花括号中填入编写的若干语句。

给定源程序如下。

```
#include <stdio.h>
void fun(int a, int b, long *c)
{

}
main()  /* 主函数 */
{   int a,b; long c;
    printf("Input a b:");
    scanf("%d%d", &a, &b);
    fun(a, b, &c);
    printf("The result is: %ld\n", c);
}
```

第2套 上机操作题

一、程序填空题

给定程序中，函数 fun 的功能是找出 100 ～ 999 之间（含 100 和 999）所有整数中各位上数字之和为 x（x 为一正整数）的整数，然后输出；符合条件的整数个数作为函数值返回。

例如，当 x 值为 5 时，100 ～ 999 之间各位上数字之和为 5 的整数有 104、113、122、131、140、203、212、221、230、302、311、320、401、410、500。共有 15 个。当 x 值为 27 时，各位数字之和为 27 的整数是 999。只有 1 个。

请在程序的下划线处填入正确的内容并把下划线删除，使程序得出正确的结果。

注意：源程序存放在考生文件夹下的 BLANK1.C 中。

不得增行或删行，也不得更改程序的结构！

给定源程序如下。

```
#include <stdio.h>
int fun(int x)
{   int n, s1, s2, s3, t;
    n=0;
    t=100;
/**********found**********/
    while(t<=___1___){
/**********found**********/
        s1=t%10; s2=(___2___)%10; s3=t/100;
/**********found**********/
        if(s1+s2+s3==___3___)
        {   printf("%d ",t);
            n++;
        }
        t++;
    }
    return n;
}
main()
{   int x=-1;
    while(x<0)
    {   printf("Please input(x>0): ");
        scanf("%d",&x); }
```

```
    printf("\nThe result is: %d\n",fun(x));
}
```

二、程序改错题

给定程序 MODI1.C 中函数 fun 的功能是从低位开始取出长整型变量 s 中偶数位上的数，依次构成一个新数放在 t 中。高位仍在高位，低位仍在低位。

例如，当 s 中的数为 7654321 时，t 中的数为 642。

请改正程序中的错误，使它能得出正确的结果。

注意：不要改动 main 函数，不得增行或删行，也不得更改程序的结构！

给定源程序如下。

```
#include <stdio.h>
/************found************/
void fun (long s, long t)
{   long sl=10;
    s /= 10;
    *t = s % 10;
/************found************/
    while ( s < 0 )
    {   s = s/100;
        *t = s%10*sl + *t;
        sl = sl * 10;
    }
}
main()
{   long s, t;
    printf("\nPlease enter s:"); scanf("%ld", &s);
    fun(s, &t);
    printf("The result is: %ld\n", t);
}
```

三、程序设计题

学生的记录由学号和成绩组成，N 名学生的数据已在主函数中放入结构体数组 s 中，请编写函数 fun，其功能是按分数的高低排列学生的记录，高分在前。

注意：部分源程序存在文件 PROG1.C 中。

请勿改动主函数 main 和其他函数中的任何内容，仅在函数 fun 的花括号中填入编写的若干语句。

给定源程序如下。

```
#include <stdio.h>
#define  N   16
typedef struct
{   char num[10];
    int  s;
} STREC;
void fun( STREC a[] )
{
    STREC tmp;
    int i,j;
    for(i = 0; i < N; i++)
        for(j = i+1; j < N; j++)
        {   /* 请按题目要求完成以下代码 */

        }
}
main()
{   STREC s[N]={{"GA005",85},{"GA003",76},
    {"GA002",69},{"GA004",85},{"GA001",91},
    {"GA007",72},{"GA008",64},{"GA006",87},
    {"GA015",85},{"GA013",91},{"GA012",64},
    {"GA014",91}, {"GA011",66},{"GA017",64},
    {"GA018",64},{"GA016",72}};
    int i;FILE *out ;
    fun( s );
    printf("The data after sorted :\n");
    for(i=0;i<N; i++)
    {   if( (i)%4==0 )printf("\n");
        printf("%s  %4d  ",s[i].num,s[i].s);
    }
    printf("\n");
    out = fopen("c:\\test\\out.dat","w") ;
    for(i=0;i<N; i++)
    {   if( (i)%4==0 && i) fprintf(out, "\n");
        fprintf(out, "%4d  ",s[i].s);
    }
    fprintf(out,"\n");
    fclose(out) ;
}
```

第3套 上机操作题

一、程序填空题

给定程序中，函数 fun 的功能是将形参 n 中，各位上为偶数的数取出，并按原来从高位到低位的顺序组成一个新的数，并作为函数值返回。

例如，从主函数输入一个整数 27638496，函数返回值为 26846。

请在程序的下划线处填入正确的内容并把下划线删除，使程序得出正确的结果。

注意：源程序存放在考生文件夹下的 BLANK1.C 中。

不得增行或删行，也不得更改程序的结构！

给定源程序如下。

```
#include <stdio.h>
unsigned long fun(unsigned long n)
{  unsigned long x=0, s, i;  int t;
    s=n;
/**********found**********/
    i=  1  ;
/**********found**********/
    while(  2  )
    {  t=s%10;
        if(t%2==0){
/**********found**********/
            x=x+t*i;  i=  3  ;
        }
        s=s/10;
    }
    return x;
}
main()
{  unsigned long n=-1;
    while(n>99999999||n<0)
    {  printf("Please input(0<n<100000000): ");
        scanf("%ld",&n);  }
    printf("\nThe result is: %ld\n",fun(n));
}
```

二、程序改错题

给定程序 MODI1.C 中函数 fun 的功能是输出 M 行 M 列整数方阵，然后求两条对角线上元素之和，返回此和数。

请改正程序中的错误，使它能得出正确的结果。

注意：不要改动 main 函数，不得增行或删行，也不得更改程序的结构！

给定源程序如下。

```
#include <stdio.h>
#define  M  5
/**********found**********/
int fun(int n, int xx[][])
{  int i, j, sum=0;
    printf( "\nThe %d x %d matrix:\n", M, M );
    for( i = 0; i < M; i++ )
    {   for( j = 0; j < M; j++ )
/**********found**********/
            printf( "%f ", xx[i][j] );
        printf("\n");
    }
    for( i = 0 ; i < n ; i++ )
        sum += xx[i][i]+xx[i][ n-i-1 ];
    return( sum );
}
main( )
{  int aa[M][M]={{1,2,3,4,5},{4,3,2,1,0},
                {6,7,8,9,0},{9,8,7,6,5},{3,4,5,6,7}};
    printf ( "\nThe sum of all elements on 2 diagnals is %d.",fun( M, aa ));
}
```

三、程序设计题

函数 fun 的功能是将 a、b 中的两个两位正整数合并形成一个新的整数放在 c 中。合并方式是将 a 中的十位和个位数依次放在变量 c 的千位和十位上，b 中的十位和个位数依次放在变量 c 的个位和百位上。

例如，当 a = 45，b=12 时，调用该函数后，c=4251。

注意：部分源程序存在文件 PROG1.C 中。数据文件 IN.DAT 中的数据不得修改。

请勿改动主函数 main 和其他函数中的任何内容，仅在函数 fun 的花括号中填入编写的若干语句。给定源程序如下。

```
#include <stdio.h>
void fun(int a, int b, long *c)
{

}
main()
{   int a,b; long c;
    printf("Input a b:");
    scanf("%d%d", &a, &b);
    fun(a, b, &c);
    printf("The result is: %ld\n", c);
}
```

第4套 上机操作题

一、程序填空题

给定程序中，函数 fun 的功能是将形参 n 中，各位上为偶数的数取出，并按原来从高位到低位相反的顺序组成一个新的数，并作为函数值返回。

例如，输入一个整数 27638496，函数返回值为 64862。

请在程序的下划线处填入正确的内容并把下划线删除，使程序得出正确的结果。

注意：源程序存放在考生文件夹下的 BLANK1.C 中。

不得增行或删行，也不得更改程序的结构！

给定源程序如下。

```
#include <stdio.h>
unsigned long fun(unsigned long n)
{   unsigned long x=0;  int t;
    while(n)
    {   t=n%10;
/**********found**********/
        if(t%2==  1  )
/**********found**********/
            x=  2  +t;
```

```
/**********found**********/
            n=  3  ;
        }
        return x;
}
main()
{   unsigned long n=-1;
    while(n>99999999||n<0)
    {   printf("Please input(0<n<100000000): ");
        scanf("%ld",&n); }
    printf("\nThe result is: %ld\n",fun(n));
}
```

二、程序改错题

给定程序 MODI1.C 中函数 fun 的功能是将长整型数中每一位上为奇数的数依次取出，构成一个新数放在 t 中。高位仍在高位，低位仍在低位。

例如，当 s 中的数为 87653142 时，t 中的数为 7531。

请改正程序中的错误，使它能得出正确的结果。

注意：不要改动 main 函数，不得增行或删行，也不得更改程序的结构！

给定源程序如下。

```
#include <stdio.h>
void fun (long s, long *t)
{   int d;
    long sl=1;
/***********found***********/
    t = 0;
    while ( s > 0)
    {   d = s%10;
/***********found***********/
        if (d%2 == 0)
        {   *t = d * sl + *t;
            sl *= 10;
        }
        s /= 10;
    }
}
main()
{   long s, t;
    printf("\nPlease enter s:"); scanf("%ld", &s);
```

```
        fun(s, &t);
        printf("The result is: %ld\n", t);
}
```

三、程序设计题

编写一个函数 fun，它的功能是实现两个字符串的连接(不使用库函数 strcat)，即把 p2 所指的字符串连接到 p1 所指的字符串后。

例如，分别输入下面两个字符串。

FirstString--

SecondString

程序输出：

FirstString--SecondString

注意： 部分源程序存在文件 PROG1.C 中。

请勿改动主函数 main 和其他函数中的任何内容，仅在函数 fun 的花括号中填入编写的若干语句。

给定源程序如下。

```
#include <stdio.h>
void fun(char p1[], char p2[])
{

}
main()
{   char s1[80], s2[40] ;
    printf("Enter s1 and s2:\n") ;
    scanf("%s%s", s1, s2) ;
    printf("s1=%s\n", s1) ;
    printf("s2=%s\n", s2) ;
    printf("Invoke fun(s1,s2):\n") ;
    fun(s1, s2) ;
    printf("After invoking:\n") ;
    printf("%s\n", s1) ;
}
```

第5套 上机操作题

一、程序填空题

给定程序中，函数 fun 的功能是将形参 n 所指变量中，各位上为偶数的数去除，剩余的数按原来从高位到低位的顺序组成一个新的数，并通过形参指针 n 传回所指变量。

例如，输入一个数 27638496，新的数为 739。

请在程序的下划线处填入正确的内容并把下划线删除，使程序得出正确的结果。

注意： 源程序存放在考生文件夹下的 BLANK1.C 中。

不得增行或删行，也不得更改程序的结构！

给定源程序如下。

```
#include <stdio.h>
void fun(unsigned long *n)
{   unsigned long x=0, i;   int t;
    i=1;
    while(*n)
/**********found**********/
    {   t=*n % __1__ ;
/**********found**********/
        if(t%2!= __2__ )
        {   x=x+t*i; i=i*10; }
        *n =*n /10;
    }
/**********found**********/
    *n= __3__ ;
}
main()
{   unsigned long  n=-1;
    while(n>99999999||n<0)
    {   printf("Please input(0<n<100000000): ");
        scanf("%ld",&n); }
    fun(&n);
    printf("\nThe result is: %ld\n",n);
}
```

二、程序改错题

给定程序 MODI1.C 中函数 fun 的功能是计算 n!。

例如，给 n 输入 5，则输出 120.000000。

请改正程序中的错误，使程序能输出正确的结果。

注意： 不要改动 main 函数，不得增行或删行，也不得更改程序的结构！

给定源程序如下。

```
#include <stdio.h>
double fun ( int n )
{   double result = 1.0 ;
```

```
/***********found***********/
        if n == 0
              return 1.0 ;
        while( n >1 && n < 170 )
/***********found***********/
              result *= n--;
        return result ;
}
main ( )
{    int n ;
     printf("Input N:") ;
     scanf("%d", &n) ;
     printf("\n\n%d! =%lf\n\n", n, fun(n)) ;
}
```

三、程序设计题

请编写一个函数 fun，它的功能是将一个表示正整数的数字字符串转换为一个整数（不得调用C语言提供的将字符串转换为整数的函数）。例如，若输入字符串"1234"，则函数把它转换为整数值1234。函数 fun 中给出的语句仅供参考。

注意：部分源程序存在文件 PROG1.C 中。

请勿改动主函数 main 和其他函数中的任何内容，仅在函数 fun 的花括号中填入编写的若干语句。

给定源程序如下。

```
#include <stdio.h>
#include <string.h>
long fun ( char *p)
{
     /* 以下代码仅供参考 */
     int i,len;  /* len 为串长 */
     long x=0;
     len=strlen(p);
     /* 以下完成数字字符串转换为一个数字。
注意：字符 '0' 不是数字 0 */

     return x;
}
main()   /* 主函数 */
{    char s[6];
     long   n;
     printf("Enter a string:\n") ;
```

```
     gets(s);
     n = fun(s);
     printf("%ld\n",n);
}
```

第6套 上机操作题

一、程序填空题

给定程序中，函数 fun 的功能是：计算下式前 n 项的和作为函数值返回。

$$s = \frac{1 \times 3}{2^2} + \frac{3 \times 5}{4^2} + \frac{5 \times 7}{6^2} + \cdots + \frac{(2 \times n - 1) \times (2 \times n + 1)}{(2 \times n)^2}$$

例如，当形参 n 的值为 10 时，函数返回 9.612558。

请在程序的下划线处填入正确的内容并把下划线删除，使程序得出正确的结果。

注意：源程序存放在考生文件夹下的 BLANK1.C 中。

不得增行或删行，也不得更改程序的结构！

给定源程序如下。

```
#include <stdio.h>
double fun(int  n)
{    int i;   double s, t;
/**********found*********/
     s= __1__ ;
/**********found*********/
     for(i=1; i<= __2__ ; i++)
     {  t=2.0*i;
/**********found*********/
        s=s+(2.0*i−1)*(2.0*i+1)/ __3__ ;
     }
     return  s;
}
main()
{    int n=−1;
     while(n<0)
     {  printf("Please input(n>0): ");
        scanf("%d",&n); }
     printf("\nThe result is: %f\n",fun(n));
}
```

二、程序改错题

给定程序 MODI1.C 中函数 fun 的功能是统计 substr 所指子字符串在 str 所指字符串中出现的次数。

例如，若字符串为 aaas lkaaas，子字符串为 as，则应输出 2。

请改正程序中的错误，使它能计算出正确的结果。

注意： 不要改动 main 函数，不得增行或删行，也不得更改程序的结构！

给定源程序如下。

```
#include <stdio.h>
int fun (char *str,char *substr)
{    int i,j,k,num=0;
/************found************/
    for(i = 0, str[i], i++)
         for(j=i,k=0;substr[k]==str[j];k++,j++)
/************found************/
              If(substr[k+1]=='\0')
              {   num++;
                  break;
              }
         return num;
}
main()
{
    char str[80],substr[80];
    printf("Input a string:") ;
    gets(str);
    printf("Input a substring:") ;
    gets(substr);
    printf("%d\n",fun(str,substr));
}
```

三、程序设计题

请编写一个函数 fun，它的功能是：根据以下公式求 π 的值 (要求满足精度 0.0005，即某项小于 0.0005 时停止迭代) ：

$$\frac{\pi}{2} = 1 + \frac{1}{3} + \frac{1\times 2}{3\times 5} + \frac{1\times 2\times 3}{3\times 5\times 7} + \frac{1\times 2\times 3\times 4}{3\times 5\times 7\times 9} + \cdots + \frac{1\times 2\times \cdots \times n}{3\times 5\times \cdots \times (2n+1)}$$

程序运行后，如果输入精度 0.0005，则程序输出为 3.14…。

注意： 部分源程序存在文件 PROG1.C 文件中。
请勿改动主函数 main 和其他函数中的任何内容，仅在函数 fun 的花括号中填入编写的若干语句。

给定源程序如下。

```
#include <stdio.h>
#include <math.h>
double fun ( double eps)
{

}
main( )
{    double x;
    printf("Input eps:") ;
    scanf("%lf",&x); printf("\neps = %lf, PI=%lf\n", x, fun(x));
}
```

第7套 上机操作题

一、程序填空题

给定程序中，函数 fun 的功能是：计算下式前 n 项的和作为函数值返回。

$$s = \frac{1\times 3}{2^2} - \frac{3\times 5}{4^2} + \frac{5\times 7}{6^2} - \cdots + (-1)^{n-1}\frac{(2\times n-1)\times(2\times n+1)}{(2\times n)^2}$$

例如，当形参n的值为10时，函数返回 –0.204491。

请在程序的下划线处填入正确的内容并把下划线删除，使程序得出正确的结果。

注意： 源程序存放在考生文件夹下的 BLANK1.C 中。

不得增行或删行，也不得更改程序的结构！

给定源程序如下。

```
#include <stdio.h>
double fun(int n)
{    int i, k;   double s, t;
    s=0;
/**********found**********/
    k=___1___;
```

```
        for(i=1; i<=n; i++) {
/**********found**********/
            t= __2__ ;
            s=s+k*(2*i-1)*(2*i+1)/(t*t);
/**********found**********/
            k=k*__3__;
        }
        return s;
}
main()
{   int n=-1;
    while(n<0)
    {   printf("Please input(n>0): ");
        scanf("%d",&n); }
    printf("\nThe result is: %f\n",fun(n));
}
```

二、程序改错题

给定程序 MODI1.C 中函数 fun 的功能是：判断一个整数是否是素数，若是返回 1，否则返回 0。在 main() 函数中，若 fun 返回 1 输出 YES，若 fun 返回 0 输出 NO!。

请改正程序中的错误，使它能得出正确的结果。

注意：不要改动 main 函数。不得增行或删行，也不得更改程序的结构！

给定源程序如下。

```
#include <stdio.h>
int fun ( int m )
{   int k = 2;
    while ( k <= m && (m%k))
/************found************/
        k++
/************found************/
    if (m = k )
        return 1;
    else   return 0;
}
main( )
{   int n;
    printf( "\nPlease enter n: " );   scanf( "%d", &n );
    if ( fun ( n ) )  printf( "YES\n" );
    else printf( "NO!\n" );
}
```

三、程序设计题

请编写一个函数 fun，它的功能是找出一维整型数组元素中最大的值和它所在的下标，最大值和它所在的下标通过形参传回。数组元素中的值已在主函数中赋予。

主函数中 x 是数组名，n 是 x 中的数据个数，max 存放最大值，index 存放最大值所在元素的下标。

注意：部分源程序存在文件 PROG1.C 中。

请勿改动主函数 main 和其他函数中的任何内容，仅在函数 fun 的花括号中填入编写的若干语句。

给定源程序：

```
#include <stdlib.h>
#include <stdio.h>
void fun(int a[], int n, int *max, int *d )
{

}
main()
{   int i, x[20], max, index, n = 10;
    for (i=0;i < n;i++) {x[i] = rand()%50;
printf("%4d", x[i]) ; }
    printf("\n");
    fun( x, n , &max, &index);
    printf("Max =%5d， Index =%4d\n",max, index );
}
```

第8套 上机操作题

一、程序填空题

给定程序中，函数 fun 的功能是计算下式

$$s = \frac{3}{2^2} - \frac{5}{4^2} + \frac{7}{6^2} - \cdots + (-1)^{n-1}\frac{(2\times n+1)}{(2\times n)^2}$$

直到 $\left|\frac{(2\times n+1)}{(2\times n)^2}\right| \leq 10^{-3}$，并把计算结果作为函数值返回。

例如：若形参 e 的值为 1e-3，函数的返回值为 0.551690。

请在程序的下划线处填入正确的内容并把下划线删除，使程序得出正确的结果。

注意： 源程序存放在考生文件夹下的 BLANK1.C 中。

不得增行或删行，也不得更改程序的结构！

给定源程序如下。

```
#include <stdio.h>
double fun(double e)
{   int  i, k;   double  s, t, x;
    s=0;  k=1;  i=2;
/**********found**********/
    x=  1  /4;
/**********found**********/
    while(x  2  e)
    {   s=s+k*x;
        k=k* (-1);
        t=2*i;
/**********found**********/
        x=  3  /(t*t);
        i++;
    }
    return s;
}
main()
{   double e=1e-3;
    printf("\nThe result is: %f\n",fun(e));
}
```

二、程序改错题

给定程序 MODI1.C 中函数 fun 的功能是：求出以下分数序列的前 n 项之和。和值通过函数值返回到 main 函数。

$$\frac{2}{1}, \frac{3}{2}, \frac{5}{3}, \frac{8}{5}, \frac{13}{8}, \frac{21}{13} \cdots \cdots$$

例如，若 n = 5，则应输出 8.391667。

请改正程序中的错误，使它能计算出正确的结果。

注意： 不要改动 main 函数，不得增行或删行，也不得更改程序的结构！

给定源程序如下。

```
#include <stdio.h>
/************found************/
void fun ( int n )
{   int a, b, c, k; double s;
    s = 0.0;  a = 2;  b = 1;
    for ( k = 1; k <= n; k++ ) {
/************found************/
        s = s + (Double)a / b;
        c = a;  a = a + b;  b = c;
    }
    return s;
}
main( )
{   int  n = 5;
    printf( "\nThe value of function is: %lf\n", fun ( n ) );
}
```

三、程序设计题

请编写一个函数 fun，它的功能是：求出一个 2×M 整型二维数组中最大元素的值，并将此值返回调用函数。

注意： 部分源程序存在文件 PROG1.C 中。

请勿改动主函数 main 和其他函数中的任何内容，仅在函数 fun 的花括号中填入编写的若干语句。

给定源程序如下。

```
#include <stdio.h>
#define M 4
int fun (int a[][M])
{


}
main( )
{   int arr[2][M]={5,8,3,45,76,-4,12,82};
    printf("max =%d\n", fun(arr));
}
```

第9套 上机操作题

一、程序填空题

给定程序中，函数 fun 的功能是计算下式

$$s = \frac{1}{2^2} - \frac{3}{4^2} + \frac{5}{6^2} - \cdots \frac{(2 \times n - 1)}{(2 \times n)^2}$$

直到 $\left|\frac{(2 \times n - 1)}{(2 \times n)^2}\right| \leq 10^{-3}$，并把计算结果作为函数值返回。

例如，若形参 e 的值为 1e-3，函数的返回值为 2.985678。

请在程序的下划线处填入正确的内容并把下划线删除，使程序得出正确的结果。

注意：源程序存放在考生文件夹下的 BLANK1.C 中。

不得增行或删行，也不得更改程序的结构！

给定源程序如下。

```
#include <stdio.h>
double fun(double e)
{   int i;   double s, x;
/**********found**********/
    s=0; i= __1__ ;
    x=1.0;
    while(x>e){
/**********found**********/
        __2__ ;
/**********found**********/
        x=(2.0*i-1)/(( __3__ )*(2.0*i));
        s=s+x;
    }
    return s;
}
main()
{   double e=1e-3;
    printf("\nThe result is: %f\n",fun(e));
}
```

二、程序改错题

给定程序 MODI1.C 中函数 fun 的功能是将 s 所指字符串的正序和反序进行连接，形成一个新串放在 t 所指的数组中。

例如，当 s 所指字符串为："ABCD" 时，则 t 所指字符串中的内容应为 "ABCDDCBA"。

请改正程序中的错误，使它能得出正确的结果。

注意：不要改动 main 函数，不得增行或删行，也不得更改程序的结构！

给定源程序如下。

```
#include <stdio.h>
#include <string.h>
/************found************/
void fun (char s, char t)
{
    int   i, d;
    d = strlen(s);
    for (i = 0; i<d; i++)  t[i] = s[i];
    for (i = 0; i<d; i++)  t[d+i] = s[d-1-i];
/************found************/
    t[2*d-1] = '\0';
}
main()
{
    char   s[100], t[100];
    printf("\nPlease enter string S:");
    scanf("%s", s);
    fun(s, t);
    printf("\nThe result is: %s\n", t);
}
```

三、程序设计题

函数 fun 的功能是将 s 所指字符串中除了下标为奇数、同时 ASCII 值也为奇数的字符之外，其余的所有字符都删除，串中剩余字符所形成的一个新串放在 t 所指的数组中。

例如，若 s 所指字符串中的内容为 "ABCDEFG12345"，其中，字符 A 的 ASCII 码值虽为奇数，但所在元素的下标为偶数，因此必需删除；而字符 1 的 ASCII 码值为奇数，所在数组中的下标也为奇数，因此不应当删除，其他依此类推。最后 t 所指的数组中的内容应是 "135"。

注意：部分源程序存在文件 PROG1.C 中。

请勿改动主函数 main 和其他函数中的任何内容，仅在函数 fun 的花括号中填入编写的若干语句。

给定源程序如下。

```
#include <stdio.h>
```

```
#include <string.h>
void fun(char *s, char t[])
{

}
main()
{
    char   s[100], t[100];
    printf("\nPlease enter string S:");
    scanf("%s", s);
    fun(s, t);
    printf("\nThe result is: %s\n", t);
}
```

第10套 上机操作题

一、程序填空题

给定程序中，函数 fun 的功能是将形参 s 所指字符串中的所有字母字符顺序前移，其他字符顺序后移，处理后新字符串的首地址作为函数值返回。

例如，s 所指字符串为 asd123fgh543df，处理后新字符串为 asdfghdf123543。

请在程序的下划线处填入正确的内容并把下划线删除，使程序得出正确的结果。

注意：源程序存放在考生文件夹下的 BLANK1.C 中。

不得增行或删行，也不得更改程序的结构！

给定源程序如下。

```
#include  <stdio.h>
#include  <stdlib.h>
#include  <string.h>
char *fun(char  *s)
{   int i, j, k, n;   char *p, *t;
    n=strlen(s)+1;
    t=(char*)malloc(n*sizeof(char));
    p=(char*)malloc(n*sizeof(char));
    j=0; k=0;
    for(i=0; i<n; i++)
        { if(((s[i]>='a')&&(s[i]<='z'))||((s[i]>='A')&&(s[i]<='Z'))) {
/**********found**********/
            t[j]=___1___; j++;}
          else
            {  p[k]=s[i]; k++; }
        }
/**********found**********/
    for(i=0; i<___2___; i++)  t[j+i]=p[i];
/**********found**********/
    t[j+k]=___3___;
    return  t;
}
main()
{   char s[80];
    printf("Please input: ");  scanf("%s",s);
    printf("\nThe result is: %s\n",fun(s));
}
```

二、程序改错题

给定程序 MODI1.C 中函数 fun 的功能是将 s 所指字符串中最后一次出现的与 t1 所指字符串相同的子串替换成 t2 所指字符串，所形成的新串放在 w 所指的数组中。此处要求 t1 和 t2 所指字符串的长度相同。

例如，当 s 所指字符串中的内容为 "abcdabfabc"，t1 所指子串中的内容为 "ab"，t2 所指子串中的内容为："99" 时，结果，在 w 所指的数组中的内容应为："abcdabf99c"。

请改正程序中的错误，使它能得出正确的结果。

注意：不要改动 main 函数，不得增行或删行，也不得更改程序的结构！

给定源程序如下。

```
#include <stdio.h>
#include <string.h>
void fun (char *s, char *t1, char *t2 , char *w)
{
    char *p , *r, *a=s;
    strcpy( w, s );
/**********found***********/
    while ( w )
    {   p = w;  r = t1;
        while ( *r )
/**********found***********/
        IF ( *r == *p )
```

```
            {  r++;  p++; }
                else  break;
                    if ( *r == '\0' ) a = w;
                    w++;
        }
        r = t2;
        while ( *r ){    *a = *r; a++; r++; }
}
main()
{
    char   s[100], t1[100], t2[100], w[100];
    printf("\nPlease enter string S:");
    scanf("%s", s);
    printf("\nPlease enter substring t1:");
    scanf("%s", t1);
    printf("\nPlease enter substring t2:");
    scanf("%s", t2);
    if ( strlen(t1)==strlen(t2) )
    {   fun( s, t1, t2, w);
            printf("\nThe result is :  %s\n", w);
    }
    else printf("\nError : strlen(t1) != strlen(t2)\n");
}
```

三、程序设计题

函数 fun 的功能是将 s 所指字符串中 ASCII 值为奇数的字符删除，串中剩余字符形成一个新串放在 t 所指的数组中。

例如，若 s 所指字符串中的内容为 "ABCDEFG12345"，其中字符 A 的 ASCII 码值为奇数、……、字符 1 的 ASCII 码值也为奇数、……都应当删除，其他依此类推。最后 t 所指的数组中的内容应是 "BDF24"。

注意：部分源程序存在文件 PROG1.C 中。

请勿改动主函数 main 和其他函数中的任何内容，仅在函数 fun 的花括号中填入编写的若干语句。

给定源程序如下：

```
#include <stdio.h>
#include <string.h>
void fun(char *s, char t[])
{
```

```
}
main()
{
    char   s[100], t[100];
    printf("\nPlease enter string S:");
    scanf("%s", s);
    fun(s, t);
    printf("\nThe result is: %s\n", t);
}
```

第11套 上机操作题

一、程序填空题

给定程序中，函数 fun 的功能是将形参 s 所指字符串中的所有数字字符顺序前移，其他字符顺序后移，处理后新字符串的首地址作为函数值返回。

例如，s 所指字符串为 asd123fgh5##43df，处理后新字符串为 123543asdfgh##df。

请在程序的下划线处填入正确的内容并把下划线删除，使程序得出正确的结果。

注意：源程序存放在考生文件夹下的 BLANK1.C 中。

不得增行或删行，也不得更改程序的结构！

给定源程序如下：

```
#include <stdio.h>
#include <string.h>
#include <stdlib.h>
#include <ctype.h>
char *fun(char *s)
{   int i, j, k, n;   char *p, *t;
    n=strlen(s)+1;
    t=(char*)malloc(n*sizeof(char));
    p=(char*)malloc(n*sizeof(char));
    j=0; k=0;
    for(i=0; i<n; i++)
    {   if(isdigit(s[i])) {
/**********found**********/
            p[___1___]=s[i]; j++;}
        else
        {   t[k]=s[i]; k++;}
```

```
        }
/**********found**********/
        for(i=0; i< _2_ ; i++) p[j+i]= t[i];
        p[j+k]=0;
/**********found**********/
        return _3_ ;
}
main()
{   char s[80];
        printf("Please input: ");  scanf("%s",s);
        printf("\nThe result is: %s\n",fun(s));
}
```

二、程序改错题

给定程序 MODI1.C 中函数 fun 的功能是首先把 b 所指字符串中的字符按逆序存放，然后将 a 所指字符串中的字符和 b 所指字符串中的字符，按排列的顺序交叉合并到 c 所指数组中，过长的剩余字符接在 c 所指数组的尾部。例如，当 a 所指字符串中的内容为"abcdefg"，b 所指字符串中的内容为"1234"时，c 所指数组中的内容应该为"a4b3c2d1efg"；而当 a 所指字符串中的内容为"1234"，b 所指字符串中的内容为"abcdefg"时，c 所指数组中的内容应该为"1g2f3e4dcba"。

请改正程序中的错误，使它能得出正确的结果。

注意：不要改动 main 函数，不得增行或删行，也不得更改程序的结构！

给定源程序如下。

```
#include <stdio.h>
#include <string.h>
void fun( char *a, char *b, char *c )
{
        int i, j;   char ch;
        i = 0;   j = strlen(b)−1;
/**********found**********/
        while ( i > j )
        {   ch = b[i]; b[i] = b[j]; b[j] = ch;
            i++;   j--;
        }
        while ( *a || *b ) {
/**********found**********/
            If ( *a )
                {  *c = *a;  c++; a++; }
            if ( *b )
                {  *c = *b;  c++; b++; }
        }
        *c = 0;
}
main()
{
        char  s1[100],s2[100],t[200];
        printf("\nEnter s1 string : ");scanf("%s",s1);
        printf("\nEnter s2 string : ");scanf("%s",s2);
        fun( s1, s2, t );
        printf("\nThe result is : %s\n", t );
}
```

三、程序设计题

函数 fun 的功能是将 s 所指字符串中下标为偶数同时 ASCII 值为奇数的字符删除，s 所指串中剩余的字符形成的新串放在 t 所指的数组中。

例如，若 s 所指字符串中的内容为"ABCDEFG12345"，其中，字符 C 的 ASCII 码值为奇数，在数组中的下标为偶数，因此必须删除；而字符 1 的 ASCII 码值为奇数，在数组中的下标也为奇数，因此不应当删除，其他依此类推。最后 t 所指的数组中的内容应是"BDF12345"。

注意：部分源程序存在文件 PROG1.C 中。

请勿改动主函数 main 和其他函数中的任何内容，仅在函数 fun 的花括号中填入编写的若干语句。

给定源程序如下。

```
#include <stdio.h>
#include <string.h>
void fun(char *s, char t[])
{


}
main()
{
        char  s[100], t[100];
        printf("\nPlease enter string S:");
        scanf("%s", s);
        fun(s, t);
```

```
        printf("\nThe result is: %s\n", t);
}
```

第12套 上机操作题

一、程序填空题

给定程序中，函数 fun 的功能是计算形参 x 所指数组中 N 个数的平均值（规定所有数均为正数），作为函数值返回；并将大于平均值的数放在形参 y 所指数组中，在主函数中输出。

例如，有 10 个正数：46 30 32 40 6 17 45 15 48 26，平均值为 30.500000。

主函数中输出：46 32 40 45 48。

请在程序的下划线处填入正确的内容并把下划线删除，使程序得出正确的结果。

注意：源程序存放在考生文件夹下的 BLANK1.C 中。

不得增行或删行，也不得更改程序的结构！

给定源程序如下：

```
#include <stdlib.h>
#include <stdio.h>
#define  N   10
double fun(double x[],double *y)
{    int i,j;    double av;
/**********found**********/
     av=   1   ;
/**********found**********/
     for(i=0; i<N; i++)  av = av +   2   ;
     for(i=j=0; i<N; i++)
/**********found**********/
         if(x[i]>av) y[   3   ]= x[i];
     y[j]=-1;
     return  av;
}
main()
{    int i;    double x[N] =
     {46,30,32,40,6,17,45,15,48,26};
     double  y[N];
     for(i=0; i<N; i++) printf("%4.0f ",x[i]);
     printf("\n");
     printf("\nThe average is: %f\n",fun(x,y));
```

```
     for(i=0; y[i]>=0; i++)  printf("%5.0f ",y[i]);
     printf("\n");
}
```

二、程序改错题

给定程序 MODI1.C 中函数 fun 的功能是根据整型形参 m，计算如下公式的值。

$$y = \frac{1}{100 \times 100} + \frac{1}{200 \times 200} + \frac{1}{300 \times 300} + \cdots + \frac{1}{m \times m}$$

例如，若 m=2000，则应输出 0.000160。

请改正程序中的语法错误，使它能计算出正确的结果。

注意：不要改动 main 函数，不得增行或删行，也不得更改程序的结构！

给定源程序如下：

```
#include <stdio.h>
/************found************/
fun ( int   m )
{    double y = 0, d ;
     int   i ;
/************found************/
     for( i = 100, i <= m, i += 100 )
     {    d = (double)i * (double)i ;
          y += 1.0 / d ;
     }
     return( y ) ;
}
main( )
{    int  n = 2000 ;
     printf( "\nThe result is %lf\n", fun ( n ) ) ;
}
```

三、程序设计题

已知学生的记录由学号和学习成绩构成，N 名学生的数据已存入 a 结构体数组中。请编写函数 fun，函数的功能是找出成绩最低的学生记录，通过形参返回主函数（规定只有一个最低分）。

注意：部分源程序存在文件 PROG1.C 中。

请勿改动主函数 main 和其他函数中的任何内容，仅在函数 fun 的花括号中填入编写的若干语句。

给定源程序如下。
```c
#include <stdio.h>
#include <string.h>
#define N 10
typedef struct ss
{ char num[10]; int s; } STU;
void fun( STU a[],STU *s )
{

}
main ( )
{  STU a[N]={{"A01",81},{"A02",89},{"A03",66},
   {"A04",87},{"A05",77},{"A06",90},{"A07",79},
   {"A08",61},{"A09",80},{"A10",71} }, m ;
   int  i;
   printf("***** The original data *****\n");
   for ( i=0; i< N; i++ )
   printf("No = %s  Mark = %d\n", a[i].num,a[i].s);
   fun ( a, &m );
   printf ("***** THE  RESULT *****\n");
   printf ("The lowest : %s , %d\n",m.num, m.s);
}
```

第13套 上机操作题

一、程序填空题

给定程序中，函数 fun 的功能是计算 x 所指数组中 N 个数的平均值（规定所有数均为正数），平均值通过形参返回主函数，将小于平均值且最接近平均值的数作为函数值返回，在主函数中输出。

例如，有 10 个正数：46 30 32 40 6 17 45 15 48 26，平均值为 30.500000。主函数中输出 m=30。

请在程序的下划线处填入正确的内容并把下划线删除，使程序得出正确的结果。

注意：源程序存放在考生文件夹下的 BLANK1.C 中。

不得增行或删行，也不得更改程序的结构！
给定源程序如下。
```c
#include <stdlib.h>
#include <stdio.h>
#define  N  10
double fun(double x[],double *av)
{  int i,j;   double d,s;
   s=0;
   for(i=0; i<N; i++)  s = s +x[i];
/**********found**********/
    ___1___ =s/N;
   d=32767;
   for(i=0; i<N; i++)
      if(x[i]<*av && *av − x[i]<=d){
/**********found**********/
         d=*av−x[i]; j=__2__ ;}
/**********found**********/
   return___3___;
}
main()
{  int  i;
   double  x[N]= {46,30,32,40,6,17,45,15,48,26};
   double  av,m;
   for(i=0; i<N; i++) printf("%4.0f ",x[i]);
   printf("\n");
   m=fun(x,&av);
   printf("\nThe average is: %f\n",av);
   printf("m=%5.0f ",m);
   printf("\n");
}
```

二、程序改错题

给定程序 MODI1.C 中函数 fun 的功能是：根据整型形参 n，计算如下公式的值。

$$A_1 = 1, A_2 = \frac{1}{1+A_1}, A_3 = \frac{1}{1+A_2}, \cdots, A_n = \frac{1}{1+A_{n-1}}$$

例如，若 n=10，则应输出 0.617977。

请改正程序中的语法错误，使它能得出正确的结果。

注意：不要改动 main 函数，不得增行或删行，也不得更改程序的结构！

给定源程序如下。
```c
#include <stdio.h>
/************found************/
int fun ( int n )
{   float A=1; int i;
```

```
/************found************/
    for (i=2; i<n; i++)
        A = 1/(1+A);
    return A ;
}
main( )
{   int  n ;
    printf("\nPlease enter n: ") ;
    scanf("%d", &n ) ;
    printf("A%d=%f\n", n, fun(n) ) ;
}
```

三、程序设计题

程序定义了 N×N 的二维数组，并在主函数中自动赋值。请编写函数 fun，函数的功能是：使数组右上三角元素中的值乘以 m。

例如：若 m 的值为 2，a 数组中的值为

$$a = \begin{vmatrix} 1 & 9 & 7 \\ 2 & 3 & 8 \\ 4 & 5 & 6 \end{vmatrix}$$ 则返回主程序后 a 数组中的值

应为 $\begin{vmatrix} 2 & 18 & 14 \\ 2 & 6 & 16 \\ 4 & 5 & 12 \end{vmatrix}$

注意：部分源程序存在文件 PROG1.C 中。请勿改动主函数 main 和其他函数中的任何内容，仅在函数 fun 的花括号中填入编写的若干语句。

给定源程序如下。

```
#include <stdio.h>
#include <stdlib.h>
#define N  5
void fun ( int a[][N], int m )
{

}
main ( )
{   int a[N][N], m, i, j;
    printf("***** The array *****\n");
    for ( i =0;  i<N; i++ )
    {   for ( j =0; j<N; j++ )
        {   a[i][j] = rand()%20; printf( "%4d", a[i]
```

```
[j] ); }
        printf("\n");
    }
    do m = rand()%10 ; while ( m>=3 );
    printf("m = %4d\n",m);
    fun ( a ,m);
    printf ("THE  RESULT\n");
    for ( i =0;  i<N; i++ )
    {   for ( j =0; j<N; j++ ) printf( "%4d", a[i][j] );
        printf("\n");
    }
}
```

第14套 上机操作题

一、程序填空题

给定程序中，函数 fun 的功能是计算形参 x 所指数组中 N 个数的平均值（规定所有数均为正数），将所指数组中大于平均值的数据移至数组的前部，小于等于平均值的数据移至 x 所指数组的后部，平均值作为函数值返回，在主函数中输出平均值和移动后的数据。

例如，有 10 个正数：46 30 32 40 6 17 45 15 48 26，平均值为 30.500000。

移动后的输出为 46 32 40 45 48 30 6 17 15 26。

请在程序的下划线处填入正确的内容并把下划线删除，使程序得出正确的结果。

注意：源程序存放在考生文件夹下的 BLANK1.C 中。

不得增行或删行，也不得更改程序的结构！

给定源程序如下。

```
#include  <stdlib.h>
#include  <stdio.h>
#define  N  10
double fun(double  *x)
{   int  i, j;   double  s, av, y[N];
    s=0;
    for(i=0; i<N; i++)  s=s+x[i];
/**********found**********/
    av=___1___;
```

```
        for(i=j=0; i<N; i++)
            if( x[i]>av ){
/**********found**********/
                y[  2  ]=x[i]; x[i]=-1;}
        for(i=0; i<N; i++)
/**********found**********/
            if( x[i]!=  3  ) y[j++]=x[i];
        for(i=0; i<N; i++)x[i] = y[i];
        return  av;
}
main()
{    int  i;
    double  x[N]=
{46,30,32,40,6,17,45,15,48,26};
    for(i=0; i<N; i++) printf("%4.0f ",x[i]);
    printf("\n");
    printf("\nThe average is: %f\n",fun(x));
    printf("\nThe result :\n",fun(x));
    for(i=0; i<N; i++)  printf("%5.0f ",x[i]);
    printf("\n");
}
```

二、程序改错题

给定程序 MODI1.C 的功能是读入一个英文文本行，将其中每个单词的第一个字母改成大写，然后输出此文本行（这里的"单词"是指由空格隔开的字符串）。

例如，若输入 I am a student to take the examination.，则应输出 I Am A Student To Take The Examination.。请改正程序中的错误，使程序能得出正确的结果。

注意：不要改动 main 函数，不得增行或删行，也不得更改程序的结构！

给定源程序如下。

```
#include <ctype.h>
#include <string.h>
/***********found***********/
include  <stdio.h>
/***********found***********/
void upfst ( char  p )
{    int   k=0;
    for ( ; *p; p++)
        if ( k )
```

```
            {  if ( *p == ' ' )  k = 0;  }
            else if ( *p != ' ' )
            {   k = 1;   *p = toupper( *p ); }
}
main( )
{    char   chrstr[81];
    printf( "\nPlease enter an English text line: " );
    gets( chrstr );
    printf( "\n\nBefore changing:\n %s", chrstr );
    upfst( chrstr );
    printf( "\nAfter changing:\n %s\n", chrstr );
}
```

三、程序设计题

程序定义了 N×N 的二维数组，并在主函数中赋值。请编写函数 fun，函数的功能是求出数组周边元素的平均值并作为函数值返给主函数中的 s。

例如：a 数组中的值为

$$a = \begin{vmatrix} 0 & 1 & 2 & 7 & 9 \\ 1 & 9 & 7 & 4 & 5 \\ 2 & 3 & 8 & 3 & 1 \\ 4 & 5 & 6 & 8 & 2 \\ 5 & 9 & 1 & 4 & 1 \end{vmatrix}$$

则返回主程序后 s 的值应为 3.375。

注意：部分源程序存在文件 PROG1.C 中。

请勿改动主函数 main 和其他函数中的任何内容，仅在函数 fun 的花括号中填入编写的若干语句。

给定源程序如下。

```
#include <stdio.h>
#include <stdlib.h>
#define N  5
double fun ( int w[][N] )
{

}
main ( )
{    int a[N][N]={0,1,2,7,9,1,9,7,4,5,2,3,8,3,1,4,5,6,8
,2,5,9,1,4,1};
     int i, j;
     double s ;
     printf("***** The array *****\n");
```

```
    for ( i =0; i<N; i++ )
    {   for ( j =0; j<N; j++ )
        {   printf( "%4d", a[i][j] ); }
            printf("\n");
    }
    s = fun ( a );
    printf ("***** THE  RESULT *****\n");
    printf( "The sum is : %lf\n",s );
}
```

第15套 上机操作题

一、程序填空题

给定程序中，函数 fun 的功能是计算形参 x 所指数组中 N 个数的平均值（规定所有数均为正数），将所指数组中小于平均值的数据移至数组的前部，大于等于平均值的数据移至 x 所指数组的后部，平均值作为函数值返回，在主函数中输出平均值和移动后的数据。

例如，有 10 个正数：46 30 32 40 6 17 45 15 48 26，平均值为 30.500000。

移动后的输出为 30 6 17 15 26 46 32 40 45 48

请在程序的下划线处填入正确的内容并把下划线删除，使程序得出正确的结果。

注意：源程序存放在考生文件夹下的 BLANK1.C 中。

不得增行或删行，也不得更改程序的结构！

给定源程序如下：

```
#include  <stdlib.h>
#include  <stdio.h>
#define  N  10
double fun(double  *x)
{   int i, j;   double av, y[N];
    av=0;
/**********found**********/
    for(i=0; i<N; i++) av +=  __1__ ;
    for(i=j=0; i<N; i++)
        if( x[i]<av ){
/**********found**********/
            y[j]=x[i]; x[i]=-1;  __2__ ;}
    i=0;
```

```
    while(i<N)
    {   if( x[i]!= -1 ) y[j++]=x[i];
/**********found**********/
        __3__ ;
    }
    for(i=0; i<N; i++)x[i] = y[i];
    return  av;
}
main()
{   int i;    double x[N];
    for(i=0; i<N; i++){    x[i]=rand()%50;
    printf("%4.0f ",x[i]);}
    printf("\n");
    printf("\nThe average is: %f\n",fun(x));
    printf("\nThe result :\n",fun(x));
    for(i=0; i<N; i++)  printf("%5.0f ",x[i]);
    printf("\n");
}
```

二、程序改错题

给定程序 MODI1.C 中函数 fun 的功能是统计字符串中各元音字母（即 A、E、I、O、U）的个数。

注意：字母不分大、小写。

例如，若输入 THIs is a boot，则输出应该是：1、0、2、2、0。

请改正程序中的错误，使它能得出正确的结果。

注意：不要改动 main 函数，不得增行或删行，也不得更改程序的结构！

给定源程序如下：

```
#include <stdio.h>
void fun ( char  *s, int  num[5] )
{   int  k, i=5;
    for ( k = 0; k<i; k++ )
/**********found**********/
        num[i]=0;
    for (; *s; s++)
    {   i = −1;
/**********found**********/
        switch ( s )
        {   case 'a': case 'A': {i=0; break;}
            case 'e': case 'E': {i=1; break;}
            case 'i': case 'I': {i=2; break;}
```

```
                case 'o': case 'O': {i=3; break;}
                case 'u': case 'U': {i=4; break;}
            }
            if (i >= 0)
                num[i]++;
    }
}
main( )
{   char s1[81];   int num1[5], i;
    printf( "\nPlease enter a string: " );   gets( s1 );
    fun ( s1, num1 );
    for ( i=0; i < 5; i++ )  printf ("%d ",num1[i]);
    printf ("\n");
}
```

三、程序设计题

请编写函数 fun，函数的功能是求出二维数组周边元素之和，作为函数值返回。二维数组中的值在主函数中赋予。

例如：二维数组中的值为
    1 3 5 7 9
    2 9 9 9 4
    6 9 9 9 8
    1 3 5 7 0

则函数值为 61。

注意：部分源程序存在文件 PROG1.C 中。

请勿改动主函数 main 和其他函数中的任何内容，仅在函数 fun 的花括号中填入编写的若干语句。

给定源程序如下。

```
#include <stdio.h>
#define M 4
#define N 5
int fun ( int a[M][N] )
{

}
main( )
{   int aa[M][N]={{1,3,5,7,9},
                  {2,9,9,9,4},
                  {6,9,9,9,8},
                  {1,3,5,7,0}};
    int i, j, y;
    printf ( "The original data is : \n" );
    for ( i=0; i<M; i++ )
    {   for ( j =0; j<N; j++ ) printf( "%6d", aa[i][j] );
        printf ("\n");
    }
    y = fun ( aa );
    printf( "\nThe  sum: %d\n" , y );
    printf("\n");
}
```

第16套 上机操作题

一、程序填空题

给定程序中，函数 fun 的功能是将 a 和 b 所指的两个字符串分别转换成面值相同的整数，并进行相加作为函数值返回，规定字符串中只含 9 个以下数字字符。

例如，主函数中输入字符串 32486 和 12345，在主函数中输出的函数值为 44831。

请在程序的下划线处填入正确的内容并把下划线删除，使程序得出正确的结果。

注意：源程序存放在考生文件夹下的 BLANK1.C 中。

不得增行或删行，也不得更改程序的结构！

给定源程序如下。

```
#include <stdio.h>
#include <string.h>
#include <ctype.h>
#define N 9
long ctod( char *s )
{   long d=0;
    while(*s)
        if(isdigit(*s)) {
/**********found**********/
            d=d*10+*s-__1__;
/**********found**********/
            __2__; }
    return d;
}
long fun( char *a, char *b)
```

```
         /**********found**********/
             return    3   ;
         }
         main()
         {   char s1[N],s2[N];
             do
             {   printf("Input string s1 : "); gets(s1); }
             while( strlen(s1)>N );
             do
             {   printf("Input string s2 : "); gets(s2); }
             while( strlen(s2)>N );
             printf("The result is: %ld\n", fun(s1,s2) );
         }
```

二、程序改错题

给定程序 MODI1.C 中 fun 函数的功能是分别统计字符串中大写字母和小写字母的个数。

例如，给字符串 s 输入 AAaaBBb123CCccccd，则应输出结果为 upper=6,lower=8。

请改正程序中的错误，使它能计算出正确的结果。

注意： 不要改动 main 函数，不得增行或删行，也不得更改程序的结构！

给定源程序如下。

```
#include <stdio.h>
/**********found**********/
void fun ( char *s, int a, int b )
{
    while ( *s )
    {   if ( *s >= 'A' && *s <= 'Z' )
/**********found**********/
            *a=a+1 ;
        if ( *s >= 'a' && *s <= 'z' )
/**********found**********/
            *b=b+1;
        s++;
    }
}
main( )
{   char s[100]; int  upper = 0, lower = 0 ;
    printf( "\nPlease a string : " ); gets ( s );
    fun ( s, & upper, &lower );
    printf( "\n upper = %d  lower = %d\n", upper, lower );
}
```

三、程序设计题

请编一个函数 fun，函数的功能是使实型数保留 2 位小数，并对第三位进行四舍五入（规定实型数为正数）。

例如：实型数为 1234.567，则函数返回 1234.570000；

实型数为 1234.564，则函数返回 1234.560000。

注意： 部分源程序存在文件 PROG1.C 中。

请勿改动主函数 main 和其他函数中的任何内容，仅在函数 fun 的花括号中填入编写的若干语句。

给定源程序如下。

```
#include <stdio.h>
float fun ( float  h )
{

}
main( )
{   float a;
    printf ("Enter a: "); scanf ( "%f", &a );
    printf ( "The original data is :   " );
    printf ( "%f \n\n", a );
    printf ( "The result : %f\n", fun ( a ) );
}
```

第17套 上机操作题

一、程序填空题

给定程序中，函数 fun 的功能是调用随机函数产生 20 个互不相同的整数放在形参 a 所指数组中（此数组在主函数中已置 0）。

请在程序的下划线处填入正确的内容并把下划线删除，使程序得出正确的结果。

注意： 源程序存放在考生文件夹下的 BLANK1.C 中。

不得增行或删行，也不得更改程序的结构！

给定源程序如下。
```
#include <stdlib.h>
#include <stdio.h>
#define  N  20
void fun( int *a)
{    int i, x, n=0;
     x=rand()%20;
/**********found**********/
     while (n<   1   )
     {   for(i=0; i<n; i++ )
/**********found**********/
          if( x==a[i] )   2   ;
/**********found**********/
       if( i==   3   ){   a[n]=x; n++; }
       x=rand()%20;
     }
}
main()
{    int  x[N]={0} ,i;
     fun( x );
     printf("The result : \n");
     for( i=0; i<N; i++ )
     {    printf("%4d",x[i]);
          if((i+1)%5==0)printf("\n");
     }
     printf("\n\n");
}
```

二、程序改错题

给定程序 MODI1.C 中函数 fun 的功能是先从键盘上输入一个3行3列矩阵的各个元素的值，然后输出主对角线元素之和。

请改正函数 fun 中的错误或在横线处填上适当的内容并把横线删除，使它能得出正确的结果。

注意：不要改动 main 函数，不得增行或删行，也不得更改程序的结构！

给定源程序如下。
```
#include <stdio.h>
void fun()
{    int a[3][3],sum;
     int i,j;
/**********found**********/
     _____;
     printf("Input data:");
     for (i=0;i<3;i++)
     {    for (j=0;j<3;j++)
/**********found**********/
          scanf("%d",a[i][j]);
     }
     for (i=0;i<3;i++)
         sum=sum+a[i][i];
     printf("Sum=%d\n",sum);
}
main()
{
     fun();
}
```

三、程序设计题

编写程序，实现矩阵（3行3列）的转置（即行列互换）。

例如，输入下面的矩阵：

100 200 300
400 500 600
700 800 900

程序输出：

100 400 700
200 500 800
300 600 900

注意：部分源程序存在文件 PROG1.C 中。

请勿改动主函数 main 和其他函数中的任何内容，仅在函数 fun 的花括号中填入编写的若干语句。

给定源程序如下。
```
#include <stdio.h>
void fun(int array[3][3])
{

}
main()
{
     int i,j;
```

```
        int array[3][3]={{100,200,300},
                        {400,500,600},
                        {700,800,900}};
        for (i=0;i<3;i++)
        {   for (j=0;j<3;j++)
                printf("%7d",array[i][j]);
            printf("\n");
        }
        fun(array);
        printf("Converted array:\n");
        for (i=0;i<3;i++)
        {   for (j=0;j<3;j++)
                printf("%7d",array[i][j]);
            printf("\n");
        }
}
```

第18套 上机操作题

一、程序填空题

给定程序中，函数 fun 的功能是：找出 N×N 矩阵中每列元素中的最大值，并按顺序依次存放于形参 b 所指的一维数组中。

请在程序的下划线处填入正确的内容并把下划线删除，使程序得出正确的结果。

注意：源程序存放在考生文件夹下的 BLANK1.C 中。

不得增行或删行，也不得更改程序的结构！

给定源程序如下。

```
#include <stdio.h>
#define N  4
void fun(int  (*a)[N], int  *b)
{   int i,j;
    for(i=0; i<N; i++) {
/**********found**********/
        b[i]=___1___;
        for(j=1; j<N; j++)
/**********found**********/
            if(b[i] ___2___ a[j][i]) b[i]=a[j][i];
    }
}
```

```
main()
{   int  x[N][N]={ {12,5,8,7},{6,1,9,3},{1,2,3,4},{2,8,4,3} },y[N],i,j;
    printf("\nThe matrix :\n");
    for(i=0;i<N; i++)
    {   for(j=0;j<N; j++) printf("%4d",x[i][j]);
        printf("\n");
    }
/**********found**********/
    fun(___3___);
    printf("\nThe result is:");
    for(i=0; i<N; i++)  printf("%3d",y[i]);
    printf("\n");
}
```

二、程序改错题

给定程序 MODI1.C 中函数 fun 的功能是交换主函数中两个变量的值。例如，若变量 a 中的值原为 8，b 中的值为 3。程序运行后 a 中的值为 3，b 中的值为 8。

请改正程序中的错误，使它能计算出正确的结果。

注意：不要改动 main 函数，不得增行或删行，也不得更改程序的结构！

给定源程序如下。

```
#include <stdio.h>
/**********found**********/
void fun(int x,int y)
{
    int t;
/**********found**********/
    t=x;x=y;y=t;
}
main()
{
    int a,b;
    a=8;b=3;
    fun(&a,&b);
    printf("%d, %d\n",a,b);
}
```

三、程序设计题

编写函数 fun，函数的功能是求出小于或等于 lim 的所有素数并放在 aa 数组中，函数返回所求出的素数的个数。函数 fun 中给出的语句仅供参考。

注意：部分源程序存在文件 PROG1.C 中。

请勿改动主函数 main 和其他函数中的任何内容，仅在函数 fun 的花括号中填入编写的若干语句。

给定源程序如下。

```
#include <stdio.h>
#define MAX 100
int fun(int lim, int aa[MAX])
{
    /* 以下代码仅供参考 */
    int i,j,k=0;
    /* 其中变量 k 用于统计素数个数 */
    for(i=2;i<=lim;i++)
    {
        /* 以下找出小于或等于 lim 的素数存入 aa 数组中并统计素数个数 */

    }
    return k;
}
main()
{
    int limit, i, sum;
    int aa[MAX] ;
    printf(" 输入一个整数：");
    scanf("%d", &limit);
    sum=fun(limit, aa);
    for(i=0 ; i < sum ; i++) {
        if(i % 10 == 0 && i != 0) printf("\n") ;
        printf("%5d", aa[i]) ;
    }
}
```

第19套 上机操作题

一、程序填空题

给定程序中，函数 fun 的功能是建立一个 N×N 的矩阵。矩阵元素的构成规律是最外层元素的值全部为 1；从外向内第 2 层元素的值全部为 2；第 3 层元素的值全部为 3，…依次类推。例如，若 N=5，生成的矩阵如下。

```
1 1 1 1 1
1 2 2 2 1
1 2 3 2 1
1 2 2 2 1
1 1 1 1 1
```

请在程序的下划线处填入正确的内容并把下划线删除，使程序得出正确的结果。

注意：源程序存放在考生文件夹下的 BLANK1.C 中。

不得增行或删行，也不得更改程序的结构！

给定源程序如下。

```
#include <stdio.h>
#define  N  7
/**********found**********/
void fun(int (*a)  __1__  )
{   int i,j,k,m;
    if(N%2==0) m=N/2 ;
    else       m=N/2+1;
    for(i=0; i<m; i++) {
/**********found**********/
        for(j= __2__ ; j<N-i; j++)
            a[i][j]=a[N-i-1][j]=i+1;
        for(k=i+1; k<N-i; k++)
/**********found**********/
            a[k][i]=a[k][N-i-1]= __3__ ;
    }
}
main()
{   int x[N][N]={0},i,j;
    fun(x);
    printf("\nThe result is:\n");
    for(i=0; i<N; i++)
    {   for(j=0; j<N; j++)  printf("%3d",x[i][j]);
        printf("\n");
    }
}
```

二、程序改错题

给定程序 MODI1.C 中函数 fun 的功能是将十进

制正整数 m 转换成 k(2≤k≤9) 进制数，并按高位到低位顺序输出。

例如，若输入 8 和 2，则应输出 1000（即十进制数 8 转换成二进制表示是 1000）。

请改正 fun 函数中的错误，使它能得出正确的结果。

注意：不要改动 main 函数。不得增行或删行，也不得更改程序的结构!

给定源程序如下。

```
#include <conio.h>
#include <stdio.h>
void fun( int m, int k )
{
    int aa[20], i;
    for( i = 0; m; i++ )
    {
/**********found**********/
        aa[i] = m/k;
        m /= k;
    }
    for( ; i; i-- )
/**********found**********/
        printf( "%d", aa[ i ] );
}
main()
{
    int b, n;
    printf( "\nPlease enter a number and a base:\n" );
    scanf( "%d %d", &n, &b );
    fun( n, b );
    printf("\n");
}
```

三、程序设计题

编写一个函数，从 num 个字符串中找出最长的一个字符串，并通过形参指针 max 传回该串地址（主函数中用 **** 作为结束输入的标志，函数 fun 中给出的语句仅供参考）。

注意：部分源程序存在文件 PROG1.C 中。

请勿改动主函数 main 和其他函数中的任何内容，仅在函数 fun 的花括号中填入编写的若干语句。

给定源程序如下。

```
#include <stdio.h>
#include <string.h>
void fun(char(*a)[81],int num,char **max)
{
    /* 以下代码仅供参考 */
    int i,k=0,len, maxlen;  /* k 为 a 数组中最长串所在元素的下标，初始为 0, maxlen 为其串长 */
    maxlen=strlen(a[k]);
    for(i=1;i<num;i++)
    {
        /* 以下完成查找最长串 */

    }
    *max=a[k];
}
main()
{
    char ss[10][81],*ps;
    int n,i=0;
    printf(" 输入若干个字符串 :");
    gets(ss[i]);
    puts(ss[i]);
    while(!strcmp(ss[i],"****")==0)
    {
        i++;
        gets(ss[i]);
        puts(ss[i]);
    }
    n=i;
    fun(ss,n,&ps);
    printf("\nmax=%s\n",ps);
}
```

第20套 上机操作题

一、程序填空题

给定程序中，函数 fun 的功能是判定形参 a 所指的 N×N（规定 N 为奇数）的矩阵是否是"幻方"，若是，函数返回值为 1; 不是，函数返回值为 0。"幻方"的判定条件是矩阵每行、每列、主对角线及反对角线上元素之和都相等。

例如,以下 3×3 的矩阵就是一个"幻方":
```
4 9 2
3 5 7
8 1 6
```

请在程序的下划线处填入正确的内容并把下划线删除,使程序得出正确的结果。

注意: 源程序存放在考生文件夹下的 BLANK1.C 中。

不得增行或删行,也不得更改程序的结构!

给定源程序如下。

```c
#include <stdio.h>
#define N 3
int fun(int (*a)[N])
{   int i,j,m1,m2,row,colum;
    m1=m2=0;
    for(i=0; i<N; i++)
      { j=N-i-1; m1+=a[i][i]; m2+=a[i][j]; }
    if(m1!=m2) return 0;
    for(i=0; i<N; i++) {
/**********found**********/
      row=colum= __1__ ;
      for(j=0; j<N; j++)
        { row+=a[i][j]; colum+=a[j][i]; }
/**********found**********/
      if( (row!=colum) __2__ (row!=m1) ) return 0;
    }
/**********found**********/
    return __3__ ;
}
main()
{   int x[N][N],i,j;
    printf("Enter number for array:\n");
    for(i=0; i<N; i++)
      for(j=0; j<N; j++) scanf("%d",&x[i][j]);
    printf("Array:\n");
    for(i=0; i<N; i++)
      { for(j=0; j<N; j++) printf("%3d",x[i][j]);
        printf("\n");
      }
    if(fun(x)) printf("The Array is a magic square.\n");
    else printf("The Array isn't a magic square.\n");
}
```

二、程序改错题

给定程序 MODI1.C 中 fun 函数的功能是:根据整型形参 m,计算如下公式的值。

$$t = 1 - \frac{1}{2} - \frac{1}{3} - \cdots - \frac{1}{m}$$

例如,若主函数中输入 5,则应输出 −0.283333。

请改正函数 fun 中的错误或在横线处填上适当的内容并把横线删除,使它能计算出正确的结果。

注意: 不要改动 main 函数,不得增行或删行,也不得更改程序的结构!

给定源程序如下。

```c
#include <stdio.h>
double fun( int m )
{
    double t = 1.0;
    int i;
    for( i = 2; i <= m; i++ )
/**********found**********/
       t = 1.0-1 /i;
/**********found**********/
       _____;
}
main()
{
    int m ;
    printf( "\nPlease enter 1 integer numbers:\n" );
    scanf( "%d", &m );
    printf( "\n\nThe result is %lf\n", fun( m ) );
}
```

三、程序设计题

请编写一个函数,函数的功能是删除字符串中的所有空格。

例如,主函数中输入 "asd af aa z67",则输出为 "asdafaaz67"。

注意: 部分源程序存在文件 PROG1.C 中。

请勿改动主函数 main 和其他函数中的任何内容，仅在函数 fun 的花括号中填入编写的若干语句。

给定源程序如下。

```
#include <stdio.h>
#include <ctype.h>
void fun(char *str)
{

}
main()
{
    char str[81];
    printf("Input a string:") ;
    gets(str);
    puts(str);
    fun(str);
    printf("*** str: %s\n",str);
}
```

第21套 上机操作题

一、程序填空题

给定程序中，函数 fun 的功能是将 a 所指 4×3 矩阵中第 k 行的元素与第 0 行元素交换。

例如，有下列矩阵：

```
1  2  3
4  5  6
7  8  9
10 11 12
```

若 k 为 2，程序执行结果为

```
7  8  9
4  5  6
1  2  3
10 11 12
```

请在程序的下划线处填入正确的内容并把下划线删除，使程序得出正确的结果。

注意：源程序存放在考生文件夹下的 BLANK1.C 中。

不得增行或删行，也不得更改程序的结构！

给定源程序如下。

```
#include <stdio.h>
#define N 3
#define M 4
/**********found**********/
void fun(int (*a)[N], int   1   )
{   int i,temp ;
/**********found**********/
    for(i = 0 ; i <   2   ; i++)
    {   temp=a[0][i] ;
/**********found**********/
        a[0][i] =   3   ;
        a[k][i] = temp ;
    }
}
main()
{   int x[M][N]={ {1,2,3},{4,5,6},{7,8,9},{10,11,12} },i,j;
    printf("The array before moving:\n\n");
    for(i=0; i<M; i++)
    {   for(j=0; j<N; j++) printf("%3d",x[i][j]);
        printf("\n\n");
    }
    fun(x,2);
    printf("The array after moving:\n\n");
    for(i=0; i<M; i++)
    {   for(j=0; j<N; j++) printf("%3d",x[i][j]);
        printf("\n\n");
    }
}
```

二、程序改错题

给定程序 MODI1.C 中函数 fun 的功能是：读入一个字符串（长度＜20），将该字符串中的所有字符按 ASCII 码升序排序后输出。

例如，若输入 edcba，则应输出 abcde。

请改正程序中的错误，使它能输出正确的结果。

注意：不要改动 main 函数，不得增行或删行，也不得更改程序的结构！

给定源程序如下。

```
#include <stdio.h>
#include <string.h>
```

```
void fun( char t[])
{
    char c;
    int i, j;
/**********found**********/
    for( i = strlen( t ); i; i-- )
        for( j = 0; j < i; j++ )
/**********found**********/
            if( t[j] < t[ j + 1 ] )
            {
                c = t[j];
                t[j] = t[ j + 1 ];
                t[ j + 1 ] = c;
            }
}
main()
{
    char s[81];
    printf( "\nPlease enter a character string: " );
    gets( s );
    printf( "\n\nBefore sorting:\n \"%s\"", s );
    fun( s );
    printf( "\nAfter sorting decendingly:\n \"%s\"\n", s );
}
```

三、程序设计题

请编写一个函数 fun，其功能是：将 ss 所指字符串中所有下标为奇数位置上的字母转换为大写（若该位置上不是字母，则不转换）。

例如，若输入"abc4Efg"，则应输出"aBc4 EFg"。

注意：部分源程序存在文件 PROG1.C 中。

请勿改动主函数 main 和其他函数中的任何内容，仅在函数 fun 的花括号中填入你编写的若干语句。

给定源程序如下。

```
#include <stdio.h>
#include <string.h>
void fun( char *ss )
{
```

```
}
void main( void )
{
    char tt[51];
    printf( "\nPlease enter an character string within 50 characters:\n" );
    gets( tt );
    printf( "\n\nAfter changing, the string\n \"%s\"", tt );
    fun(tt) ;
    printf( "\nbecomes\n \"%s\"", tt );
}
```

第22套 上机操作题

一、程序填空题

给定程序中，函数 fun 的功能是：将 a 所指 3×5 矩阵中第 k 列的元素左移到第 0 列，第 k 列以后的每列元素依次左移，原来左边的各列依次绕到右边。

例如，有下列矩阵：
 1 2 3 4 5
 1 2 3 4 5
 1 2 3 4 5
若 k 为 2，程序执行结果为
 3 4 5 1 2
 3 4 5 1 2
 3 4 5 1 2

请在程序的下划线处填入正确的内容并把下划线删除，使程序得出正确的结果。

注意：源程序存放在考生文件夹下的 BLANK1.C 中。

不得增行或删行，也不得更改程序的结构！

给定源程序如下。

```
#include  <stdio.h>
#define  M  3
#define  N  5
void fun(int  (*a)[N],int  k)
{   int i,j,p,temp;
/**********found**********/
    for(p=1; p<=  __1__  ; p++)
```

```
            for(i=0; i<M; i++)
            {   temp=a[i][0];
/**********found**********/
                for(j=0; j<   2   ; j++)
                    a[i][j]=a[i][j+1];
/**********found**********/
                a[i][N-1]=   3   ;
            }
}
main( )
{   int  x[M][N]={    {1,2,3,4,5},{1,2,3,4,5},{1,2,3,4,
5} },i,j;
        printf("The array before moving:\n\n");
        for(i=0; i<M; i++)
        {   for(j=0; j<N; j++)  printf("%3d",x[i][j]);
            printf("\n");
        }
        fun(x,2);
        printf("The array after moving:\n\n");
        for(i=0; i<M; i++)
        {   for(j=0; j<N; j++)  printf("%3d",x[i][j]);
            printf("\n");
        }
}
```

二、程序改错题

给定程序 MODI1.C 中函数 fun 的功能是：根据形参 m 的值（2 ≤ m ≤ 9），在 m 行 m 列的二维数组中存放如下所示规律的数据，由 main 函数输出。

例如，若输入 2   │若输入 4
则输出：   │则输出：
    1 2   │   1 2 3 4
    2 4   │   2 4 6 8
                   │   3 6 9 12
                   │   4 8 12 16

请改正程序函数中的错误，使它能得出正确的结果。

注意：不要改动 main 函数，不得增行或删行，也不得更改程序的结构！

给定源程序如下。

```
#include <conio.h>
#include <stdio.h>
```

```
#define M 10
int  a[M][M] = {0} ;
/**************found**************/
void fun(int **a, int m)
{   int j, k ;
        for (j = 0 ; j < m ; j++ )
            for (k = 0 ; k < m ; k++ )
/**************found**************/
                a[j][k] = k * j ;
}
main ( )
{   int  i, j, n ;
    printf ( " Enter n : " ) ;  scanf ("%d", &n ) ;
    fun ( a, n ) ;
    for ( i = 0 ; i < n ; i++)
    {   for ( j = 0 ; j < n ; j++)
            printf ( "%4d", a[i][j] ) ;
        printf ( "\n" ) ;
    }
}
```

三、程序设计题

函数 fun 的功能是将 a、b 中的两个两位正整数合并形成一个新的整数放在 c 中。合并的方式是将 a 中的十位和个位数依次放在变量 c 的十位和千位上，b 中的十位和个位数依次放在变量 c 的个位和百位上。

例如，当 a = 45，b=12 时，调用该函数后，c=5241。

注意：部分源程序存在文件 PROG1.C 中。数据文件 IN.DAT 中的数据不得修改。

请勿改动主函数 main 和其他函数中的任何内容，仅在函数 fun 的花括号中填入编写的若干语句。

给定源程序如下。

```
#include <stdio.h>
void fun(int  a, int  b, long *c)
{

}
main()
{   int a,b; long  c;
```

```
    printf("Input a b:");
    scanf("%d%d", &a, &b);
    fun(a, b, &c);
    printf("The result is: %ld\n", c);
}
```

第23套 上机操作题

一、程序填空题

给定程序中，函数 fun 的功能是在 3×4 的矩阵中找出在行上最大、在列上最小的那个元素，若没有符合条件的元素则输出相应信息。

例如，有下列矩阵：

```
1  2  13  4
7  8  10  6
3  5  9   7
```

程序执行结果为 find：a[2][2]=9。

请在程序的下划线处填入正确的内容并把下划线删除，使程序得出正确的结果。

注意：源程序存放在考生文件夹下的 BLANK1.C 中。

不得增行或删行，也不得更改程序的结构！

给定源程序如下。

```
#include <stdio.h>
#define M 3
#define N 4
void fun(int (*a)[N])
{   int i=0,j,find=0,rmax,c,k;
    while( (i<M) && (!find))
    {   rmax=a[i][0]; c=0;
        for(j=1; j<N; j++)
            if(rmax<a[i][j]) {
/**********found**********/
                rmax=a[i][j]; c=___1___; }
        find=1; k=0;
        while(k<M && find) {
/**********found**********/
            if (k!=i && a[k][c]<=rmax)
                find=___2___;
            k++;
        }
```

```
        if(find) printf("find: a[%d][%d]=%d\n",i,c,a[i][c]);
/**********found**********/
        ___3___;
    }
    if(!find) printf("not found!\n");
}
main()
{   int x[M][N],i,j;
    printf("Enter number for array:\n");
    for(i=0; i<M; i++)
        for(j=0; j<N; j++) scanf("%d",&x[i][j]);
    printf("The array:\n");
    for(i=0; i<M; i++)
    {   for(j=0; j<N; j++) printf("%3d",x[i][j]);
        printf("\n\n");
    }
    fun(x);
}
```

二、程序改错题

给定程序 MODI1.C 中函数 fun 的功能是根据整型形参 m 的值，计算如下公式的值。

$$t = 1 - \frac{1}{2 \times 2} - \frac{1}{3 \times 3} - \cdots - \frac{1}{m \times m}$$

例如，若 m 中的值为 5，则应输出 0.536389。

请改正程序中的错误，使它能得出正确的结果。

注意：不要改动 main 函数，不得增行或删行，也不得更改程序的结构！

给定源程序如下。

```
#include <stdio.h>
double fun ( int m )
{   double  y = 1.0 ;
    int i ;
/**************found**************/
    for(i = 2 ; i < m ; i++)
/**************found**************/
        y -= 1 /(i * i) ;
    return( y ) ;
}
main( )
```

```
    {   int n = 5 ;
        printf( "\nThe result is %lf\n", fun ( n ) ) ;
    }
```

三、程序设计题

m个人的成绩存放在score数组中，请编写函数fun，它的功能是将低于平均分的人数作为函数值返回，将低于平均分的分数放在below所指的数组中。

例如，当score数组中的数据为10、20、30、40、50、60、70、80、90时，函数返回的人数应该是4，below所指的数组中的数据应为10、20、30、40。

注意：部分源程序存在文件PROG1.C中。

请勿改动主函数main和其他函数中的任何内容，仅在函数fun的花括号中填入编写的若干语句。

给定源程序如下。

```
#include <stdio.h>
#include <string.h>
int fun(int score[], int m, int below[])
{

}
main( )
{   int i, n, below[9] ;
    int score[9] = {10, 20, 30, 40, 50, 60, 70, 80, 90} ;
    n = fun(score, 9, below) ;
    printf( "\nBelow the average score are: " ) ;
    for (i = 0 ; i < n ; i++) printf("%d ", below[i]) ;
}
```

第24套 上机操作题

一、程序填空题

给定程序中，函数fun的功能是把形参s所指字符串中最右边的n个字符复制到形参t所指字符数组中，形成一个新串。若s所指字符串的长度小于n，则将整个字符串复制到形参t所指字符数组中。

例如，形参s所指的字符串为：abcdefgh，n的值为5，程序执行后t所指字符数组中的字符串应为：defgh。

请在程序的下划线处填入正确的内容并把下划线删除，使程序得出正确的结果。

注意：源程序存放在考生文件夹下的BLANK1.C中。

不得增行或删行，也不得更改程序的结构！

给定源程序如下。

```
#include <stdio.h>
#include <string.h>
#define  N  80
void fun(char  *s, int n, char  *t)
{    int len,i,j=0;
     len=strlen(s);
/***********found**********/
     if(n>=len) strcpy(___1___);
     else {
/***********found**********/
         for(i=len-n; i<=len-1; i++)  t[j++]= ___2___ ;
/***********found**********/
         t[j]= ___3___ ;
     }
}
main()
{   char  s[N],t[N];   int  n;
    printf("Enter a string: ");gets(s);
    printf( "Enter n:");   scanf("%d",&n);
    fun(s,n,t);
    printf("The string t : ");  puts(t);
}
```

二、程序改错题

给定程序MODI1.C中函数fun的功能是找出一个大于形参m且紧随m的素数，并作为函数值返回。

请改正程序中的错误，使它能得出正确的结果。

注意：不要改动main函数，不得增行或删行，也不得更改程序的结构！

给定源程序如下。

```
#include <stdio.h>
```

```
int fun(int m)
{    int i, k ;
     for (i = m + 1 ; ; i++) {
         for (k = 2 ; k < i ; k++)
/*************found**************/
             if (i % k != 0)
                 break ;
/*************found**************/
         if (k < i)
             return(i);
     }
}
void main()
{
    int n ;
    n = fun(20) ;
    printf("n=%d\n", n) ;
}
```

三、程序设计题

请编写函数 fun，它的功能是求出能整除形参 x 且不是偶数的各整数，并按从小到大的顺序放在 pp 所指的数组中，这些除数的个数通过形参 n 返回。

例如，若 x 中的值为：35，则有 4 个数符合要求，它们是：1，5，7，35。

注意：部分源程序存在文件 PROG1.C 中。

请勿改动主函数 main 和其他函数中的任何内容，仅在函数 fun 的花括号中填入编写的若干语句。

给定源程序如下。

```
#include <stdio.h>
void fun ( int x, int pp[], int *n )
{

}
main( )
{   int x, aa[1000], n, i ;
    printf( "\nPlease enter an integer number:\n" ) ;
    scanf("%d", &x) ;
    fun(x, aa, &n ) ;
    for( i = 0 ; i < n ; i++ )
        printf("%d ", aa[i]) ;
    printf("\n") ;
}
```

第25套 上机操作题

一、程序填空题

给定程序中，函数 fun 的功能是判断形参 s 所指字符串是否是"回文"（Palindrome），若是，函数返回值为 1；不是，函数返回值为 0。"回文"是正读和反读都一样的字符串（不区分大小写字母）。

例如，LEVEL 和 Level 是"回文"，而 LEVLEV 不是"回文"。

请在程序的下划线处填入正确的内容并把下划线删除，使程序得出正确的结果。

注意：源程序存放在考生文件夹下的 BLANK1.C 中。

不得增行或删行，也不得更改程序的结构！

给定源程序如下。

```
#include <stdio.h>
#include <string.h>
#include <ctype.h>
int fun(char *s)
{   char *lp,*rp;
/**********found**********/
    lp= __1__ ;
    rp=s+strlen(s)-1;
    while((toupper(*lp)==toupper(*rp)) && (lp<rp) ) {
/**********found**********/
        lp++; rp __2__ ; }
/**********found**********/
    if(lp<rp) __3__ ;
    else  return 1;
}
main()
{    char s[81];
     printf("Enter a string: "); scanf("%s",s);
     if(fun(s)) printf("\n\"%s\" is a Palindrome.\n",s);
     else printf("\n\"%s\" isn't a Palindrome.\n",s);
}
```

二、程序改错题

给定程序 MODI1.C 中 fun 函数的功能是求出以下分数序列的前 n 项之和。和值通过函数值返回 main 函数。

$$\frac{2}{1}, \frac{3}{2}, \frac{5}{3}, \frac{8}{5}, \frac{13}{8}, \frac{21}{13}, \cdots\cdots$$

例如，若 n=5，则应输出：8.391667。
请改正程序中的错误，使它能计算出正确的结果。
注意：不要改动 main 函数，不得增行或删行，也不得更改程序的结构！
给定源程序如下。

```
#include <stdio.h>
/**************found**************/
fun (int n )
{   int  a = 2, b = 1, c, k ;
    double  s=0.0 ;
    for ( k = 1; k <= n; k++)
    {   s = s + 1.0 * a / b ;
/**************found**************/
        c = a; a += b; b += c;
    }
    return(s) ;
}
main( )
{   int   n = 5 ;
    printf( "\nThe value of function is: %lf\n",  fun ( n ) );
}
```

三、程序设计题

请编写函数 fun，函数的功能是将大于形参 m 且紧靠 m 的 k 个素数存入 xx 所指的数组中。函数 prime 判断一个数是否为素数，是返回 1，否则返回 0。例如，若输入 17，5，则应输出 19，23，29，31，37。函数 fun 中给出的语句仅供参考。
注意：部分源程序存在文件 PROG1.C 中。
请勿改动主函数 main 和其他函数中的任何内容，仅在函数 fun 的花括号中填入编写的若干语句。
给定源程序如下。

```
#include <stdio.h>
```

```
int prime(int n)
{
    int m;
    for(m=2;m<n;m++)
        if (n % m == 0)
            return 0;
    return 1;
}
void fun(int m, int k, int xx[])
{
    /* 以下代码仅供参考 */
    int j=0, t=m+1;
    while(j<k)
    {
        /* 按题目要求完成以下代码 */

    }
}
main()
{
    int m, n, zz[1000] ;
    printf( "\nPlease enter two integers:") ;
    scanf("%d%d", &m, &n ) ;
    fun( m, n, zz) ;
    for( m = 0 ; m < n ; m++ )
        fprintf("%d ", zz[m]) ;
    printf("\n") ;
}
```

第26套 上机操作题

一、程序填空题

给定程序中，函数 fun 的功能是计算出形参 s 所指字符串中包含的单词个数，作为函数值返回。为便于统计，规定各单词之间用空格隔开，字符串中只有字母与空格。

例如，形参 s 所指的字符串为：This is a C language program，函数的返回值为 6。
请在程序的下划线处填入正确的内容并把下划线删除，使程序得出正确的结果。
注意：源程序存放在考生文件夹下的 BLANK1.

C中。

不得增行或删行，也不得更改程序的结构！
给定源程序如下。
```
#include <stdio.h>
int fun(char *s)
{   int n=0, flag=0;
    while(*s!='\0')
    {   if(*s!=' ' && flag==0) {
/**********found**********/
            __1__ ; flag=1;}
/**********found**********/
        if (*s==' ') flag= __2__ ;
/**********found**********/
        __3__ ;
    }
    return n;
}
main()
{   char str[81];   int n;
    printf("\nEnter a line text:\n"); gets(str);
    n=fun(str);
    printf("\nThere are %d words in this text.\n\n",n);
}
```

二、程序改错题

给定程序 MODI1.C 中函数 fun 的功能是从 n（形参）个学生的成绩中统计出低于平均分的学生人数，此人数由函数值返回，平均分存放在形参 aver 所指的存储单元中。

例如，若输入 8 名学生的成绩：80.5 60 72 90.5 98 51.5 88 64，则低于平均分的学生人数为 4（平均分为 75.5625）。

请改正程序中的错误，使它能统计出正确的结果。

注意：不要改动 main 函数，不得增行或删行，也不得更改程序的结构！

给定源程序如下。
```
#include <stdio.h>
#define N  20
int fun ( float  *s, int n, float *aver )
{   float ave, t = 0.0 ;
    int count = 0, k, i ;
    for ( k = 0 ; k < n ; k++ )
/*************found*************/
        t = s[k] ;
    ave =  t / n ;
    for ( i = 0 ; i < n ; i++ )
        if ( s[ i ] < ave ) count++ ;
/*************found*************/
    *aver = Ave ;
    return  count ;
}
main()
{   float  s[30], aver ;
    int m, i ;
    printf ( "\nPlease enter m: " ) ;
    scanf ("%d", &m) ;
    printf ( "\nPlease enter %d mark :\n ", m ) ;
    for( i = 0 ; i < m ; i++) scanf ( "%f", s + i ) ;
    printf( "\nThe number of students : %d \n" , fun ( s, m, &aver ) );
    printf( "Ave = %f\n", aver ) ;
}
```

三、程序设计题

请编写函数 fun，其功能是求出数组的最大元素在数组中的下标并存放在 k 所指的存储单元中。

例如，输入如下整数：876 675 896 101 301 401 980 431 451 777。

则输出结果为 6,980。

注意：部分源程序存在文件 PROG1.C 中。
请勿改动主函数 main 和其他函数中的任何内容，仅在函数 fun 的花括号中填入编写的若干语句。

给定源程序如下。
```
#include <stdio.h>
void fun(int *s, int t, int *k)
{


}
main( )
{
```

```
        int a[10]={876,675,896,101,301,401,980,431,451,777}, k ;
        fun(a, 10, &k) ;
        printf("%d, %d\n", k, a[k]) ;
}
```

第27套 上机操作题

一、程序填空题

给定程序中，函数 fun 的功能是将形参 s 所指字符串中所有 ASCII 码值小于 97 的字符存入形参 t 所指字符数组中，形成一个新串，并统计出符合条件的字符个数作为函数值返回。

例如，形参 s 所指的字符串为 Abc@1x56*，程序执行后 t 所指字符数组中的字符串应为 A@156*。

请在程序的下划线处填入正确的内容并把下划线删除，使程序得出正确的结果。

注意：源程序存放在考生文件夹下的 BLANK1.C 中。

不得增行或删行，也不得更改程序的结构！

给定源程序如下：

```
#include <stdio.h>
int fun(char  *s, char  *t)
{    int  n=0;
     while(*s)
     {   if(*s < 97) {
/**********found**********/
          *(t+n)=   1   ; n++; }
/**********found**********/
              2    ;
     }
     *(t+n)=0;
/**********found**********/
     return   3   ;
}
main()
{   char s[81],t[81];   int n;
    printf("\nEnter a string:\n"); gets(s);
    n=fun(s,t);
    printf("\nThere are %d letter which ASCII code
```

is less than 97: %s\n",n,t);
}

二、程序改错题

给定程序 MODI1.C 中函数 fun 的功能是由形参给定 n 个实数，输出平均值，并统计在平均值以上（含平均值）的实数个数。

例如，n = 8 时，输入 193.199,195.673,195.757,196.051,196.092,196.596,196.579,196.763。

所得平均值为 195.838750，在平均值以上的实数个数应为 5。

请改正程序中的错误，使程序能输出正确的结果。

注意：不要改动 main 函数，不得增行或删行，也不得更改程序的结构！

给定源程序如下：

```
#include <stdio.h>
int fun(double x[], int n)
{
/************found************/
     int j, c=0, double xa=0.0;
     for (j=0; j<n; j++ )
         xa += x[j]/n;
     printf("ave =%f\n",xa);
     for (j=0; j<n; j++ )
/************found************/
         if (x[j] => xa)
              c++;
     return c;
}
main ( )
{    double x[100] = {193.199, 195.673, 195.757, 196.051, 196.092, 196.596, 196.579, 196.763};
     printf("%d\n", fun (x, 8));
}
```

三、程序设计题

编写函数 fun，其功能是根据以下公式求 P 的值，结果由函数值返回。m 与 n 为两个正整数且要求 m>n。

$$P = \frac{m!}{n!(m-n)!}$$

例如：m=12，n=8时，运行结果为495.000000。

注意：部分源程序存在文件PROG1.C中。

请勿改动主函数main和其他函数中的任何内容，仅在函数fun的花括号中填入编写的若干语句。

给定源程序如下。

```
#include <stdio.h>
float fun(int m, int n)
{

}
main()   /* 主函数 */
{
    printf("P=%f\n", fun (12,8));
}
```

第28套 上机操作题

一、程序填空题

给定程序中，函数fun的功能是将形参s所指字符串中的数字字符转换成对应的数值，计算出这些数值的累加和作为函数值返回。

例如，形参s所指的字符串为abs5def126jkm8，程序执行后的输出结果为22。

请在程序的下划线处填入正确的内容并把下划线删除，使程序得出正确的结果。

注意：源程序存放在考生文件夹下的BLANK1.C中。

不得增行或删行，也不得更改程序的结构！

给定源程序如下。

```
#include <stdio.h>
#include <string.h>
#include <ctype.h>
int fun(char *s)
{   int sum=0;
    while(*s) {
/**********found**********/
        if( isdigit(*s) )  sum+= *s-   1   ;
/**********found**********/
            2   ;
    }
```

```
/**********found**********/
    return    3   ;
}
main()
{   char s[81];   int n;
    printf("\nEnter a string:\n\n"); gets(s);
    n=fun(s);
    printf("\nThe result is: %d\n\n",n);
}
```

二、程序改错题

给定程序MODI1.C中函数fun的功能是计算小于形参k的最大的10个能被13或17整除的自然数之和。k的值由主函数传入，若k的值为500，则函数值为4622。

请改正程序中的错误，使程序能输出正确的结果。

注意：不要改动main函数，不得增行或删行，也不得更改程序的结构！

给定源程序如下。

```
#include <stdio.h>
int fun( int  k )
{    int m=0, mc=0 ;
     while ((k >= 2) && (mc < 10))
     {
/************found************/
        if ((k%13 = 0) || (k%17 = 0))
        {   m = m+ k;  mc++; }
        k--;
     }
     return m;
/************found************/
     ____
main ( )
{
    printf("%d\n", fun (500));
}
```

三、程序设计题

编写函数fun，它的功能是求小于形参n同时能被3与7整除的所有自然数之和的平方根，并作为函数值返回。

例如，若 n 为 1000 时，程序输出应为 s=153.909064。

注意：部分源程序存在文件 PROG1.C 中。

请勿改动主函数 main 和其他函数中的任何内容，仅在函数 fun 的花括号中填入编写的若干语句。

给定源程序如下。
```
#include <math.h>
#include <stdio.h>
double fun( int  n)
{


}
main()  /* 主函数 */
{
    printf("s =%f\n", fun ( 1000) );
}
```

第29套 上机操作题

一、程序填空题

给定程序中，函数 fun 的功能是找出形参 s 所指字符串中出现频率最高的字母（不区分大小写），并统计其出现的次数。

例如，形参 s 所指的字符串为 abcAbsmaxless，程序执行后的输出结果为

  letter 'a' : 3 times
  letter 's' : 3 times

请在程序的下划线处填入正确的内容并把下划线删除，使程序得出正确的结果。

注意：源程序存放在考生文件夹下的 BLANK1.C 中。

不得增行或删行，也不得更改程序的结构！

给定源程序如下。
```
#include <stdio.h>
#include <string.h>
#include <ctype.h>
void fun(char  *s)
{  int  k[26]={0},n,i,max=0;    char  ch;
    while(*s)
    {   if( isalpha(*s) ) {
/**********found**********/
            ch=tolower(___1___);
            n=ch-'a';
/**********found**********/
            k[n]+=  ___2___ ;
        }
        s++;
/**********found**********/
        if(max<k[n]) max= ___3___ ;
    }
    printf("\nAfter count :\n");
    for(i=0; i<26;i++)
        if (k[i]==max) printf("\nletter \'%c\' : %d times\n",i+'a',k[i]);
}
main()
{   char  s[81];
    printf("\nEnter a string:\n\n");  gets(s);
    fun(s);
}
```

二、程序改错题

给定程序 MODI1.C 中函数 fun 的功能是求 s 的值。

$$s = \frac{2^2}{1\times 3} \times \frac{4^2}{3\times 5} \times \cdots \times \frac{(2k)^2}{(2k-1)\times(2k+1)}$$

例如，当 k 为 10 时，函数值应为：1.533852。

请改正程序中的错误，使程序能输出正确的结果。

注意：不要改动 main 函数，不得增行或删行，也不得更改程序的结构！

给定源程序如下。
```
#include <stdio.h>
#include <math.h>
/************found************/
void fun( int  k )
{  int n; double s,  w, p, q;
    n = 1;
    s = 1.0;
    while ( n <= k )
```

```
        {   w = 2.0 * n;
            p = w – 1.0;
            q = w + 1.0;
            s = s * w *w/p/q;
            n++;
        }
/************found************/
        return s
}
main ( )
{
    printf("%f\n", fun (10));
}
```

三、程序设计题

编写函数 fun，它的功能是计算并输出下列级数和：

$$S = \frac{1}{1 \times 2} + \frac{1}{2 \times 3} + ... + \frac{1}{n(n+1)}$$

例如，当 n=10 时，函数值为：0.909091。

注意： 部分源程序存在文件 PROG1.C 中。

请勿改动主函数 main 和其他函数中的任何内容，仅在函数 fun 的花括号中填入编写的若干语句。

给定源程序如下。

```
#include <stdio.h>
double fun( int n )
{

}
main()   /* 主函数 */
{
    printf("%f\n", fun(10));
}
```

第30套 上机操作题

一、程序填空题

给定程序中，函数 fun 的功能是利用指针数组对形参 ss 所指字符串数组中的字符串按由长到短的顺序排序，并输出排序结果。ss 所指字符串数组中共有 N 个字符串，且串长小于 M。

请在程序的下划线处填入正确的内容并把下划线删除，使程序得出正确的结果。

注意： 源程序存放在考生文件夹下的 BLANK1.C 中。不得增行或删行，也不得更改程序的结构！

给定源程序如下。

```
#include  <stdio.h>
#include  <string.h>
#define  N  5
#define  M  8
void fun(char  (*ss)[M])
{   char *ps[N],*tp;   int i,j,k;
    for(i=0; i<N; i++) ps[i]=ss[i];
    for(i=0; i<N-1; i++) {
/**********found**********/
        k=    1    ;
        for(j=i+1; j<N; j++)
/**********found**********/
            if(strlen(ps[k]) < strlen(   2    )) k=j;
/**********found**********/
        tp=ps[i];  ps[i]=ps[k]; ps[k]=   3   ;
    }
    printf("\nThe string after sorting by length:\n\n");
    for(i=0; i<N; i++) puts(ps[i]);
}
main()
{   char  ch[N][M]={"red","green","blue","yellow","black"};
    int i;
    printf("\nThe original string\n\n");
    for(i=0;i<N;i++)puts(ch[i]); printf("\n")
    fun(ch);
}
```

二、程序改错题

已知一个数列从第 0 项开始的前三项分别为 0，0，1，以后的各项都是其相邻的前三项之和。给定程序 MODI1.C 中函数 fun 的功能是：计算并输出该数列前 n 项的平方根之和。n 的值通过形参传入。

例如，当 n = 10 时，程序的输出结果应为

23.197745。

请改正程序中的错误，使程序能输出正确的结果。

注意：不要改动main函数，不得增行或删行，也不得更改程序的结构！

给定源程序如下。

```
#include <stdio.h>
#include <math.h>
/************found************/
fun(int n)
{   double  sum, s0, s1, s2, s; int k;
    sum = 1.0;
    if (n <= 2) sum = 0.0;
    s0 = 0.0; s1 = 0.0; s2 = 1.0;
    for (k = 4; k <= n; k++)
    {   s = s0 + s1 + s2;
        sum += sqrt(s);
        s0 = s1; s1 = s2; s2 = s;
    }
/************found************/
    return sum
}
main ( )
{   int n;
    printf("Input N=");
    scanf("%d", &n);
    printf("%f\n", fun(n) );
}
```

三、程序设计题

编写函数fun，它的功能是计算下列级数和，和值由函数值返回。

$$S = 1 + x + \frac{x^2}{2!} + \frac{x^3}{3!} + \ldots + \frac{x^n}{n!}$$

例如，当n=10，x = 0.3时，函数值为1.349859。

注意：部分源程序存在文件PROG1.C中。

请勿改动主函数main和其他函数中的任何内容，仅在函数fun的花括号中填入编写的若干语句。

给定源程序如下。

```
#include <stdio.h>
#include <math.h>
double fun(double x , int n)
{

}
main()
{
    printf("%f\n", fun(0.3,10));
}
```

第31套 上机操作题

一、程序填空题

给定程序中，函数fun的功能是在形参ss所指字符串数组中查找与形参t所指字符串相同的串，找到后返回该串在字符串数组中的位置（下标值），未找到则返回 −1。ss所指字符串数组中共有N个内容不同的字符串，且串长小于M。

请在程序的下划线处填入正确的内容并把下划线删除，使程序得出正确的结果。

注意：源程序存放在考生文件夹下的BLANK1.C中。

不得增行或删行，也不得更改程序的结构！

给定源程序如下。

```
#include <stdio.h>
#include <string.h>
#define  N  5
#define  M  8
int fun(char  (*ss)[M],char *t)
{   int i;
/**********found**********/
    for(i=0; i< ___1___ ; i++)
/**********found**********/
        if(strcmp(ss[i],t)==0 ) return  ___2___ ;
    return −1;
}
main()
{   char ch[N][M]={"if","while","switch","int","for"},t[M];
    int n,i;
    printf("\nThe original string\n\n");
```

```
        for(i=0;i<N;i++)puts(ch[i]); printf("\n");
        printf("\nEnter a string for search: "); gets(t);
        n=fun(ch,t);
/**********found**********/
        if(n==   3  ) printf("\nDon't found!\n");
        else  printf("\nThe position is  %d .\n",n);
}
```

二、程序改错题

给定程序 MODI1.C 中函数 fun 的功能是从整数 10 到 55 之间，选出能被 3 整除、且有一位上的数是 5 的那些数，并把这些数放在 b 所指的数组中，这些数的个数作为函数值返回。规定，函数中 a1 放个位数，a2 放十位数。

请改正程序中的错误，使它能得出正确结果。

注意：不要改动 main 函数，不得增行或删行，也不得更改程序的结构。

给定源程序如下。

```c
#include <stdio.h>
int fun( int *b )
{   int  k,a1,a2,i=0;
        for(k=10; k<=55; k++) {
/************found************/
            a2=k/10;
            a1=k-a2*10;
            if((k%3==0 && a2==5)||(k%3==0 && a1==5))
            { b[i]=k; i++; }
        }
/************found************/
        return k;
}
main( )
{   int  a[100],k,m;
    m=fun( a );
    printf("The result is :\n");
    for(k=0; k<m; k++) printf("%4d",a[k]);
    printf("\n");
}
```

三、程序设计题

假定输入的字符串中只包含字母和 * 号。请编写函数 fun，它的功能是：将字符串尾部的 * 号全部删除，前面和中间的 * 号不删除。

例如，字符串中的内容为 ****A*BC*DEF*G*******，删除后，字符串中的内容应当是 ****A*BC*DEF*G。在编写函数时，不得使用 C 语言提供的字符串函数。

注意：部分源程序存在文件 PROG1.C 中。

请勿改动主函数 main 和其他函数中的任何内容，仅在函数 fun 的花括号中填入编写的若干语句。

给定源程序如下。

```c
#include <stdio.h>
void  fun( char *a )
{

}
main()
{   char  s[81];
    printf("Enter a string:\n");gets(s);
    fun( s );
    printf("The string after deleted:\n");puts(s);
}
```

第32套　上机操作题

一、程序填空题

给定程序中，函数 fun 的功能是在形参 ss 所指字符串数组中，删除所有串长超过 k 的字符串，函数返回所剩字符串的个数。ss 所指字符串数组中共有 N 个字符串，且串长小于 M。

请在程序的下划线处填入正确的内容并把下划线删除，使程序得出正确的结果。

注意：源程序存放在考生文件夹下的 BLANK1.C 中。

不得增行或删行，也不得更改程序的结构！

给定源程序如下。

```c
#include  <stdio.h>
#include  <string.h>
#define  N  5
#define  M  10
int fun(char (*ss)[M], int  k)
```

```
    {   int i,j=0,len;
/**********found**********/
        for(i=0; i< __1__ ; i++)
        {   len=strlen(ss[i]);
/**********found**********/
            if(len<= __2__ )
/**********found**********/
                strcpy(ss[j++],__3__);
        }
        return j;
    }
main()
{   char x[N][M]={"Beijing","Shanghai","Tianjing","Nanjing","Wuhan"};
    int i,f;
    printf("\nThe original string\n\n");
    for(i=0;i<N;i++)puts(x[i]); printf("\n");
    f=fun(x,7);
    printf("The string witch length is less than or equal to 7 :\n");
    for(i=0; i<f; i++)  puts(x[i]);printf("\n");
}
```

二、程序改错题

给定程序 MODI1.C 中函数 fun 的功能是逐个比较 p、q 所指两个字符串对应位置中的字符，把 ASCII 值大或相等的字符依次存放到 c 所指数组中，形成一个新的字符串。

例如，若主函数中 a 字符串为 aBCDeFgH，主函数中 b 字符串为 ABcd，则 c 中的字符串应为 aBcdeFgH。

请改正程序中的错误，使它能得出正确结果。

注意：不要改动 main 函数，不得增行或删行，也不得更改程序的结构。

给定源程序如下：

```
#include <stdio.h>
#include <string.h>
void fun(char *p ,char *q, char *c)
{
/**********found**********/
        int k = 1;
/**********found**********/
        while( *p != *q )
        {   if( *p<*q )  c[k]=*q;
            else        c[k]=*p;
            if(*p) p++;
            if(*q) q++;
            k++;
        }
}
main()
{   char a[10]="aBCDeFgH", b[10]="ABcd", c[80]={'\0'};
    fun(a,b,c);
    printf("The string a: ");  puts(a);
    printf("The string b: ");  puts(b);
    printf("The result : ");  puts(c);
}
```

三、程序设计题

假定输入的字符串中只包含字母和 * 号。请编写函数 fun，它的功能是除了字符串前导的 * 号之外，将串中其他 * 号全部删除。在编写函数时，不得使用 C 语言提供的字符串函数。函数 fun 中给出的语句仅供参考。

例如，字符串中的内容为 ****A*BC*DEF*G*******，删除后，字符串中的内容应当是 ****ABCDEFG。

注意：部分源程序存在文件 PROG1.C 中。

请勿改动主函数 main 和其他函数中的任何内容，仅在函数 fun 的花括号中填入编写的若干语句。

给定源程序如下。

```
#include <stdio.h>
void fun( char *a )
{
    /* 以下代码仅供参考 */
    int i=0,k;
    while(a[i]=='*') i++;
    k=i;
    while(a[i]!='\0') /* 以下程序段实现非 * 字符前移 */
    {
```

```
            }
        a[k]='\0';
}
main()
{   char s[81];
    printf("Enter a string:\n");gets(s);
    fun( s );
    printf("The string after deleted:\n");puts(s);
}
```

第33套 上机操作题

一、程序填空题

给定程序中，函数 fun 的功能是在形参 ss 所指字符串数组中，查找含有形参 substr 所指子串的所有字符串并输出，若没找到则输出相应信息。ss 所指字符串数组中共有 N 个字符串，且串长小于 M。程序中库函数 strstr(s1, s2) 的功能是在 s1 串中查找 s2 子串，若没有，函数值为 NULL，若有，为非 NULL。

请在程序的下划线处填入正确的内容并把下划线删除，使程序得出正确的结果。

注意：源程序存放在考生文件夹下的 BLANK1.C 中。

不得增行或删行，也不得更改程序的结构！
给定源程序如下。

```
#include <stdio.h>
#include <string.h>
#define N 5
#define M 15
void fun(char (*ss)[M], char *substr)
{   int i,find=0;
/**********found**********/
    for(i=0; i< __1__ ; i++)
/**********found**********/
        if( strstr(ss[i], __2__ ) != NULL )
        {   find=1;  puts(ss[i]);  printf("\n"); }
/**********found**********/
    if (find== __3__ )
        printf("\nDon't found!\n");
}
main()
```

```
{   char x[N][M]={"BASIC","C langwage","Java","QBASIC","Access"},str[M];
    int i;
    printf("\nThe original string\n\n");
    for(i=0;i<N;i++)puts(x[i]);  printf("\n");
    printf("\nEnter a string for search : ");
    gets(str);
    fun(x,str);
}
```

二、程序改错题

给定程序 MODI1.C 中函数 fun 的功能是求三个数的最小公倍数。

例如，给主函数中的变量 x1、x2、x3 分别输入 15 11 2，则输出结果应当是 330。

请改正程序中的错误，使它能得出正确结果。

注意：不要改动 main 函数，不得增行或删行，也不得更改程序的结构。

给定源程序如下。

```
#include <stdio.h>
/************found************/
fun(int  x, y, z )
{   int j,t ,n ,m;
    j = 1 ;
    t=j%x;
    m=j%y ;
    n=j%z;
    while(t!=0||m!=0||n!=0)
    {   j = j+1;
        t=j%x;
        m=j%y;
        n=j%z;
    }
/************found************/
    return i;
}
main( )
{   int  x1,x2,x3,j ;
    printf("Input x1  x2  x3: ");
    scanf("%d%d%d",&x1,&x2,&x3);
    printf("x1=%d, x2=%d, x3=%d \n",x1,x2,x3);
    j=fun(x1,x2,x3);
```

```
        printf("The minimal common multiple is :
%d\n",j);
    }
```

三、程序设计题

假定输入的字符串中只包含字母和*号。请编写函数 fun，它的功能是只删除字符串前导和尾部的*号，串中字母之间的*号都不删除。形参 n 给出了字符串的长度，形参 h 给出了字符串中前导*号的个数，形参 e 给出了字符串中最后*号的个数。在编写函数时，不得使用 C 语言提供的字符串函数。

例如，字符串中的内容为 ****A*BC*DEF*G*******，删除后，字符串中的内容应当是 A*BC*DEF*G。

注意：部分源程序存在文件 PROG1.C 中。

请勿改动主函数 main 和其他函数中的任何内容，仅在函数 fun 的花括号中填入编写的若干语句。

给定源程序如下。

```
#include <stdio.h>
void  fun( char *a, int n,int h,int e )
{

}
main()
{   char  s[81],*t,*f;  int m=0, tn=0, fn=0;
    printf("Enter a string:\n");gets(s);
    t=f=s;
    while(*t){t++;m++;}
    t--;
    while(*t=='*'){t--;tn++;}
    while(*f=='*'){f++;fn++;}
    fun( s , m,fn,tn );
    printf("The string after deleted:\n");puts(s);
}
```

第34套 上机操作题

一、程序填空题

给定程序中，函数 fun 的功能是在形参 ss 所指字符串数组中，将所有串长超过 k 的字符串中右边的字符删除，只保留左边的 k 个字符。ss 所指字符串数组中共有 N 个字符串，且串长小于 M。

请在程序的下划线处填入正确的内容并把下划线删除，使程序得出正确的结果。

注意：源程序存放在考生文件夹下的 BLANK1.C 中。

不得增行或删行，也不得更改程序的结构！

给定源程序如下。

```
#include <stdio.h>
#include <string.h>
#define  N  5
#define  M  10
/**********found**********/
void fun(char  (*ss)   1   , int k)
{   int i=0 ;
/**********found**********/
    while(i<   2   ) {
/**********found**********/
        ss[i][k]=   3   ; i++; }
}
main()
{   char  x[N][M]={"Create","Modify","Sort","skip","Delete"};
    int  i;
    printf("\nThe original string\n\n");
    for(i=0;i<N;i++)puts(x[i]);  printf("\n");
    fun(x,4);
    printf("\nThe string after deleted :\n\n");
    for(i=0; i<N; i++)  puts(x[i]);  printf("\n");
}
```

二、程序改错题

给定程序 MODI1.C 中函数 fun 的功能是根据以下公式求 π 值，并作为函数值返回。

例如，给指定精度的变量 eps 输入 0.0005 时，应当输出 Pi=3.140578。

$$\frac{\pi}{2} = 1 + \frac{1}{3} + \frac{1}{3} \times \frac{2}{5} + \frac{1}{3} \times \frac{2}{5} \times \frac{3}{7} + \frac{1}{3} \times \frac{2}{5} \times \frac{3}{7} \times \frac{4}{9} + \ldots$$

请改正程序中的错误，使它能得出正确结果。

注意：不要改动 main 函数，不得增行或删行，也不得更改程序的结构。

给定源程序如下。
```c
#include <math.h>
#include <stdio.h>
double fun(double eps)
{   double s,t;  int n=1;
    s=0.0;
/************found************/
    t=0;
    while( t>eps)
    {   s+=t;
        t=t * n/(2*n+1);
        n++;
    }
/************found************/
    return(s);
}
main()
{   double x;
    printf("\nPlease enter a precision: ");
    scanf("%lf",&x);
    printf("\neps=%lf, Pi=%lf\n\n",x,fun(x));
}
```

三、程序设计题

假定输入的字符串中只包含字母和 * 号。请编写函数 fun，它的功能是使字符串的前导 * 号不得多于 n 个；若多于 n 个，则删除多余的 * 号；若少于或等于 n 个，则什么也不做，字符串中间和尾部的 * 号不删除。函数 fun 中给出的语句仅供参考。

例如，字符串中的内容为 *******A*BC*DEF*G****，若 n 的值为 4，删除后字符串中的内容应当是 ****A*BC*DEF*G****；若 n 的值为 8,则字符串中的内容仍为 *******A*BC*DEF*G****。n 的值在主函数中输入。在编写函数时，不得使用 C 语言提供的字符串函数。

注意： 部分源程序存在文件 PROG1.C 中。

请勿改动主函数 main 和其他函数中的任何内容，仅在函数 fun 的花括号中填入编写的若干语句。

给定源程序如下。
```c
#include <stdio.h>
void fun( char *a, int n )
{
    /* 以下代码仅供参考 */
    int i=0,j,k=0;
    while(a[k]=='*') k++; /* k 为统计 * 字符个数 */
    if(k>n)
    {
        i=n;j=k;
        /* 以下完成将下标为 k 至串尾的字符前移 k-n 个位置 */

    }
}
main()
{   char s[81]; int n;
    printf("Enter a string:\n");gets(s);
    printf("Enter n : ");scanf("%d",&n);
    fun( s,n );
    printf("The string after deleted:\n");puts(s);
}
```

第35套 上机操作题

一、程序填空题

程序通过定义学生结构体变量，存储了学生的学号、姓名和三门课的成绩。函数 fun 的功能是将形参 a 所指结构体变量中的数据赋给函数中的结构体变量 b，并修改 b 中的学号和姓名，最后输出修改后的数据。

例如：a 所指变量中的学号、姓名和三门课的成绩依次是 10001、"ZhangSan"、95、80、88，则修改后输出 b 中的数据应为 10002、"LiSi"、95、80、88。

请在程序的下划线处填入正确的内容并把下划线删除，使程序得出正确的结果。

注意： 源程序存放在考生文件夹下的 BLANK1.C 中。

不得增行或删行，也不得更改程序的结构！

给定源程序如下。
```c
#include <stdio.h>
#include <string.h>
```

```
struct student {
    long  sno;
    char  name[10];
    float score[3];
};
void fun(struct student  a)
{   struct student  b;  int i;
/**********found**********/
    b = __1__ ;
    b.sno = 10002;
/**********found**********/
    strcpy(__2__, "LiSi");
    printf("\nThe data after modified :\n");
    printf("\nNo: %ld  Name: %s\nScores: ",b.sno, b.name);
/**********found**********/
    for (i=0; i<3; i++) printf("%6.2f ", b.__3__);
    printf("\n");
}
main()
{   struct student  s={10001,"ZhangSan", 95, 80, 88};
    int i;
    printf("\n\nThe original data :\n");
    printf("\nNo: %ld  Name: %s\nScores: ",s.sno, s.name);
    for (i=0; i<3; i++) printf("%6.2f ", s.score[i]);
    printf("\n");
    fun(s);
}
```

二、程序改错题

给定程序 MODI1.C 中函数 fun 的功能是从 s 所指字符串中删除所有小写字母 c。

请改正程序中的错误，使它能计算出正确的结果。

注意：不要改动 main 函数，不得增行或删行，也不得更改程序的结构！

给定源程序如下。

```
#include <stdio.h>
void fun( char  *s )
{   int  i,j;
    for(i=j=0; s[i]!='\0'; i++)
        if(s[i]!='c')
/************found************/
            s[j]=s[i];
/************found************/
        s[i]='\0';
}
main()
{   char s[80];
    printf("Enter a string:       "); gets(s);
    printf("The original string: "); puts(s);
    fun(s);
    printf("The string after deleted : ");
    puts(s);printf("\n\n");
}
```

三、程序设计题

假定输入的字符串中只包含字母和 * 号。请编写函数 fun，它的功能是将字符串中的前导 * 号全部移到字符串的尾部。函数 fun 中给出的语句仅供参考。

例如，字符串中的内容为 *******A*BC*DEF*G****，移动后，字符串中的内容应当是 A*BC*DEF*G***********。在编写函数时，不得使用 C 语言提供的字符串函数。

注意：部分源程序存在文件 PROG1.C 中。

请勿改动主函数 main 和其他函数中的任何内容，仅在函数 fun 的花括号中填入编写的若干语句。

给定源程序如下。

```
#include <stdio.h>
void fun( char *a )
{
    /* 以下代码仅供参考 */
    char *p,*q;
    int n=0;
    p=a;
    while(*p=='*')  /* 统计串头 '*' 个数 n */
    {n++; p++;}
    q=a;
    /* 向前复制字符串，请填写相应的语句完成其功能 */
```

```
        for(;n>0;n--)  /* 在串尾补 n 个 '*' */
            *q++='*';
        *q='\0';
}
main()
{   char s[81]; int n=0;
    printf("Enter a string:\n");gets(s);
    fun( s );
    printf("The string after moveing:\n");puts(s);
}
```

第36套 上机操作题

一、程序填空题

程序通过定义学生结构体变量，存储了学生的学号、姓名和三门课的成绩。函数 fun 的功能是对形参 b 所指结构体变量中的数据进行修改，最后在主函数中输出修改后的数据。

例如：b 所指变量 t 中的学号、姓名和三门课的成绩依次是 10002、"ZhangQi"、93、85、87，修改后输出 t 中的数据应为 10004、" LiJie "、93、85、87。

请在程序的下划线处填入正确的内容并把下划线删除，使程序得出正确的结果。

注意： 源程序存放在考生文件夹下的 BLANK1.C 中。

不得增行或删行，也不得更改程序的结构！

给定源程序如下。

```
#include <stdio.h>
#include <string.h>
struct student {
    long  sno;
    char  name[10];
    float  score[3];
};
void fun( struct student  *b)
{
/**********found**********/
    b  1  = 10004;
/**********found**********/
    strcpy(b  2  , "LiJie");
}
main()
{   struct student  t={10002,"ZhangQi", 93, 85, 87};
    int i;
    printf("\n\nThe original data :\n");
    printf("\nNo: %ld   Name: %s\nScores:  ",t.sno, t.name);
    for (i=0; i<3; i++) printf("%6.2f ", t.score[i]);
    printf("\n");
/**********found**********/
    fun(  3  );
    printf("\nThe data after modified :\n");
    printf("\nNo: %ld   Name: %s\nScores:  ",t.sno, t.name);
    for (i=0; i<3; i++) printf("%6.2f ", t.score[i]);
    printf("\n");
}
```

二、程序改错题

给定程序 MODI1.C 中函数 fun 的功能是应用递归算法求形参 a 的平方根。求平方根的迭代公式如下。

$$x1 = \frac{1}{2}(x0 + \frac{a}{x0})$$

例如，a 为 2 时，平方根值为 1.414214。

请改正程序中的错误，使它能得出正确结果。

注意： 不要改动 main 函数，不得增行或删行，也不得更改程序的结构。

给定源程序如下。

```
#include <stdio.h>
#include <math.h>
/**********found**********/
double fun(double a, dounle x0)
{   double  x1, y;
    x1=(x0+ a/x0)/2.0;
/**********found**********/
    if( fabs(x1−xo)>0.00001 )
        y=fun(a,x1);
    else y=x1;
    return y;
}
```

```
main( )
{   double x;
    printf("Enter x: "); scanf("%lf",&x);
    printf("The square root of %lf is %lf\n",x,fun(x,1.0));
}
```

三、程序设计题

学生的记录由学号和成绩组成，N 名学生的数据已在主函数中放入结构体数组 s 中，请编写函数 fun，它的功能是把高于等于平均分的学生数据放在 b 所指的数组中，高于等于平均分的学生人数通过形参 n 传回，平均分通过函数值返回。

注意： 部分源程序存在文件 PROG1.C 中。

请勿改动主函数 main 和其他函数中的任何内容，仅在函数 fun 的花括号中填入编写的若干语句。

给定源程序如下。

```
#include <stdio.h>
#define N 12
typedef struct
{   char num[10];
    double s;
} STREC;
double fun( STREC *a, STREC *b, int *n )
{

}
main()
{   STREC s[N]={{"GA05",85},{"GA03",76},{"GA02",69},{"GA04",85},
            {"GA01",91},{"GA07",72},{"GA08",64},{"GA06",87},
            {"GA09",60},{"GA11",79},{"GA12",73},{"GA10",90}};
    STREC h[N], t;FILE *out ;
    int i,j,n; double ave;
    ave=fun( s,h,&n );
    printf("The %d student data which is higher than %7.3f:\n",n,ave);
    for(i=0;i<n; i++)
        printf("%s  %4.1f\n",h[i].num,h[i].s);
    printf("\n");
    out = fopen("c:\\test\\out.dat","w") ;
    fprintf(out, "%d\n%7.3f\n", n, ave);
    for(i=0;i<n-1;i++)
        for(j=i+1;j<n;j++)
            if(h[i].s<h[j].s) {t=h[i] ;h[i]=h[j];
                h[j]=t;}
    for(i=0;i<n; i++)
        fprintf(out,"%4.1f\n",h[i].s);
    fclose(out);
}
```

第37套 上机操作题

一、程序填空题

程序通过定义学生结构体变量，存储了学生的学号、姓名和三门课的成绩。函数 fun 的功能是将形参 a 中的数据进行修改，把修改后的数据作为函数值返回主函数进行输出。

例如：传给形参 a 的数据中，学号、姓名和三门课的成绩依次是 10001、"ZhangSan"、95、80、88，修改后的数据应为 10002、"LiSi"、96、81、89。

请在程序的下划线处填入正确的内容并把下划线删除，使程序得出正确的结果。

注意： 源程序存放在考生文件夹下的 BLANK1.C 中。

不得增行或删行，也不得更改程序的结构！

给定源程序如下。

```
#include <stdio.h>
#include <string.h>
struct student {
    long sno;
    char name[10];
    float score[3];
};
/**********found**********/
  1  fun(struct student a)
{   int i;
    a.sno = 10002;
/**********found**********/
```

```
            strcpy(  2  , "LiSi");
/**********found**********/
            for (i=0; i<3; i++)   3   += 1;
            return a;
        }
        main()
        {    struct student  s={10001,"ZhangSan", 95, 80, 88}, t;
            int i;
            printf("\n\nThe original data :\n");
            printf("\nNo: %ld  Name: %s\nScores: ",s.sno, s.name);
            for (i=0; i<3; i++)  printf("%6.2f ", s.score[i]);
            printf("\n");
            t = fun(s);
            printf("\nThe data after modified :\n");
            printf("\nNo: %ld  Name: %s\nScores: ",t.sno, t.name);
            for (i=0; i<3; i++)  printf("%6.2f ", t.score[i]);
            printf("\n");
        }
```

二、程序改错题

假定整数数列中的数不重复,并存放在数组中。给定程序 MODI1.C 中函数 fun 的功能是删除数列中值为 x 的元素。n 中存放的是数列中元素的个数。

请改正程序中的错误,使它能得出正确结果。

注意: 不要改动 main 函数,不得增行或删行,也不得更改程序的结构。

给定源程序如下。

```
#include <stdio.h>
#define  N 20
int fun(int *a,int n,int x)
{    int p=0,i;
    a[n]=x;
    while( x!=a[p] )
        p=p+1;
/**********found**********/
    if(P==n) return −1;
    else
    {   for(i=p;i<n−1;i++)
/**********found**********/
        a[i+1]=a[i];
        return n−1;
    }
}
main()
{    int w[N]={−3,0,1,5,7,99,10,15,30,90},x,n,i;
    n=10;
    printf("The original data :\n");
    for(i=0;i<n;i++) printf("%5d",w[i]);
    printf("\nInput x (to delete): "); scanf("%d",&x);
    printf("Delete : %d\n",x);
    n=fun(w,n,x);
    if ( n==−1 ) printf("***Not be found!***\n\n");
    else
    {   printf("The data after deleted:\n");
        for(i=0;i<n;i++)
            printf("%5d",w[i]);printf("\n\n");
    }
}
```

三、程序设计题

函数 fun 的功能是:将两个两位数的正整数 a、b 合并形成一个整数放在 c 中。合并的方式是将 a 数的十位和个位数依次放在 c 数的个位和百位上,b 数的十位和个位数依次放在 c 数的千位和十位上。

例如,当 a = 45,b=12 时,调用该函数后,c=1524。

注意: 部分源程序存在文件 PROG1.C 中。数据文件 IN.DAT 中的数据不得修改。

请勿改动主函数 main 和其他函数中的任何内容,仅在函数 fun 的花括号中填入编写的若干语句。

给定源程序如下。

```
#include <stdio.h>
void fun(int a, int b, long *c)
{


}
main()
{    int a,b; long c;
```

```
    printf("Input a b:");
    scanf("%d%d", &a, &b);
    fun(a, b, &c);
    printf("The result is: %ld\n", c);
}
```

第38套 上机操作题

一、程序填空题

程序通过定义学生结构体变量，存储了学生的学号、姓名和三门课的成绩。函数 fun 的功能是将形参 a 所指结构体变量 s 中的数据进行修改，并把 a 中存储的地址作为函数值返回主函数，在主函数中输出修改后的数据。

例如：a 所指变量 s 中的学号、姓名和三门课的成绩依次是 10001、"ZhangSan"、95、80、88，修改后输出 t 所指变量的数据应为 10002、"LiSi"、96、81、89。

请在程序的下划线处填入正确的内容并把下划线删除，使程序得出正确的结果。

注意：源程序存放在考生文件夹下的 BLANK1.C 中。

不得增行或删行，也不得更改程序的结构！
给定源程序如下：

```
#include <stdio.h>
#include <string.h>
struct student {
    long sno;
    char name[10];
    float score[3];
};
/**********found**********/
___1___ fun(struct student  *a)
{   int i;
    a->sno = 10002;
    strcpy(a->name, "LiSi");
/**********found**********/
    for (i=0; i<3; i++) ___2___ += 1;
/**********found**********/
    return ___3___ ;
}
```

```
main()
{   struct student  s={10001,"ZhangSan", 95, 80, 88}, *t;
    int  i;
    printf("\n\nThe original data :\n");
    printf("\nNo: %ld  Name: %s\nScores: ",s.sno, s.name);
    for (i=0; i<3; i++)  printf("%6.2f ", s.score[i]);
    printf("\n");
    t = fun(&s);
    printf("\nThe data after modified :\n");
    printf("\nNo: %ld  Name: %s\nScores: ",t->sno, t->name);
    for (i=0; i<3; i++)  printf("%6.2f ", t->score[i]);
    printf("\n");
}
```

二、程序改错题

给定程序 MODI1.C 中函数 fun 的功能是从 N 个字符串中找出最长的那个串，并将其地址作为函数值返回。

各字符串在主函数中输入，并放入一个字符串数组中。所找到的最长字符串在主函数中输出。

请改正程序中的错误，使它能得出正确结果。

注意：不要改动 main 函数，不得增行或删行，也不得更改程序的结构。

给定源程序如下：

```
#include <stdio.h>
#include <string.h>
#define  N  5
#define  M  81
/**********found**********/
fun(char  (*sq)[M])
{   int  i;   char *sp;
    sp=sq[0];
    for(i=0;i<N;i++)
        if(strlen( sp)<strlen(sq[i]))
            sp=sq[i] ;
/**********found**********/
    return  sq;
}
main()
```

```
{   char str[N][M], *longest; int i;
    printf("Enter %d lines :\n",N);
    for(i=0; i<N; i++) gets(str[i]);
    printf("\nThe N string :\n",N);
    for(i=0; i<N; i++) puts(str[i]);
    longest=fun(str);
    printf("\nThe longest string :\n"); puts(longest);
}
```

三、程序设计题

函数 fun 的功能是：将 a、b 中的两个两位正整数合并形成一个新的整数放在 c 中。合并的方式是将 a 中的十位和个位数依次放在变量 c 的百位和个位上，b 中的十位和个位数依次放在变量 c 的十位和千位上。

例如，当 a=45，b=12 时，调用该函数后，c=2415。

注意：部分源程序存在文件 PROG1.C 中。数据文件 IN.DAT 中的数据不得修改。

请勿改动主函数 main 和其他函数中的任何内容，仅在函数 fun 的花括号中填入编写的若干语句。

给定源程序如下。

```
#include <stdio.h>
void fun(int a, int b, long *c)
{

}
main()
{   int a,b; long c;
    printf("Input a b:");
    scanf("%d%d", &a, &b);
    fun(a, b, &c);
    printf("The result is: %ld\n", c);
}
```

第39套 上机操作题

一、程序填空题

程序通过定义学生结构体数组，存储了若干名学生的学号、姓名和三门课的成绩。函数 fun 的功能是将存放学生数据的结构体数组，按照姓名的字典序（从小到大）排序。

请在程序的下划线处填入正确的内容并把下划线删除，使程序得出正确的结果。

注意：源程序存放在考生文件夹下的 BLANK1.C 中。

不得增行或删行，也不得更改程序的结构！

给定源程序如下。

```
#include  <stdio.h>
#include  <string.h>
struct student {
    long sno;
    char name[10];
    float score[3];
};
void fun(struct student a[], int n)
{
/**********found**********/
  __1__  t;
    int i, j;
/**********found**********/
    for (i=0; i<  __2__  ; i++)
        for (j=i+1; j<n; j++)
/**********found**********/
            if (strcmp(  __3__  ) > 0)
            {   t = a[i];   a[i] = a[j];   a[j] = t;  }
}
main()
{   struct student  s[4]={{10001,"ZhangSan", 95, 80, 88},{10002,"LiSi", 85, 70, 78},
    {10003,"CaoKai", 75, 60, 88},
    {10004,"FangFang", 90, 82, 87}};
    int i, j;
    printf("\n\nThe original data :\n\n");
    for (j=0; j<4; j++)
    {   printf("\nNo: %ld  Name: %-8s   Scores: ",s[j].sno, s[j].name);
        for (i=0; i<3; i++)
            printf("%6.2f ", s[j].score[i]);
        printf("\n");
    }
    fun(s, 4);
```

```
        printf("\n\nThe data after sorting :\n\n");
        for (j=0; j<4; j++)
        {    printf("\nNo: %ld   Name: %-8s    Scores: ",s[j].sno, s[j].name);
             for (i=0; i<3; i++)
                 printf("%6.2f ", s[j].score[i]);
             printf("\n");
        }
}
```

二、程序改错题

给定程序 MODI1.C 中函数 fun 的功能是在 p 所指字符串中找出 ASCII 码值最大的字符，将其放在第一个位置上；并将该字符前的原字符向后顺序移动。

例如，调用 fun 函数之前给字符串输入 GABCDeFGH，调用后字符串中的内容为 eGABCDFGH。

请改正程序中的错误，使它能得出正确结果。

注意： 不要改动 main 函数，不得增行或删行，也不得更改程序的结构。

给定源程序如下。

```
#include <stdio.h>
void fun( char *p )
{    char  max,*q;  int  i=0;
     max=p[i];
     q=p;
     while( p[i]!=0 )
     {   if( max<p[i] )
         {    max=p[i];
/*********found**********/
              q=p+i
         }
         i++;
     }
/*********found**********/
     wihle(  q>p )
     {   *q=*(q-1);
         q--;
     }
     p[0]=max;
}
main()
```

```
{    char  str[80];
     printf("Enter a string: "); gets(str);
     printf("\nThe original string:      "); puts(str);
     fun(str);
     printf("\nThe string after moving: "); puts(str);
     printf("\n\n");
}
```

三、程序设计题

学生的记录由学号和成绩组成，N 名学生的数据已在主函数中放入结构体数组 s 中，请编写函数 fun，它的功能是把指定分数范围内的学生数据放在 b 所指的数组中，分数范围内的学生人数由函数值返回。

例如，输入的分数是 60 69，则应当把分数在 60 到 69 的学生数据进行输出，包含 60 分和 69 分的学生数据。主函数中将把 60 放在 low 中，把 69 放在 heigh 中。

注意： 部分源程序存在文件 PROG1.C 中。

请勿改动主函数 main 和其他函数中的任何内容，仅在函数 fun 的花括号中填入编写的若干语句。

给定源程序如下。

```
#include <stdio.h>
#define  N  16
typedef  struct
{   char num[10];
    int  s;
} STREC;
int fun( STREC  *a,STREC *b,int l, int h )
{

}
main()
{    STREC  s[N]={{"GA005",85},{"GA003",76},
                  {"GA002",69},{"GA004",85},
                  {"GA001",96},{"GA007",72},
                  {"GA008",64},{"GA006",87},
                  {"GA015",85},{"GA013",94},
                  {"GA012",64},{"GA014",91},
                  {"GA011",90},{"GA017",64},
                  {"GA018",64},{"GA016",72}};
```

```
    STREC h[N],tt;FILE *out ;
    int i,j,n,low,heigh,t;
    printf("Enter 2 integer number low & heigh : ");
    scanf("%d%d", &low,&heigh);
    if ( heigh< low ){    t=heigh;heigh=low;low=t; }
    n=fun( s,h,low,heigh );
    printf("The student's data between %d--%d :\n",low,heigh);
        for(i=0;i<n; i++)
            printf("%s  %4d\n",h[i].num,h[i].s);
    printf("\n");
    out = fopen("c:\\test\\out.dat","w") ;
    n=fun( s,h,80,98 );
    fprintf(out,"%d\n",n);
    for(i=0;i<n-1;i++)
        for(j=i+1;j<n;j++)
            if(h[i].s>h[j].s)
                {tt=h[i] ;h[i]=h[j]; h[j]=tt;}
    for(i=0;i<n; i++)
        fprintf(out,"%4d\n",h[i].s);
    fprintf(out,"\n");
    fclose(out);
}
```

第40套 上机操作题

一、程序填空题

程序通过定义学生结构体变量，存储了学生的学号、姓名和三门课的成绩。所有学生数据均以二进制方式输出到student.dat文件中。函数fun的功能是从指定文件中找出指定学号的学生数据，读入此学生数据，对该生的分数进行修改，使每门课的分数加3分，修改后重写文件中该学生的数据，即用该学生的新数据覆盖原数据，其他学生数据不变；若找不到，则什么都不做。

请在程序的下划线处填入正确的内容并把下划线删除，使程序得出正确的结果。

注意：源程序存放在考生文件夹下的BLANK1.C中。

不得增行或删行，也不得更改程序的结构！

给定源程序如下。
```
#include  <stdio.h>
#define   N  5
typedef struct  student {
    long  sno;
    char  name[10];
    float  score[3];
} STU;
void fun(char  *filename, long  sno)
{    FILE *fp;
    STU  n;     int  i;
    fp = fopen(filename,"rb+");
/**********found**********/
    while (!feof( __1__ ))
    {   fread(&n, sizeof(STU), 1, fp);
/**********found**********/
        if (n.sno __2__ sno) break;
    }
    if (!feof(fp))
    {   for (i=0; i<3; i++) n.score[i] += 3;
/**********found**********/
        fseek( __3__ , -(long)sizeof(STU), SEEK_CUR);
        fwrite(&n, sizeof(STU), 1, fp);
    }
    fclose(fp);
}
main()
{    STU  t[N]={{10001,"MaChao", 91, 92, 77},
        {10002,"CaoKai", 75, 60, 88},
        {10003,"LiSi", 85, 70, 78},
        {10004,"FangFang", 90, 82, 87},
        {10005,"ZhangSan", 95, 80, 88}}, ss[N];
    int i,j;    FILE *fp;
    fp = fopen("student.dat", "wb");
    fwrite(t, sizeof(STU), N, fp);
    fclose(fp);
    printf("\nThe original data :\n");
    fp = fopen("student.dat", "rb");
    fread(ss, sizeof(STU), N, fp);
    fclose(fp);
```

```
        for (j=0; j<N; j++)
        {   printf("\nNo: %ld  Name: %-8s    Scores: ",ss[j].sno, ss[j].name);
                for (i=0; i<3; i++)
                    printf("%6.2f ", ss[j].score[i]);
                printf("\n");
        }
        fun("student.dat", 10003);
        fp = fopen("student.dat", "rb");
        fread(ss, sizeof(STU), N, fp);
        fclose(fp);
        printf("\nThe data after modifing :\n");
        for (j=0; j<N; j++)
        {   printf("\nNo: %ld  Name: %-8s    Scores: ",ss[j].sno, ss[j].name);
                for (i=0; i<3; i++)
                    printf("%6.2f ", ss[j].score[i]);
                printf("\n");
        }
}
```

二、程序改错题

给定程序 MODI1.C 中函数 fun 的功能是：利用插入排序法对字符串中的字符按从小到大的顺序进行排序。插入法的基本算法是先对字符串中的头两个元素进行排序。然后把第三个字符插入到前两个字符中，插入后前三个字符依然有序；再把第四个字符插入到前三个字符中，……。待排序的字符串已在主函数中赋予。

请改正程序中的错误，使它能得出正确结果。

注意：不要改动 main 函数，不得增行或删行，也不得更改程序的结构。

给定源程序如下。

```
#include <stdio.h>
#include <string.h>
#define N 80
void insert(char *aa)
{   int i,j,n;   char ch;
/**********found**********/
        n=strlen[ aa ];
        for( i=1; i<n ;i++ ) {
/**********found**********/
            c=aa[i];
            j=i-1;
            while ((j>=0) && ( ch<aa[j] ))
            {   aa[j+1]=aa[j];
                j--;
            }
            aa[j+1]=ch;
        }
}
main( )
{   char a[N]="QWERTYUIOPASDFGHJKLMNBVCXZ";
    printf ("The original string :     %s\n", a);
    insert(a) ;
    printf("The string after sorting :  %s\n\n",a );
}
```

三、程序设计题

N 名学生的成绩已在主函数中放入一个带头结点的链表结构中，h 指向链表的头结点。请编写函数 fun，它的功能是找出学生的最高分，由函数值返回。

注意：部分源程序存在文件 PROG1.C 中。

请勿改动主函数 main 和其他函数中的任何内容，仅在函数 fun 的花括号中填入编写的若干语句。

给定源程序如下。

```
#include <stdio.h>
#include <stdlib.h>
#define  N  8
struct slist
{   double s;
    struct slist  *next;
};
typedef struct slist STREC;
double fun( STREC *h )
{

}
STREC * creat( double *s)
{   STREC *h,*p,*q;   int i=0;
    h=p=(STREC*)malloc(sizeof(STREC));p->s=0;
    while(i<N)
    {   q=(STREC*)malloc(sizeof(STREC));
```

```
            q->s=s[i]; i++; p->next=q; p=q;
        }
        p->next=0;
        return h;
}
void outlist( STREC *h)
{   STREC *p;
    p=h->next;  printf("head");
    do
    {   printf("->%2.0f",p->s);p=p->next;}
    while(p!=0);
    printf("\n\n");
}
main()
{   double s[N]={85,76,69,85,91,72,64,87}, max;
    STREC *h;
    h=creat( s );  outlist(h);
    max=fun( h );
    printf("max=%6.1f\n",max);
}
```

第41套 上机操作题

一、程序填空题

给定程序中，函数 fun 的功能是用函数指针指向要调用的函数，并进行调用。规定在 __2__ 处使 f 指向函数 f1，在 __3__ 处使 f 指向函数 f2。当调用正确时，程序输出 x1=5.000000, x2=3.000000, x1*x1+x1*x2=40.000000。

请在程序的下划线处填入正确的内容并把下划线删除，使程序得出正确的结果。

注意：源程序存放在考生文件夹下的 BLANK1.C 中。

不得增行或删行，也不得更改程序的结构！
给定源程序如下。
```
#include <stdio.h>
double f1(double x)
{   return x*x; }
double f2(double x, double y)
{   return x*y; }
double fun(double a, double b)
{
/**********found**********/
     __1__ (*f)();
    double r1, r2;
/**********found**********/
    f = __2__ ; /* point fountion f1 */
    r1 = f(a);
/**********found**********/
    f = __3__ ; /* point fountion f2 */
    r2 = (*f)(a, b);
    return r1 + r2;
}
main()
{   double x1=5, x2=3, r;
    r = fun(x1, x2);
    printf("\nx1=%f, x2=%f, x1*x1+x1*x2=%f\n",x1, x2, r);
}
```

二、程序改错题

给定程序 MODI1.C 是建立一个带头结点的单向链表，并用随机函数为各结点赋值。函数 fun 的功能是将单向链表结点（不包括头结点）数据域为偶数的值累加起来，并且作为函数值返回。

请改正函数 fun 中指定部位的错误，使它能得出正确的结果。

注意：不要改动 main 函数，不得增行或删行，也不得更改程序的结构！

给定源程序如下。
```
#include <stdio.h>
#include <stdlib.h>
typedef struct aa
{   int data; struct aa *next; }NODE;
int fun(NODE *h)
{   int sum = 0 ;
    NODE *p;
/**********found**********/
    p=h;
    while(p)
    {   if(p->data%2==0)
            sum +=p->data;
```

```
/**********found**********/
        p=h->next;
    }
    return sum;
}
NODE *creatlink(int n)
{   NODE *h, *p, *s;
    int i;
    h=p=(NODE *)malloc(sizeof(NODE));
    for(i=1; i<=n; i++)
    {   s=(NODE *)malloc(sizeof(NODE));
        s->data=rand()%16;
        s->next=p->next;
        p->next=s;
        p=p->next;
    }
    p->next=NULL;
    return h;
}
void outlink(NODE *h, FILE *pf)
{   NODE *p;
    p = h->next;
    fprintf(pf ,"\n\nTHE  LIST :\n\n  HEAD " );
    while(p)
    {   fprintf(pf ,"->%d ",p->data ); p=p->next;
    }
    fprintf (pf,"\n");
}
void outresult(int s, FILE *pf)
{   fprintf(pf,"\nThe sum of even numbers : %d\n",s);}
main()
{   NODE *head;   int even;
    head=creatlink(12);
    head->data=9000;
    outlink(head , stdout);
    even=fun(head);
    printf("\nThe result :\n");
    outresult(even, stdout);
}
```

三、程序设计题

请编写函数 fun，函数的功能是判断字符串是否为回文？若是，函数返回 1，主函数中输出 YES，否则返回 0，主函数中输出 NO。回文是指顺读和倒读都一样的字符串。

例如，字符串 LEVEL 是回文，而字符串 123312 就不是回文。

注意：部分源程序存在文件 PROG1.C 中。

请勿改动主函数 main 和其他函数中的任何内容，仅在函数 fun 的花括号中填入编写的若干语句。

给定源程序如下。

```
#include <stdio.h>
#include <string.h>
#define N 80
int fun(char *str)
{

}
main()
{   char s[N];
    printf("Enter a string: ") ; gets(s) ;
    printf("\n\n") ; puts(s) ;
    if(fun(s)) printf("YES\n") ;
    else    printf("NO\n") ;
}
```

第42套 上机操作题

一、程序填空题

给定程序中，函数 fun 的功能是将带头结点的单向链表结点数据域中的数据从小到大排序。即若原链表结点数据域从头至尾的数据为 10、4、2、8、6，排序后链表结点数据域从头至尾的数据为 2、4、6、8、10。

请在程序的下划线处填入正确的内容并把下划线删除，使程序得出正确的结果。

注意：源程序存放在考生文件夹下的 BLANK1.C 中。

不得增行或删行，也不得更改程序的结构！

给定源程序如下。
```c
#include <stdio.h>
#include <stdlib.h>
#define  N  6
typedef struct node {
    int  data;
    struct node *next;
} NODE;
void fun(NODE *h)
{   NODE *p, *q;  int t;
/**********found**********/
    p = ___1___ ;
    while (p) {
/**********found**********/
        q = ___2___ ;
        while (q) {
/**********found**********/
            if (p->data ___3___ q->data)
            {  t = p->data;  p->data = q->data;  q->data = t; }
            q = q->next;
        }
        p = p->next;
    }
}
NODE *creatlist(int a[])
{   NODE *h,*p,*q;    int i;
    h = (NODE *)malloc(sizeof(NODE));
    h->next = NULL;
    for(i=0; i<N; i++)
    {   q=(NODE *)malloc(sizeof(NODE));
        q->data=a[i];
        q->next = NULL;
        if (h->next == NULL)  h->next = p = q;
        else  {  p->next = q;  p = q;  }
    }
    return h;
}
void outlist(NODE *h)
{   NODE *p;
    p = h->next;
    if (p==NULL)  printf("The list is NULL!\n");
    else
    {   printf("\nHead ");
        do
        {   printf("->%d", p->data); p=p->next;
        }
        while(p!=NULL);
        printf("->End\n");
    }
}
main()
{   NODE *head;
    int  a[N]= {0, 10, 4, 2, 8, 6 };
    head=creatlist(a);
    printf("\nThe original list:\n");
    outlist(head);
    fun(head);
    printf("\nThe list after sorting :\n");
    outlist(head);
}
```

二、程序改错题

给定程序 MODI1.C 是建立一个带头结点的单向链表，并用随机函数为各结点数据域赋值。函数 fun 的作用是求出单向链表结点（不包括头结点）数据域中的最大值，并且作为函数值返回。

请改正函数 fun 中指定部位的错误，使它能得出正确的结果。

注意：不要改动 main 函数，不得增行或删行，也不得更改程序的结构！

给定源程序如下。
```c
#include <stdio.h>
#include <stdlib.h>
typedef  struct aa
{   int data;
    struct aa *next;
} NODE;
int fun ( NODE *h )
{   int max=-1;
    NODE *p;
/**********found**********/
    p=h ;
```

```
        while(p)
        {   if(p->data>max )
                max=p->data;
/**********found**********/
            p=h->next ;
        }
        return  max;
}
void  outresult(int  s, FILE  *pf)
{   fprintf(pf,"\nThe max in link : %d\n",s);}
NODE  *creatlink(int  n, int  m)
{   NODE  *h, *p, *s;
    int  i;
    h=p=(NODE *)malloc(sizeof(NODE));
    h->data=9999;
    for(i=1; i<=n; i++)
    {   s=(NODE *)malloc(sizeof(NODE));
        s->data=rand()%m;  s->next=p->next;
        p->next=s;      p=p->next;
    }
    p->next=NULL;
    return  h;
}
void  outlink(NODE  *h, FILE  *pf)
{   NODE  *p;
    p=h->next;
    fprintf(pf,"\nTHE  LIST :\n\n  HEAD ");
    while(p)
    {   fprintf(pf,"->%d ",p->data); p=p->next; }
        fprintf(pf,"\n");
    }
main()
{   NODE *head; int m;
    head=creatlink(12, 100);
    outlink(head , stdout);
    m=fun(head);
    printf("\nTHE  RESULT :\n");
    outresult(m, stdout);
}
```

三、程序设计题

请编写函数 fun，函数的功能是将 M 行 N 列的二维数组中的数据，按行的顺序依次放到一维数组中，一维数组中数据的个数存放在形参 n 所指的存储单元中。

例如，二维数组中的数据为

33 33 33 33
44 44 44 44
55 55 55 55

则一维数组中的内容应是

33 33 33 33 44 44 44 44 55 55 55 55。

注意： 部分源程序存在文件 PROG1.C 中。

请勿改动主函数 main 和其他函数中的任何内容，仅在函数 fun 的花括号中填入编写的若干语句。

给定源程序如下。

```
#include <stdio.h>
void fun(int  (*s)[10], int  *b, int *n, int mm, int nn)
{

}
main()
{   int w[10][10] = {{33,33,33,33},{44,44,44,44},{55,55,55,55}},i,j ;
    int a[100] = {0}, n = 0 ;
    printf("The matrix:\n") ;
    for(i = 0 ; i < 3 ; i++)
    {   for(j = 0 ; j < 4 ; j++) printf("%3d",w[i][j]) ;
        printf("\n") ;
    }
    fun(w, a, &n, 3, 4) ;
    printf("The A array:\n") ;
    for(i = 0 ; i < n ; i++) printf("%3d",a[i]);
    printf("\n\n") ;
}
```

第43套 上机操作题

一、程序填空题

给定程序中，函数 fun 的功能是将不带头结点的单向链表逆置，即若原链表中从头至尾结点数据域依次为 2、4、6、8、10，逆置后，从头至尾结点数据域依次为 10、8、6、4、2。

请在程序的下划线处填入正确的内容并把下划

线删除，使程序得出正确的结果。

注意：源程序存放在考生文件夹下的 BLANK1.C 中。

不得增行或删行，也不得更改程序的结构！

给定源程序如下。

```
#include <stdio.h>
#include <stdlib.h>
#define  N  5
typedef struct node {
    int  data;
    struct node  *next;
} NODE;
/**********found**********/
    __1__ * fun(NODE *h)
{   NODE *p, *q, *r;
    p = h;
    if (p == NULL)
        return NULL;
    q = p->next;
    p->next = NULL;
    while (q)
    {
/**********found**********/
        r = q-> __2__ ;
        q->next = p;
        p = q;
/**********found**********/
        q =  __3__ ;
    }
    return p;
}
NODE *creatlist(int a[])
{   NODE *h,*p,*q;    int i;
    h=NULL;
    for(i=0; i<N; i++)
    {   q=(NODE *)malloc(sizeof(NODE));
        q->data=a[i];
        q->next = NULL;
        if (h == NULL)  h = p = q;
        else  {  p->next = q;  p = q;  }
    }
    return h;
}
void outlist(NODE *h)
{   NODE *p;
    p=h;
    if (p==NULL)  printf("The list is NULL!\n");
    else
    {   printf("\nHead  ");
        do
        {   printf("->%d", p->data); p=p->next;
        }
        while(p!=NULL);
        printf("->End\n");
    }
}
main()
{   NODE *head;
    int  a[N]={2,4,6,8,10};
    head=creatlist(a);
    printf("\nThe original list:\n");
    outlist(head);
    head=fun(head);
    printf("\nThe list after inverting :\n");
    outlist(head);
}
```

二、程序改错题

给定程序 MODI1.C 中函数 fun 的功能是将 s 所指字符串中位于奇数位置的字符或 ASCII 码为偶数的字符放入 t 所指数组中（规定第一个字符放在第 0 位中）。

例如，字符串中的数据为 AABBCCDDEEFF，则输出应当是 ABBCDDEFF。

请改正函数 fun 中指定部位的错误，使它能得出正确的结果。

注意：不要改动 main 函数，不得增行或删行，也不得更改程序的结构！

给定源程序如下。

```
#include <stdio.h>
#include <string.h>
#define  N  80
void fun(char *s, char t[])
```

```
{   int  i, j=0;
    for(i=0; i<(int)strlen(s); i++)
/***********found**********/
    if(i%2 && s[i]%2==0)
        t[j++]=s[i];
/***********found**********/
    t[i]='\0';
}
main()
{   char  s[N], t[N];
    printf("\nPlease enter string s : "); gets(s);
    fun(s, t);
    printf("\nThe result is : %s\n",t);
}
```

三、程序设计题

请编写函数 fun，函数的功能是将 M 行 N 列的二维数组中的数据，按列的顺序依次放到一维数组中。函数 fun 中给出的语句仅供参考。

例如，二维数组中的数据为

33 33 33 33
44 44 44 44
55 55 55 55

则一维数组中的内容应是

33 44 55 33 44 55 33 44 55 33 44 55。

注意：部分源程序存在文件 PROG1.C 中。

请勿改动主函数 main 和其他函数中的任何内容，仅在函数 fun 的花括号中填入编写的若干语句。

给定源程序如下。

```
#include <stdio.h>
void fun(int s[][10], int b[], int *n, int mm, int nn)
{
    /* 以下代码仅供参考 */
    int i,j,np=0;   /* np 用作 b 数组下标 */

    *n=np;
}
main()
{   int w[10][10]={{33,33,33,33},{44,44,44,44},{55,55,55,55}},i,j;
    int  a[100]={0}, n=0;
    printf("The matrix:\n");
    for(i=0; i<3; i++)
    {   for(j=0;j<4; j++)printf("%3d",w[i][j]);
        printf("\n");
    }
    fun(w,a,&n,3,4);
    printf("The A array:\n");
    for(i=0;i<n;i++)printf("%3d",a[i]);
    printf("\n\n");
}
```

第44套 上机操作题

一、程序填空题

给定程序中，函数 fun 的功能是将带头结点的单向链表逆置，即若原链表中从头至尾结点数据域依次为 2、4、6、8、10，逆置后，从头至尾结点数据域依次为 10、8、6、4、2。

请在程序的下划线处填入正确的内容并把下划线删除，使程序得出正确的结果。

注意：源程序存放在考生文件夹下的 BLANK1.C 中。

不得增行或删行，也不得更改程序的结构！
给定源程序如下。

```
#include  <stdio.h>
#include  <stdlib.h>
#define   N   5
typedef struct node {
    int  data;
    struct node  *next;
} NODE;
void fun(NODE  *h)
{    NODE  *p, *q, *r;
/**********found**********/
    p = h->___1___;
/**********found**********/
    if (p==___2___) return;
    q = p->next;
    p->next = NULL;
    while (q)
    {   r = q->next;   q->next = p;
/**********found**********/
```

```
            p = q;      q = __3__;
        }
        h->next = p;
}
NODE *creatlist(int a[])
{   NODE *h,*p,*q;     int i;
    h = (NODE *)malloc(sizeof(NODE));
    h->next = NULL;
    for(i=0; i<N; i++)
    {   q=(NODE *)malloc(sizeof(NODE));
        q->data=a[i];
        q->next = NULL;
        if (h->next == NULL)  h->next = p = q;
        else   {   p->next = q; p = q;  }
    }
    return  h;
}
void outlist(NODE *h)
{   NODE *p;
    p = h->next;
    if (p==NULL) printf("The list is NULL!\n");
    else
    {   printf("\nHead  ");
        do
        {   printf("->%d", p->data); p=p->next;
        }
        while(p!=NULL);
        printf("->End\n");
    }
}
main()
{   NODE *head;
    int a[N]={2,4,6,8,10};
    head=creatlist(a);
    printf("\nThe original list:\n");
    outlist(head);
    fun(head);
    printf("\nThe list after inverting :\n");
    outlist(head);
}
```

二、程序改错题

给定程序 MODI1.C 中函数 fun 的功能是计算 s 所指字符串中含有 t 所指字符串的数目,并作为函数值返回。

请改正函数 fun 中指定部位的错误,使它能得出正确的结果。

注意:不要改动 main 函数,不得增行或删行,也不得更改程序的结构!

给定源程序如下。

```
#include <stdio.h>
#include <string.h>
#define  N   80
int  fun(char *s, char *t)
{   int n;
    char *p , *r;
    n=0;
    while ( *s )
    {   p=s;
/*********found**********/
        r=p;
        while(*r)
            if(*r==*p) {   r++; p++; }
            else  break;
/*********found**********/
        if(*r= 0)
            n++;
        s++;
    }
    return  n;
}
main()
{   char a[N],b[N];   int  m;
    printf("\nPlease enter string a : "); gets(a);
    printf("\nPlease enter substring b : "); gets( b );
    m=fun(a, b);
    printf("\nThe result is :  m = %d\n",m);
}
```

三、程序设计题

请编写函数 fun,函数的功能是将放在字符串数组中的 M 个字符串(每串的长度不超过 N),按顺序合并组成一个新的字符串。函数 fun 中给出的语句仅供参考。

例如，字符串数组中的 M 个字符串为
  AAAA
  BBBBBBB
  CC
则合并后的字符串的内容应是 AAAABBBBBBBCC。

提示：strcat(a,b) 的功能是将字符串 b 复制到字符串 a 的串尾上，成为一个新串。

注意：部分源程序存在文件 PROG1.C 中。

请勿改动主函数 main 和其他函数中的任何内容，仅在函数 fun 的花括号中填入编写的若干语句。

给定源程序如下：

```
#include <stdio.h>
#include <string.h>
#define  M  3
#define  N  20
void fun(char a[M][N], char *b)
{
    /* 以下代码仅供参考 */
    int i; *b=0;


}
main()
{   char w[M][N]={"AAAA","BBBBBBB","CC"}, a[100];
    int i;
    printf("The string:\n");
    for(i=0; i<M; i++)puts(w[i]);
    printf("\n");
    fun(w,a);
    printf("The A string:\n");
    printf("%s",a);printf("\n\n");
}
```

第45套 上机操作题

一、程序填空题

给定程序中，函数 fun 的功能是将不带头结点的单向链表结点数据域中的数据从小到大排序，即若原链表结点数据域从头至尾的数据为 10、4、2、8、6，排序后链表结点数据域从头至尾的数据为 2、4、6、8、10。

请在程序的下划线处填入正确的内容并把下划线删除，使程序得出正确的结果。

注意：源程序存放在考生文件夹下的 BLANK1.C 中。

不得增行或删行，也不得更改程序的结构！

给定源程序如下：

```
#include <stdio.h>
#include <stdlib.h>
#define  N  6
typedef struct node {
    int  data;
    struct node *next;
} NODE;
void fun(NODE *h)
{   NODE *p, *q;  int t;
    p = h;
    while (p) {
/**********found**********/
        q =   1   ;
/**********found**********/
        while (  2  )
        {   if (p->data > q->data)
            {   t = p->data; p->data = q->data;
                q->data = t; }
            q = q->next;
        }
/**********found**********/
        p =   3   ;
    }
}
NODE *creatlist(int a[])
{   NODE *h,*p,*q;   int i;
    h=NULL;
    for(i=0; i<N; i++)
    {   q=(NODE *)malloc(sizeof(NODE));
        q->data=a[i];
        q->next = NULL;
        if (h == NULL)  h = p = q;
```

```
            else   {  p->next = q;  p = q; }
        }
        return h;
}
void outlist(NODE *h)
{   NODE *p;
    p=h;
    if (p==NULL) printf("The list is NULL!\n");
    else
    {  printf("\nHead  ");
        do
        {  printf("->%d", p->data); p=p->next;
        }
        while(p!=NULL);
        printf("->End\n");
    }
}
main()
{   NODE *head;
    int a[N]= {0, 10, 4, 2, 8, 6 };
    head=creatlist(a);
    printf("\nThe original list:\n");
    outlist(head);
    fun(head);
    printf("\nThe list after inverting :\n");
    outlist(head);
}
```

二、程序改错题

给定程序 MODI1.C 中函数 fun 的功能是将 s 所指字符串中的字母转换为按字母序列的后续字母（Z 转换为 A，z 转换为 a），其他字符不变。

请改正函数 fun 中指定部位的错误，使它能得出正确的结果。

注意：不要改动 main 函数，不得增行或删行，也不得更改程序的结构！

给定源程序如下。

```
#include <stdio.h>
#include <ctype.h>
void fun (char *s)
{
/**********found**********/
        while(*s!='@')
        {  if(*s>='A' && *s<='Z' || *s>='a' && *s<='z')
            {  if(*s=='Z') *s='A';
                else if(*s=='z') *s='a';
                else        *s += 1;
            }
/**********found**********/
            (*s)++;
        }
}
main()
{   char s[80];
    printf("\n Enter a string with length < 80.  :\n\n "); gets(s);
    printf("\n The string : \n\n "); puts(s);
    fun ( s );
    printf ("\n\n The Cords :\n\n "); puts(s);
}
```

三、程序设计题

请编写函数 fun，函数的功能是移动一维数组中的内容；若数组中有 n 个整数，要求把下标从 0 到 p（含 p，p 小于等于 n-1）的数组元素平移到数组的最后。

例如，一维数组中的原始内容为 1,2,3,4,5,6,7,8,9,10；p 的值为 3。移动后，一维数组中的内容应为 5,6,7,8,9,10,1,2,3,4。

注意：部分源程序存在文件 PROG1.C 中。

请勿改动主函数 main 和其他函数中的任何内容，仅在函数 fun 的花括号中填入编写的若干语句。

给定源程序如下。

```
#include <stdio.h>
#define   N  80
void fun(int *w, int p, int n)
{

}
main()
{   int a[N]={1,2,3,4,5,6,7,8,9,10,11,12,13,14,15};
    int i,p,n=15;
```

```
        printf("The original data:\n");
        for(i=0; i<n; i++)printf("%3d",a[i]);
        printf("\n\nEnter p: ");scanf("%d",&p);
        fun(a,p,n);
        printf("\nThe data after moving:\n");
        for(i=0; i<n; i++)printf("%3d",a[i]);
        printf("\n\n");
}
```

第46套 上机操作题

一、程序填空题

给定程序中，函数 fun 的功能是根据形参 i 的值返回某个函数的值。当调用正确时，程序输出：

x1=5.000000，x2=3.000000，x1*x1+x1*x2=40.000000

请在程序的下划线处填入正确的内容并把下划线删除，使程序得出正确的结果。

注意：源程序存放在考生文件夹下的 BLANK1.C 中。

不得增行或删行，也不得更改程序的结构！

给定源程序如下。

```
#include <stdio.h>
double f1(double x)
{   return x*x; }
double f2(double x, double y)
{   return x*y; }
/**********found**********/
   __1__ fun(int i, double x, double y)
{   if (i==1)
/**********found**********/
        return __2__ (x);
    else
/**********found**********/
        return __3__ (x, y);
}
main()
{   double x1=5, x2=3, r;
    r = fun(1, x1, x2);
    r += fun(2, x1, x2);
    printf("\nx1=%f, x2=%f, x1*x1+x1*x2=%f\n",x1, x2, r);
}
```

二、程序改错题

给定程序 MODI1.C 中函数 fun 的功能是比较两个字符串，将长的那个字符串的首地址作为函数值返回。

请改正函数 fun 中指定部位的错误，使它能得出正确的结果。

注意：不要改动 main 函数，不得增行或删行，也不得更改程序的结构！

给定源程序如下。

```
#include <stdio.h>
/**********found**********/
char fun(char *s, char *t)
{   int sl=0,tl=0;   char *ss, *tt;
    ss=s;   tt=t;
    while(*ss)
    {   sl++;
/**********found**********/
        (*ss)++;
    }
    while(*tt)
    {   tl++;
/**********found**********/
        (*tt)++;
    }
    if(tl>sl) return t;
    else    return s;
}
main()
{   char a[80],b[80];
    printf("\nEnter a string : "); gets(a);
    printf("\nEnter a string again : "); gets(b);
    printf("\nThe longer is :\n\n\"%s\"\n",fun(a,b));
}
```

三、程序设计题

请编写函数 fun，函数的功能是移动字符串中的内容，移动的规则如下：把第 1 到第 m 个字符，平移到字符串的最后，把第 m+1 到最后的字符移到字符串的前部。

例如，字符串中原有的内容为 ABCDEFGHIJK，m 的值为 3，则移动后，字符串中的内容应该是 DEFGHIJKABC。

注意：部分源程序存在文件 PROG1.C 中。

请勿改动主函数 main 和其他函数中的任何内容，仅在函数 fun 的花括号中填入编写的若干语句。

给定源程序如下。

```
#include <stdio.h>
#include <string.h>
#define   N   80
void fun1(char *w)  /* 本函数的功能是将字符串中字符循环左移一个位置 */
{
    int i; char t;
    t=w[0];
    for(i=0;i<(int)strlen(w)-1;i++)
        w[i]=w[i+1];
    w[strlen(w)-1]=t;
}
void fun(char *w, int m)  /* 可调用 fun1 函数左移字符 */
{

}
main()
{   char a[N]= "ABCDEFGHIJK";
    int m;
    printf("The original string:\n");puts(a);
    printf("\n\nEnter m: ");scanf("%d",&m);
    fun(a,m);
    printf("\nThe string after moving:\n");puts(a);
    printf("\n\n");
}
```

第47套 上机操作题

一、程序填空题

给定程序中，函数 fun 的功能是将形参给定的字符串、整数、浮点数写到文本文件中，再用字符方式从此文本文件中逐个读入并显示在终端屏幕上。

请在程序的下划线处填入正确的内容并把下划线删除，使程序得出正确的结果。

注意：源程序存放在考生文件夹下的 BLANK1.C 中。

不得增行或删行，也不得更改程序的结构！

给定源程序如下。

```
#include <stdio.h>
void fun(char *s, int a, double f)
{
/**********found**********/
    ___1___ fp;
    char  ch;
    fp = fopen("file1.txt", "w");
    fprintf(fp, "%s %d %f\n", s, a, f);
    fclose(fp);
    fp = fopen("file1.txt", "r");
    printf("\nThe result :\n\n");
    ch = fgetc(fp);
/**********found**********/
    while (!feof(___2___)) {
/**********found**********/
        putchar(___3___); ch = fgetc(fp); }
    putchar('\n');
    fclose(fp);
}
main()
{   char a[10]="Hello!";   int b=12345;
    double  c= 98.76;
    fun(a,b,c);
}
```

二、程序改错题

给定程序 MODI1.C 中函数 fun 的功能是依次取出字符串中所有数字字符，形成新的字符串，并取代原字符串。

请改正函数 fun 中指定部位的错误，使它能得出正确的结果。

注意：不要改动 main 函数，不得增行或删行，也不得更改程序的结构！

给定源程序如下。

```
#include <stdio.h>
```

```
void fun(char *s)
{   int i,j;
    for(i=0,j=0; s[i]!='\0'; i++)
        if(s[i]>='0' && s[i]<='9')
/**********found**********/
            s[j]=s[i];
/**********found**********/
    s[j]="\0";
}
main()
{   char item[80];
    printf("\nEnter a string : ");gets(item);
    printf("\n\nThe string is : \"%s\"\n",item);
    fun(item);
    printf("\n\nThe string of changing is  : \"%s\"\n",item );
}
```

三、程序设计题

请编写函数 fun，函数的功能是将 M 行 N 列的二维数组中的字符数据，按列的顺序依次放到一个字符串中。

例如，二维数组中的数据为
```
W W W W
S S S S
H H H H
```
则字符串中的内容应是：WSHWSHWSHWSH。

注意：部分源程序存在文件 PROG1.C 中。

请勿改动主函数 main 和其他函数中的任何内容，仅在函数 fun 的花括号中填入编写的若干语句。

给定源程序如下。
```
#include <stdio.h>
#define  M  3
#define  N  4
void fun(char s[][N], char *b)
{
    int i,j,n=0;
    for(i=0; i < N;i++)  /* 请填写相应语句完成其功能 */
    {
```

```
    }
    b[n]='\0';
}
main()
{   char a[100],w[M][N]={{'W','W','W','W'},{'S','S','S','S'},{'H','H','H','H'}};
    int i,j;
    printf("The matrix:\n");
    for(i=0; i<M; i++)
    {   for(j=0;j<N; j++)printf("%3c",w[i][j]);
        printf("\n");
    }
    fun(w,a);
    printf("The A string:\n");puts(a);
    printf("\n\n");
}
```

第48套 上机操作题

一、程序填空题

给定程序中，函数 fun 的功能是将参数给定的字符串、整数、浮点数写到文本文件中，再用字符串方式从此文本文件中逐个读入，并调用库函数 atoi 和 atof 将字符串转换成相应的整数、浮点数，然后将其显示在屏幕上。

请在程序的下划线处填入正确的内容并把下划线删除，使程序得出正确的结果。

注意：源程序存放在考生文件夹下的 BLANK1.C 中。

不得增行或删行，也不得更改程序的结构！

给定源程序如下。
```
#include <stdio.h>
#include <stdlib.h>
void fun(char *s, int a, double f)
{
/**********found**********/
    __1__  fp;
    char str[100], str1[100], str2[100];
    int a1;   double f1;
    fp = fopen("file1.txt", "w");
    fprintf(fp, "%s %d %f\n", s, a, f);
```

```
/**********found**********/
    __2__ ;
    fp = fopen("file1.txt", "r");
/**********found**********/
    fscanf(__3__,"%s%s%s", str, str1, str2);
    fclose(fp);
    a1 = atoi(str1);
    f1 = atof(str2);
    printf("\nThe result :\n\n%s %d %f\n", str, a1, f1);
}
main()
{   char a[10]="Hello!";   int b=12345;
    double c= 98.76;
    fun(a,b,c);
}
```

二、程序改错题

给定程序 MODI1.C 中函数 fun 的功能是对 N 名学生的学习成绩，按从高到低的顺序找出前 m（m ≤ 10）名学生来，并将这些学生数据存放在一个动态分配的连续存储区中，此存储区的首地址作为函数值返回。

请改正函数 fun 中指定部位的错误，使它能得出正确的结果。

注意：不要改动 main 函数，不得增行或删行，也不得更改程序的结构！

给定源程序如下。

```
#include <stdio.h>
#include <stdlib.h>
#include <string.h>
#define   N  10
typedef struct ss
{   char num[10];
    int s;
} STU;
STU *fun(STU a[], int m)
{   STU b[N], *t;
    int i,j,k;
/**********found**********/
    t=(STU *)calloc(sizeof(STU),m);
    for(i=0; i<N; i++)  b[i]=a[i];
    for(k=0; k<m; k++)
    {   for(i=j=0; i<N; i++)
            if(b[i].s > b[j].s)  j=i;
/**********found**********/
        t(k)=b(j);
        b[j].s=0;
    }
    return  t;
}
void outresult(STU a[], FILE *pf)
{   int  i;
    for(i=0; i<N; i++)
        fprintf(pf,"No = %s   Mark = %d\n", a[i].num,a[i].s);
    fprintf(pf,"\n\n");
}
main()
{   STU  a[N]={{"A01",81},{"A02",89},{"A03",66},{"A04",87},{"A05",77},{"A06",90},{"A07",79},{"A08",61},{"A09",80},{"A10",71} };
    STU *pOrder;
    int  i, m;
    printf("***** The Original data *****\n");
    outresult(a, stdout);
    printf("\nGive the number of the students who have better score: ");
    scanf("%d",&m);
    while( m>10 )
    {   printf("\nGive the number of the students who have better score: ");
        scanf("%d",&m);
    }
    pOrder=fun(a,m);
    printf("***** THE RESULT *****\n");
    printf("The top  :\n");
    for(i=0; i<m; i++)
        printf("   %s     %d\n",pOrder[i].num , pOrder[i].s);
    free(pOrder);
}
```

三、程序设计题

请编写函数 fun，函数的功能是删去一维数组中所有相同的数，使之只剩一个。数组中的数已按由小到大的顺序排列，函数返回删除后数组中数据的个数。

例如，一维数组中的数据是 2 2 2 3 4 4 5 6 6 6 7 7 8 9 9 10 10 10。删除后，数组中的内容应该是 2 3 4 5 6 7 8 9 10。

注意：部分源程序存在文件 PROG1.C 中。

请勿改动主函数 main 和其他函数中的任何内容，仅在函数 fun 的花括号中填入编写的若干语句。

给定源程序如下：
```
#include <stdio.h>
#define N 80
int fun(int a[], int n)
{


}
main()
{   int a[N]={2,2,2,3,4,4,5,6,6,6,7,7,8,9,9,10,10,10},i,n=20;
    printf("The original data :\n");
    for(i=0; i<n; i++)printf("%3d",a[i]);
    n=fun(a,n);
    printf("\n\nThe data after deleted :\n");
    for(i=0;i<n;i++)printf("%3d",a[i]);
    printf("\n\n");
}
```

第49套 上机操作题

一、程序填空题

程序通过定义学生结构体变量，存储了学生的学号、姓名和三门课的成绩。所有学生数据均以二进制方式输出到文件中。函数 fun 的功能是从形参 filename 所指的文件中读入学生数据，并按照学号从小到大排序后，再用二进制方式把排序后的学生数据输出到 filename 所指的文件中，覆盖原来的文件内容。

请在程序的下划线处填入正确的内容并把下划线删除，使程序得出正确的结果。

注意：源程序存放在考生文件夹下的 BLANK1.C 中。

不得增行或删行，也不得更改程序的结构！

给定源程序如下：
```
#include <stdio.h>
#define N 5
typedef struct student {
    long sno;
    char name[10];
    float score[3];
} STU;
void fun(char *filename)
{   FILE *fp;    int i, j;
    STU s[N], t;
/**********found**********/
    fp = fopen(filename, ___1___);
    fread(s, sizeof(STU), N, fp);
    fclose(fp);
    for (i=0; i<N-1; i++)
        for (j=i+1; j<N; j++)
/**********found**********/
            if (s[i].sno ___2___ s[j].sno)
            {  t = s[i];  s[i] = s[j];  s[j] = t;  }
    fp = fopen(filename, "wb");
/**********found**********/
    ___3___ (s, sizeof(STU), N, fp); /* 二进制输出 */
    fclose(fp);
}
main()
{   STU t[N]={{10005,"ZhangSan", 95, 80, 88},
            {10003,"LiSi", 85, 70, 78},
            {10002,"CaoKai", 75, 60, 88},
            {10004,"FangFang", 90, 82, 87},
            {10001,"MaChao", 91, 92, 77}}, ss[N];
    int i,j;      FILE *fp;
    fp = fopen("student.dat", "wb");
    fwrite(t, sizeof(STU), 5, fp);
    fclose(fp);
    printf("\n\nThe original data :\n\n");
```

```
            for (j=0; j<N; j++)
            {   printf("\nNo: %ld  Name: %-8s    Scores: ",t[j].sno, t[j].name);
                for (i=0; i<3; i++)
                    printf("%6.2f ", t[j].score[i]);
                printf("\n");
            }
            fun("student.dat");
            printf("\n\nThe data after sorting :\n\n");
            fp = fopen("student.dat", "rb");
            fread(ss, sizeof(STU), 5, fp);
            fclose(fp);
            for (j=0; j<N; j++)
            {   printf("\nNo: %ld  Name: %-8s    Scores: ",ss[j].sno, ss[j].name);
                for (i=0; i<3; i++)
                    printf("%6.2f ", ss[j].score[i]);
                printf("\n");
            }
}
```

二、程序改错题

给定程序 MODI1.C 中函数 fun 的功能是在字符串的最前端加入 n 个 * 号，形成新串，并且覆盖原串。

注意： 字符串的长度最长允许为 79。

请改正函数 fun 中指定部位的错误，使它能得出正确的结果。

注意： 不要改动 main 函数，不得增行或删行，也不得更改程序的结构！

给定源程序如下。

```
#include <stdio.h>
#include <string.h>
void fun ( char s[], int n )
{
    char a[80] , *p;
    int  i;
/**********found**********/
    s=p;
    for(i=0; i<n; i++) a[i]='*';
    do
    { a[i]=*p;
      i++;
    }
/**********found**********/
    while(*p++)
    a[i]=0;
    strcpy(s,a);
}
main()
{   int n;     char s[80];
    printf("\nEnter a string : "); gets(s);
    printf("\nThe string \"%s\"\n",s);
    printf("\nEnter n ( number of * ) : ");
    scanf("%d",&n);
    fun(s,n);
    printf("\nThe string after insert : \"%s\" \n" ,s);
}
```

三、程序设计题

请编写函数 fun，函数的功能是统计各年龄段的人数。N 个年龄通过调用随机函数获得，并放在主函数的 age 数组中；要求函数把 0 至 9 岁年龄段的人数放在 d[0] 中，把 10 至 19 岁年龄段的人数放在 d[1] 中，把 20~29 岁年龄段的人数放在 d[2] 中，其余依此类推，把 100 岁（含 100) 以上年龄的人数都放在 d[10] 中。结果在主函数中输出。

注意： 部分源程序存在文件 PROG1.C 中。

请勿改动主函数 main 和其他函数中的任何内容，仅在函数 fun 的花括号中填入编写的若干语句。

给定源程序如下。

```
#include <stdio.h>
#define  N  50
#define  M  11
void fun( int *a, int *b)
{

}
double rnd()
{   static t=29,c=217,m=1024,r=0;
    r=(r*t+c)%m; return((double)r/m);
}
main()
```

```
{   int age[N], i, d[M];
    for(i=0; i<N;i++)age[i]=(int)(115*rnd());
    printf("The original data :\n");
    for(i=0;i<N;i++) printf((i+1)%10==0?"%4d\n":"%4d",age[i]);
    printf("\n\n");
    fun( age, d);
    for(i=0;i<10;i++)printf("%4d---%4d : %4d\n",i*10,i*10+9,d[i]);
    printf(" Over 100 : %4d\n",d[10]);
}
```

第50套 上机操作题

一、程序填空题

程序通过定义学生结构体变量，存储了学生的学号、姓名和三门课的成绩。所有学生数据均以二进制方式输出到文件中。函数 fun 的功能是重写形参 filename 所指文件中最后一个学生的数据，即用新的学生数据覆盖该学生原来的数据，其他学生的数据不变。

请在程序的下划线处填入正确的内容并把下划线删除，使程序得出正确的结果。

注意：源程序存放在考生文件夹下的 BLANK1.C 中。

不得增行或删行，也不得更改程序的结构！

给定源程序如下。

```
#include <stdio.h>
#define N 5
typedef struct student {
    long sno;
    char name[10];
    float score[3];
} STU;
void fun(char *filename, STU n)
{   FILE *fp;
/**********found**********/
    fp = fopen(__1__, "rb+");
/**********found**********/
    fseek(__2__, -(long)sizeof(STU), SEEK_END);
/**********found**********/
    fwrite(&n, sizeof(STU), 1, __3__);
    fclose(fp);
}
main()
{   STU t[N]={{10001,"MaChao", 91, 92, 77},
              {10002,"CaoKai", 75, 60, 88},
              {10003,"LiSi", 85, 70, 78},
              {10004,"FangFang", 90, 82, 87},
              {10005,"ZhangSan", 95, 80, 88}};
    STU n={10006,"ZhaoSi", 55, 70, 68}, ss[N];
    int i,j;    FILE *fp;
    fp = fopen("student.dat", "wb");
    fwrite(t, sizeof(STU), N, fp);
    fclose(fp);
    fp = fopen("student.dat", "rb");
    fread(ss, sizeof(STU), N, fp);
    fclose(fp);
    printf("\nThe original data :\n\n");
    for (j=0; j<N; j++)
    {   printf("\nNo: %ld  Name: %-8s   Scores: ",ss[j].sno, ss[j].name);
        for (i=0; i<3; i++)
            printf("%6.2f ", ss[j].score[i]);
        printf("\n");
    }
    fun("student.dat", n);
    printf("\nThe data after modifing :\n\n");
    fp = fopen("student.dat", "rb");
    fread(ss, sizeof(STU), N, fp);
    fclose(fp);
    for (j=0; j<N; j++)
    {   printf("\nNo: %ld  Name: %-8s   Scores: ",ss[j].sno, ss[j].name);
        for (i=0; i<3; i++)
            printf("%6.2f ", ss[j].score[i]);
        printf("\n");
    }
}
```

二、程序改错题

给定程序 MODI1.C 中的函数 Creatlink 的功能是

创建带头结点的单向链表，并为各结点数据域赋 0 到 m-1 的值。

请改正函数 Creatlink 中指定部位的错误，使它能得出正确的结果。

注意：不要改动 main 函数，不得增行或删行，也不得更改程序的结构！

给定源程序如下。

```c
#include <stdio.h>
#include <stdlib.h>
typedef struct aa
{   int data;
    struct aa *next;
} NODE;
NODE *Creatlink(int n, int m)
{   NODE *h=NULL, *p, *s;
    int i;
/**********found**********/
    p=(NODE )malloc(sizeof(NODE));
    h=p;
    p->next=NULL;
    for(i=1; i<=n; i++)
    {   s=(NODE *)malloc(sizeof(NODE));
        s->data=rand()%m;    s->next=p->next;
        p->next=s;           p=p->next;
    }
/**********found**********/
    return p;
}
void outlink(NODE *h)
{   NODE *p;
    p=h->next;
    printf("\n\nTHE LIST :\n\n HEAD ");
    while(p)
    {   printf("->%d ",p->data);
        p=p->next;
    }
    printf("\n");
}
main()
{   NODE *head;
    head=Creatlink(8,22);
    outlink(head);
}
```

三、程序设计题

请编写函数 fun，函数的功能是统计一行字符串中单词的个数，作为函数值返回。一行字符串在主函数中输入，规定所有单词由小写字母组成，单词之间由若干个空格隔开，一行的开始没有空格。

注意：部分源程序存在文件 PROG1.C 中。

请勿改动主函数 main 和其他函数中的任何内容，仅在函数 fun 的花括号中填入编写的若干语句。

给定源程序如下。

```c
#include <stdio.h>
#include <string.h>
#define N 80
int fun( char *s)
{

}
main()
{   char line[N];   int num=0;
    printf("Enter a string :\n"); gets(line);
    num=fun( line );
    printf("The number of word is : %d\n\n",num);
}
```

第51套 上机操作题

一、程序填空题

给定程序的功能是调用 fun 函数建立班级通讯录。通讯录中记录每位学生的编号、姓名和电话号码。班级的人数和学生的信息从键盘读入，每个人的信息作为一个数据块写到名为 myfile5.dat 的二进制文件中。

请在程序的下划线处填入正确的内容并把下划线删除，使程序得出正确的结果。

注意：源程序存放在考生文件夹下的 BLANK1.C 中。

不得增行或删行，也不得更改程序的结构！

给定源程序如下。

```c
#include  <stdio.h>
#include  <stdlib.h>
```

```
#define  N  5
typedef struct
{   int num;
    char name[10];
    char tel[10];
}STYPE;
void check();

/**********found**********/
int fun(___1___ *std)
{
/**********found**********/
    ___2___ *fp;   int i;
    if((fp=fopen("myfile5.dat","wb"))==NULL)
        return(0);
    printf("\nOutput data to file !\n");
    for(i=0; i<N; i++)
/**********found**********/
        fwrite(&std[i],
        sizeof(STYPE), 1, ___3___);
    fclose(fp);
    return ( 1 ) ;
}
main()
{   STYPE s[10]={{1,"aaaaa","111111"},
{1,"bbbbb","222222"},{1,"ccccc","333333"},
{1,"ddddd","444444"},{1,"eeeee","555555"}};
    int k;
    k=fun(s);
    if (k==1)
    {   printf("Succeed!"); check(); }
    else
        printf("Fail!");
}
void check()
{   FILE *fp;   int i;
    STYPE s[10];
    if((fp=fopen("myfile5.dat","rb"))==NULL)
    {   printf("Fail !!\n"); exit(0); }
    printf("\nRead file and output to screen :\n");
    printf("\n  num    name    tel\n");
    for(i=0; i<N; i++)
    {   fread(&s[i],sizeof(STYPE),1, fp);
        printf("%6d    %s    %s\n",s[i].num,s[i].name,s[i].tel);
    }
    fclose(fp);
}
```

二、程序改错题

给定程序 MODI1.C 中函数 fun 的功能是先将在字符串 s 中的字符按正序存放到 t 串中，然后把 s 中的字符按逆序连接到 t 串的后面。

例如：当 s 中的字符串为 "ABCDE" 时，则 t 中的字符串应为 "ABCDEEDCBA"。

请改正程序中的错误，使它能得出正确的结果。

注意：不要改动 main 函数，不得增行或删行，也不得更改程序的结构！

给定源程序如下。

```
#include <stdio.h>
#include <string.h>

void fun (char *s, char *t)
{   int i, sl;
    sl = strlen(s);
/************found************/
    for( i=0; i<=sl; i ++)
        t[i] = s[i];
    for (i=0; i<sl; i++)
        t[sl+i] = s[sl-i-1];
/************found************/
    t[sl] = '\0';
}
main()
{   char s[100], t[100];
    printf("\nPlease enter string s:"); scanf("%s", s);
    fun(s, t);
    printf("The result is: %s\n", t);
}
```

三、程序设计题

函数 fun 的功能是将两个两位数的正整数 a、b

合并形成一个整数放在 c 中。合并的方式是将 a 数的十位和个位数依次放在 c 数的千位和十位上，b 数的十位和个位数依次放在 c 数的百位和个位上。

例如，当 a = 45，b=12 时，调用该函数后，c=4152。

注意：部分源程序存在文件 PROG1.C 中。数据文件 IN.DAT 中的数据不得修改。

请勿改动主函数 main 和其他函数中的任何内容，仅在函数 fun 的花括号中填入你编写的若干语句。

给定源程序如下。

```
#include <stdio.h>
void fun(int a, int b, long *c)
{

}
main()
{   int a,b; long c;
    printf("Input a b:"); scanf("%d%d", &a, &b);
    fun(a, b, &c);
    printf("The result is: %d\n", c);
}
```

第52套 \ 上机操作题

一、程序填空题

给定程序的功能是从键盘输入若干行文本（每行不超过 80 个字符），写到文件 myfile4.txt 中，用 −1（独立一行）作为字符串输入结束的标志。然后将文件的内容读出显示在屏幕上。文件的读写分别由自定义函数 ReadText 和 WriteText 实现。

请在程序的下划线处填入正确的内容并把下划线删除，使程序得出正确的结果。

注意：源程序存放在考生文件夹下的 BLANK1.C 中。

不得增行或删行，也不得更改程序的结构！
给定源程序如下。

```
#include    <stdio.h>
#include    <string.h>
#include    <stdlib.h>
void WriteText(FILE *);
void ReadText(FILE *);
main()
{   FILE *fp;
    if((fp=fopen("myfile4.txt","w"))==NULL)
    {   printf(" open fail!!\n"); exit(0); }
    WriteText(fp);
    fclose(fp);
    if((fp=fopen("myfile4.txt","r"))==NULL)
    {   printf(" open fail!!\n"); exit(0); }
    ReadText(fp);
    fclose(fp);
}
/**********found**********/
void WriteText(FILE    1   )
{   char  str[81];
    printf("\nEnter string with −1 to end :\n");
    gets(str);
    while(strcmp(str,"−1")!=0) {
/**********found**********/
        fputs(_  2  _,fw); fputs("\n",fw);
        gets(str);
    }
}
void ReadText(FILE *fr)
{   char  str[81];
    printf("\nRead file and output to screen :\n");
    fgets(str,81,fr);
    while( !feof(fr) ) {
/**********found**********/
        printf("%s",  3   );
        fgets(str,81,fr);
    }
}
```

二、程序改错题

给定程序 MODI1.C 中函数 fun 的功能是从低位开始取出长整型变量 s 中奇数位上的数，依次构成一个新数放在 t 中。高位仍在高位，低位仍在低位。

例如，当 s 中的数为 7654321 时，t 中的数为 7531。

请改正程序中的错误，使它能得出正确的结果。

注意：不要改动main函数，不得增行或删行，也不得更改程序的结构！

给定源程序如下。

```c
#include <stdio.h>

/************found************/
void fun (long s, long t)
{   long  sl=10;
    *t = s % 10;
    while ( s > 0 )
    {   s = s/100;
        *t = s%10 * sl + *t;
/************found************/
        sl = sl*100;
    }
}
main()
{   long s, t;
    printf("\nPlease enter s:"); scanf("%ld", &s);
    fun(s, &t);
    printf("The result is: %ld\n", t);
}
```

三、程序设计题

学生的记录由学号和成绩组成，N名学生的数据已在主函数中放入结构体数组s中，请编写函数fun，它的功能是：把分数最低的学生数据放在b所指的数组中，分数最低的学生可能不止一个，函数返回分数最低的学生的人数。

注意：部分源程序存在文件PROG1.C中。

请勿改动主函数main和其他函数中的任何内容，仅在函数fun的花括号中填入编写的若干语句。

给定源程序如下。

```c
#include <stdio.h>
#define N 16
typedef struct
{  char num[10];
   int  s;
} STREC;
int fun( STREC *a, STREC *b )
{
```

```c
}
main()
{   STREC s[N]={{"GA05",85},{"GA03",76},
    {"GA02",69},{"GA04",85},{"GA01",91},
    {"GA07",72},{"GA08",64},{"GA06",87},
    {"GA015",85},{"GA013",91},{"GA012",64},
    {"GA014",91},{"GA011",91},{"GA017",64},
    {"GA018",64},{"GA016",72}};
    STREC h[N];
    int i,n;FILE *out ;
    n=fun( s,h );
    printf("The %d lowest score :\n",n);
    for(i=0;i<n; i++)
        printf("%s  %4d\n",h[i].num,h[i].s);
    printf("\n");
    out = fopen("c:\\test\\out.dat","w") ;
    fprintf(out, "%d\n",n);
    for(i=0;i<n; i++)
        fprintf(out, "%4d\n",h[i].s);
    fclose(out);
}
```

第53套 上机操作题

一、程序填空题

给定程序中，函数fun的功能是将自然数1~10以及它们的平方根写到名为myfile3.txt的文本文件中，然后顺序读出显示在屏幕上。

请在程序的下划线处填入正确的内容并把下划线删除，使程序得出正确的结果。

注意：源程序存放在考生文件夹下的BLANK1.C中。

不得增行或删行，也不得更改程序的结构！

给定源程序如下。

```c
#include   <math.h>
#include   <stdio.h>
int fun(char *fname )
{   FILE *fp;   int i,n;   float x;
    if((fp=fopen(fname, "w"))==NULL) return 0;
    for(i=1;i<=10;i++)
/**********found**********/
```

```
          fprintf(__1__,"%d %f\n",i,sqrt((double)i));
          printf("\nSucceed！！\n");
/**********found**********/
          __2__ ;
          printf("\nThe data in file :\n");
/**********found**********/
      if((fp=fopen(__3__,"r"))==NULL)
          return 0;
      fscanf(fp,"%d%f",&n,&x);
      while(!feof(fp))
      {   printf("%d %f\n",n,x);
          fscanf(fp,"%d%f",&n,&x); }
      fclose(fp);
      return 1;
}
main()
{   char fname[]="myfile3.txt";
    fun(fname);
}
```

二、程序改错题

给定程序 MODI1.C 中 fun 函数的功能是将 n 个无序整数从小到大排序。

请改正程序中的错误，使它能得出正确的结果。

注意：不要改动 main 函数，不得增行或删行，也不得更改程序的结构！

给定源程序如下。

```
#include <stdio.h>
#include <stdlib.h>
void fun ( int n, int *a )
{   int i, j, p, t;
    for ( j = 0; j<n-1 ; j++ )
    {   p = j;
/************found************/
        for ( i=j+1; i<n-1 ; i++ )
            if( a[p]>a[i] )
/************found************/
                t=i;
        if( p!=j )
        {   t = a[j]; a[j] = a[p]; a[p] = t; }
    }
}
```

```
void putarr( int n, int *z )
{   int i;
    for ( i = 1; i <= n; i++, z++ )
    {   printf( "%4d", *z );
        if ( !( i%10 ) ) printf( "\n" );
    }printf("\n");
}
main()
{   int aa[20]={9,3,0,4,1,2,5,6,8,10,7}, n=11;
    printf( "\n\nBefore sorting %d numbers:\n", n );
    putarr( n, aa );
    fun( n, aa );
    printf( "\nAfter sorting %d numbers:\n", n );
    putarr( n, aa );
}
```

三、程序设计题

函数 fun 的功能是：将两个两位数的正整数 a、b 合并形成一个整数放在 c 中。合并的方式是将 a 数的十位和个位数依次放在 c 数的个位和百位上，b 数的十位和个位数依次放在 c 数的十位和千位上。

例如，当 a=45，b=12 时，调用该函数后，c=2514。

注意：部分源程序存在文件 PROG1.C 中。数据文件 IN.DAT 中的数据不得修改。

请勿改动主函数 main 和其他函数中的任何内容，仅在函数 fun 的花括号中填入编写的若干语句。

给定源程序如下。

```
#include <stdio.h>
void fun(int a, int b, long *c)
{

}
main()
{   int a,b; long c;
    printf("Input a b:");
    scanf("%d%d", &a, &b);
    fun(a, b, &c);
    printf("The result is: %ld\n", c);
}
```

第54套 上机操作题

一、程序填空题

给定程序的功能是调用函数 fun 将指定源文件中的内容复制到指定的目标文件中，复制成功时函数返回值为 1，失败时返回值为 0。在复制的过程中，把复制的内容输出到终端屏幕。主函数中源文件名放在变量 sfname 中，目标文件名放在变量 tfname 中。

请在程序的下划线处填入正确的内容并把下划线删除，使程序得出正确的结果。

注意：源程序存放在考生文件夹下的 BLANK1.C 中。

不得增行或删行，也不得更改程序的结构！
给定源程序如下。

```
#include  <stdio.h>
#include  <stdlib.h>
int fun(char *source, char *target)
{   FILE *fs,*ft;    char ch;
/**********found**********/
    if((fs=fopen(source,  __1__ ))==NULL)
        return 0;
    if((ft=fopen(target, "w"))==NULL)
        return 0;
    printf("\nThe data in file :\n");
    ch=fgetc(fs);
/**********found**********/
    while(!feof( __2__ ))
    {   putchar( ch );
/**********found**********/
        fputc(ch,  __3__ );
        ch=fgetc(fs);
    }
    fclose(fs);  fclose(ft);
    printf("\n\n");
    return  1;
}
main()
{   char  sfname[20] ="myfile1",tfname[20]="myfile2";
    FILE *myf;    int i;    char c;
    myf=fopen(sfname,"w");
    printf("\nThe original data :\n");
    for(i=1; i<30; i++){   c='A'+rand()%25;
        fprintf(myf,"%c",c); printf("%c",c); }
    fclose(myf);printf("\n\n");
    if (fun(sfname, tfname))  printf("Succeed!");
    else  printf("Fail!");
}
```

二、程序改错题

给定程序 MODI1.C 中函数 fun 的功能是将长整型数中每一位上为偶数的数依次取出，构成一个新数放在 t 中。高位仍在高位，低位仍在低位。

例如，当 s 中的数为 87653142 时，t 中的数为 8642。

请改正程序中的错误，使它能得出正确的结果。

注意：不要改动 main 函数，不得增行或删行，也不得更改程序的结构！

给定源程序如下。

```
#include <stdio.h>
void fun (long s, long *t)
{   int  d;
    long  sl=1;
    *t = 0;
    while ( s > 0)
    {   d = s%10;
/************found************/
        if (d%2=0)
        {   *t=d* sl+ *t;
            sl *= 10;
        }
/************found************/
        s \= 10;
    }
}
main()
{   long  s, t;
    printf("\nPlease enter s:"); scanf("%ld", &s);
    fun(s, &t);
    printf("The result is: %ld\n", t);
}
```

三、程序设计题

函数 fun 的功能是将 s 所指字符串中除了下标为偶数、同时 ASCII 值也为偶数的字符外，其余的全都删除；串中剩余字符所形成的一个新串放在 t 所指的数组中。

例如，若 s 所指字符串中的内容为 "ABCDEFG123456"，其中，字符 A 的 ASCII 码值为奇数，因此应当删除；其中，字符 B 的 ASCII 码值为偶数，但在数组中的下标为奇数，因此也应当删除；而字符 2 的 ASCII 码值为偶数，所在数组中的下标也为偶数，因此不应当删除，其他依此类推。最后 t 所指的数组中的内容应是 "246"。

注意：部分源程序存在文件 PROG1.C 中。
请勿改动主函数 main 和其他函数中的任何内容，仅在函数 fun 的花括号中填入编写的若干语句。
给定源程序如下：

```
#include <stdio.h>
#include <string.h>
void fun(char *s, char t[])
{

}
main()
{
    char s[100], t[100];
    printf("\nPlease enter string S:");
    scanf("%s", s);
    fun(s, t);
    printf("\nThe result is: %s\n", t);
}
```

第55套 上机操作题

一、程序填空题

给定程序中已建立一个带有头结点的单向链表，链表中的各结点按结点数据域中的数据递增有序链接。函数 fun 的功能是把形参 x 的值放入一个新结点并插入到链表中，插入后各结点数据域的值仍保持递增有序。

请在程序的下划线处填入正确的内容并把下划线删除，使程序得出正确的结果。

注意：源程序存放在考生文件夹下的 BLANK1.C 中。
不得增行或删行，也不得更改程序的结构！
给定源程序如下：

```
#include    <stdio.h>
#include    <stdlib.h>
#define    N   8
typedef  struct list
{   int  data;
    struct list  *next;
} SLIST;
void fun( SLIST *h, int x)
{    SLIST *p,*q, *s;
     s=(SLIST *)malloc(sizeof(SLIST));
/**********found**********/
     s->data=___1___;
     q=h;
     p=h->next;
     while(p!=NULL && x>p->data) {
/**********found**********/
         q=___2___;
         p=p->next;
     }
     s->next=p;
/**********found**********/
     q->next=___3___;
}
SLIST *creatlist(int *a)
{    SLIST *h,*p,*q;    int i;
     h=p=(SLIST *)malloc(sizeof(SLIST));
     for(i=0; i<N; i++)
     {   q=(SLIST *)malloc(sizeof(SLIST));
         q->data=a[i]; p->next=q; p=q;
     }
     p->next=0;
     return h;
}
void outlist(SLIST *h)
{    SLIST *p;
     p=h->next;
```

```
       if (p==NULL) printf("\nThe list is NULL!\n");
       else
       {   printf("\nHead");
           do {   printf("->%d",p->data);
                  p=p->next; } while(p!=NULL);
           printf("->End\n");
       }
}
main()
{   SLIST *head;   int x;
    int a[N]={11,12,15,18,19,22,25,29};
    head=creatlist(a);
    printf("\nThe list before inserting:\n");
    outlist(head);
    printf("\nEnter a number : ");   scanf("%d",&x);
    fun(head,x);
    printf("\nThe list after inserting:\n");
    outlist(head);
}
```

二、程序改错题

给定程序 MODI1.C 中函数 fun 的功能是计算正整数 num 的各位上的数字之积。例如，若输入 252，则输出应该是 20。若输入 202，则输出应该是 0。

请改正程序中的错误，使它能得出正确的结果。

注意：不要改动 main 函数，不得增行或删行，也不得更改程序的结构！

给定源程序如下。

```
#include <stdio.h>
long fun (long num)
{
/************found************/
    long k;
    do
    {   k*=num%10 ;
/************found************/
        num\=10 ;
    } while(num) ;
    return (k) ;
}
main( )
```

```
{   long n ;
    printf("\nPlease enter a number:") ;
    scanf("%ld",&n) ;
    printf("\n%ld\n",fun(n)) ;
}
```

三、程序设计题

请编写一个函数 fun，它的功能是计算 n 门课程的平均分，计算结果作为函数值返回。

例如：若有 5 门课程的成绩是 90.5, 72, 80, 61.5, 55。则函数的值为 71.80。

注意：部分源程序存在文件 PROG1.C 中。

请勿改动主函数 main 和其他函数中的任何内容，仅在函数 fun 的花括号中填入编写的若干语句。

给定源程序如下。

```
#include <stdio.h>
float fun ( float *a , int n )
{

}
main()
{   float score[30]={90.5, 72, 80, 61.5, 55}, aver;
    aver = fun( score, 5 );
    printf( "\nAverage score is: %5.2f\n", aver);
}
```

第56套 上机操作题

一、程序填空题

给定程序中已建立一个带有头结点的单向链表，在 main 函数中将多次调用 fun 函数，每调用一次 fun 函数，输出链表尾部结点中的数据，并释放该结点，使链表缩短。

请在程序的下划线处填入正确的内容并把下划线删除，使程序得出正确的结果。

注意：源程序存放在考生文件夹下的 BLANK1.C 中。

不得增行或删行，也不得更改程序的结构！

给定源程序如下。

```
#include   <stdio.h>
#include   <stdlib.h>
```

```
#define  N  8
typedef  struct list
{   int data;
    struct list *next;
} SLIST;

void fun( SLIST *p)
{   SLIST *t, *s;
    t=p->next;  s=p;
    while(t->next != NULL)
    {   s=t;
/**********found**********/
        t=t->  1  ;
    }
/**********found**********/
    printf(" %d ", 2 );
    s->next=NULL;
/**********found**********/
    free( 3 );
}
SLIST *creatlist(int *a)
{   SLIST *h,*p,*q;    int i;
    h=p=(SLIST *)malloc(sizeof(SLIST));
    for(i=0; i<N; i++)
    {   q=(SLIST *)malloc(sizeof(SLIST));
        q->data=a[i]; p->next=q; p=q;
    }
    p->next=0;
    return h;
}
void outlist(SLIST *h)
{   SLIST *p;
    p=h->next;
    if (p==NULL) printf("\nThe list is NULL!\n");
    else
    {   printf("\nHead");
        do {  printf("->%d",p->data);
              p=p->next; } while(p!=NULL);
        printf("->End\n");
    }
}

main()
{   SLIST *head;
    int a[N]={11,12,15,18,19,22,25,29};
    head=creatlist(a);
    printf("\nOutput from head:\n"); outlist(head);
    printf("\nOutput from tail: \n");
    while (head->next != NULL){
        fun(head);
        printf("\n\n");
        printf("\nOutput from head again :\n");
        outlist(head);
    }
}
```

二、程序改错题

给定程序 MODI1.C 中函数 fun 的功能是将字符串中的字符按逆序输出，但不改变字符串中的内容。

例如，若字符串为 abcd，则应输出：dcba。

请改正程序中的错误，使它能计算出正确的结果。

注意：不要改动 main 函数，不得增行或删行，也不得更改程序的结构！

给定源程序如下。

```
#include <stdio.h>
/************found************/
fun (char a)
{   if ( *a)
    {   fun(a+1) ;
/************found************/
        printf("%c" *a) ;
    }
}
main( )
{   char s[10]="abcd";
    printf(" 处理前字符串 =%s\n 处理后字符串 =", s);
    fun(s); printf("\n") ;
}
```

三、程序设计题

请编写一个函数 fun，它的功能是比较两个字符串的长度 (不得调用 C 语言提供的求字符串长度的函数），函数返回较长的字符串。若两个字符串长度相同，则返回第一个字符串。例如，输入 beijing <CR> shanghai <CR>（<CR> 为回车键），函数将返回 shanghai。

注意：部分源程序存在文件 PROG1.C 中。

请勿改动主函数 main 和其他函数中的任何内容，仅在函数 fun 的花括号中填入编写的若干语句。

给定源程序如下。

```
#include <stdio.h>
char *fun ( char *s, char *t)
{

}
main( )
{   char a[20],b[20];
    printf("Input 1th string:") ;
    gets( a);
    printf("Input 2th string:") ;
    gets( b);
    printf("%s\n",fun (a, b ));
}
```

第57套 上机操作题

一、程序填空题

给定程序中已建立一个带有头结点的单向链表，链表中的各结点按数据域递增有序链接。函数 fun 的功能是删除链表中数据域值相同的结点，使之只保留一个。

请在程序的下划线处填入正确的内容并把下划线删除，使程序得出正确的结果。

注意：源程序存放在考生文件夹下的 BLANK1.C 中。

不得增行或删行，也不得更改程序的结构！

给定源程序如下。

```
#include   <stdio.h>
#include   <stdlib.h>
#define   N   8
typedef  struct list
{   int data;
    struct list  *next;
} SLIST;
void  fun( SLIST *h)
{    SLIST  *p, *q;
    p=h->next;
    if (p!=NULL)
    {   q=p->next;
        while(q!=NULL)
        {   if (p->data==q->data)
            {   p->next=q->next;
/**********found**********/
                free( __1__ );
/**********found**********/
                q=p-> __2__ ;
            }
            else
            {   p=q;
/**********found**********/
                q=q-> __3__ ;
            }
        }
    }
}
SLIST *creatlist(int  *a)
{    SLIST  *h,*p,*q;    int  i;
    h=p=(SLIST *)malloc(sizeof(SLIST));
    for(i=0; i<N; i++)
    {   q=(SLIST *)malloc(sizeof(SLIST));
        q->data=a[i]; p->next=q; p=q;
    }
    p->next=0;
    return h;
}
void outlist(SLIST  *h)
{    SLIST  *p;
    p=h->next;
    if (p==NULL)  printf("\nThe list is NULL!\n");
    else
    {   printf("\nHead");
        do {   printf("->%d",p->data); p=p->next; } while(p!=NULL);
        printf("->End\n");
```

```
        }
}
main( )
{    SLIST *head;    int a[N]={1,2,2,3,4,4,4,5};
     head=creatlist(a);
     printf("\nThe list before deleting :\n");
     outlist(head);
     fun(head);
     printf("\nThe list after deleting :\n");
     outlist(head);
}
```

二、程序改错题

给定程序 MODI1.C 中函数 fun 的功能是用选择法对数组中的 n 个元素按从小到大的顺序进行排序。

请修改程序中的错误，使它能得出正确的结果。

注意：不要改动 main 函数，不得增行和删行，也不得更改程序的结构！

给定源程序如下。

```
#include <stdio.h>
#define  N 20
void fun(int a[], int n)
{    int i, j, t, p;
     for (j = 0 ;j < n-1 ;j++) {
/************found************/
            p = j
     for (i = j+1;i < n; i++)
            if(a[i] < a[p])
/************found************/
                 p = j;
     t = a[p] ; a[p] = a[j] ; a[j] = t;
     }
}
main()
{
     int a[N]={9,6,8,3,-1},i, m = 5;
     printf(" 排序前的数据 :") ;
     for(i = 0;i < m;i++) printf("%d ",a[i]);
     printf("\n");
     fun(a,m);
     printf(" 排序后的数据 :") ;
     for(i = 0;i < m;i++) printf("%d ",a[i]);
     printf("\n");
}
```

三、程序设计题

请编写一个函数 fun，它的功能是求出 1 到 m 之间 (含 m) 能被 7 或 11 整除的所有整数放在数组 a 中，通过 n 返回这些数的个数。例如，若传送给 m 的值为 50，则程序输出

7 11 14 21 22 28 33 35 42 44 49

注意：部分源程序存在文件 PROG1.C 中。

请勿改动主函数 main 和其他函数中的任何内容，仅在函数 fun 的花括号中填入编写的若干语句。

给定源程序如下。

```
#include <stdio.h>
#define M 100
void  fun ( int  m, int *a , int *n )
{

}
main( )
{    int aa[M], n, k;

     fun ( 50, aa, &n );
     for ( k = 0; k < n; k++ )
         if((k+1)%20==0) printf("\n");
         else printf( "%4d", aa[k] );
     printf("\n") ;
}
```

第58套 上机操作题

一、程序填空题

给定程序中，函数 fun 的功能是在带有头结点的单向链表中，查找数据域中值为 ch 的结点。找到后通过函数值返回该结点在链表中所处的顺序号；若不存在值为 ch 的结点，函数返回 0 值。

请在程序的下划线处填入正确的内容并把下划线删除，使程序得出正确的结果。

注意：源程序存放在考生文件夹下的 BLANK1.C 中。

不得增行或删行，也不得更改程序的结构！

给定源程序如下。
```c
#include    <stdio.h>
#include    <stdlib.h>
#define   N    8
typedef   struct list
{   int  data;
     struct  list   *next;
} SLIST;
SLIST *creatlist(char *);
void outlist(SLIST *);
int fun( SLIST *h, char ch)
{    SLIST  *p;       int  n=0;
     p=h->next;
/**********found**********/
     while(p!=__1__)
     {   n++;
/**********found**********/
         if (p->data==ch) return __2__ ;
         else   p=p->next;
     }
     return 0;
}
main()
{    SLIST  *head;     int  k;     char  ch;
     char  a[N]={'m','p','g','a','w','x','r','d'};
     head=creatlist(a);
     outlist(head);
     printf("Enter a letter:");
     scanf("%c",&ch);
/**********found**********/
     k=fun(__3__);
     if (k==0) printf("\nNot found!\n");
     else     printf("The sequence number is : %d\n",k);
}
SLIST *creatlist(char *a)
{    SLIST  *h,*p,*q;     int  i;
     h=p=(SLIST *)malloc(sizeof(SLIST));
     for(i=0; i<N; i++)
     {   q=(SLIST *)malloc(sizeof(SLIST));
         q->data=a[i]; p->next=q; p=q;
     }
     p->next=0;
     return h;
}
void outlist(SLIST *h)
{    SLIST  *p;
     p=h->next;
     if (p==NULL) printf("\nThe list is NULL!\n");
     else
     {   printf("\nHead");
         do
         {   printf("->%c",p->data); p=p->next;
         }
         while(p!=NULL);
         printf("->End\n");
     }
}
```

二、程序改错题

给定程序 MODI1.C 中函数 fun 的功能是删除 p 所指字符串中的所有空白字符（包括制表符、回车符及换行符）。

输入字符串时用 '#' 结束输入。

请改正程序中的错误，使它能输出正确的结果。

注意：不要改动 main 函数，不得增行或删行，也不得更改程序的结构！

给定源程序如下。
```c
#include <string.h>
#include <stdio.h>
#include <ctype.h>
void fun ( char *p)
{    int i,t;  char c[80];
/***********found***********/
     For (i = 0,t = 0; p[i] ; i++)
         if(!isspace(*(p+i)))  c[t++]=p[i];
/***********found***********/
     c[t]="\0";
     strcpy(p,c);
}
main( )
{    char c,s[80];
     int i=0;
```

```
    printf("Input a string:");
    c=getchar();
    while(c!='#')
    {    s[i]=c;i++;c=getchar(); }
    s[i]='\0';
    fun(s);
    puts(s);
}
```

三、程序设计题

请编写一个函数 fun，它的功能是将 ss 所指字符串中所有下标为奇数位置上的字母转换为大写（若该位置上不是字母，则不转换）。

例如，若输入"abc4Efg"，则应输出"aBc4Efg"。

注意：部分源程序存在文件 PROG1.C 中。

请勿改动主函数 main 和其他函数中的任何内容，仅在函数 fun 的花括号中填入编写的若干语句。

给定源程序如下。

```
#include <stdio.h>
#include <string.h>
void fun ( char *ss )
{

}
main( )
{    char tt[81];
    printf( "\nPlease enter an string within 80 characters:\n" ); gets( tt );
    printf( "\n\nAfter changing, the string\n \"%s\"", tt );
    fun( tt );
    printf( "\nbecomes\n \"%s\"\n", tt );
}
```

第59套 上机操作题

一、程序填空题

给定程序中，函数 fun 的功能是统计出带有头结点的单向链表中结点的个数，存放在形参 n 所指的存储单元中。

请在程序的下划线处填入正确的内容并把下划线删除，使程序得出正确的结果。

注意：源程序存放在考生文件夹下的 BLANK1.C 中。

不得增行或删行，也不得更改程序的结构！

给定源程序如下。

```
#include    <stdio.h>
#include    <stdlib.h>
#define  N   8
typedef  struct list
{    int  data;
     struct list *next;
} SLIST;
SLIST *creatlist(int *a);
void outlist(SLIST *);
void fun( SLIST *h, int *n)
{    SLIST *p;
/**********found**********/
     __1__ =0;
     p=h->next;
     while(p)
     {    (*n)++;
/**********found**********/
          p=p->__2__ ;
     }
}
main()
{    SLIST *head;
     int  a[N]={12,87,45,32,91,16,20,48}, num;
     head=creatlist(a);   outlist(head);
/**********found**********/
     fun(__3__ , &num);
     printf("\nnumber=%d\n",num);
}
SLIST *creatlist(int a[])
{   SLIST *h,*p,*q;    int i;
    h=p=(SLIST *)malloc(sizeof(SLIST));
    for(i=0; i<N; i++)
    {   q=(SLIST *)malloc(sizeof(SLIST));
        q->data=a[i]; p->next=q; p=q;
```

```
        }
        p->next=0;
        return h;
}
void outlist(SLIST *h)
{   SLIST *p;
    p=h->next;
    if (p==NULL) printf("The list is NULL!\n");
    else
    {   printf("\nHead ");
        do
        {   printf("->%d",p->data); p=p->next;
        }
        while(p!=NULL);
        printf("->End\n");
    }
}
```

二、程序改错题

给定程序 MODI1.C 中函数 fun 的功能是求出 s 所指字符串中最后一次出现的 t 所指子字符串的地址，通过函数值返回，在主函数中输出从此地址开始的字符串；若未找到，则函数值为 NULL。

例如，当字符串中的内容为"abcdabfabcdx"，t 中的内容为"ab"时，输出结果应是 abcdx。当字符串中的内容为"abcdabfabcdx"，t 中的内容为"abd"时，则程序输出未找到信息 not be found!。

请改正程序中的错误，使它能得出正确的结果。

注意： 不要改动 main 函数，不得增行或删行，也不得更改程序的结构！

给定源程序如下。

```
#include <stdio.h>
#include <string.h>
char * fun (char *s, char *t)
{
    char *p, *r, *a;
    /************found************/
    a = Null;
    while ( *s )
    {   p = s;  r = t;
        while ( *r )
        /************found************/
        if ( r == p )
        {   r++;  p++; }
        else  break;
        if ( *r == '\0' ) a = s;
        s++;
    }
    return a ;
}
main()
{
    char  s[100], t[100], *p;
    printf("\nPlease enter string S :");
    scanf("%s", s );
    printf("\nPlease enter substring t :");
    scanf("%s", t );
    p = fun( s, t );
    if ( p ) printf("\nThe result is : %s\n", p);
    else    printf("\nNot found !\n" );
}
```

三、程序设计题

函数 fun 的功能是将两个两位数的正整数 a、b 合并形成一个整数放在 c 中。合并的方式是将 a 数的十位和个位数依次放在 c 数的十位和千位上，b 数的十位和个位数依次放在 c 数的百位和个位上。

例如，当 a = 45，b=12 时，调用该函数后，c=5142。

注意： 部分源程序存在文件 PROG1.C 中。数据文件 IN.DAT 中的数据不得修改。

请勿改动主函数 main 和其他函数中的任何内容，仅在函数 fun 的花括号中填入编写的若干语句。

给定源程序如下。

```
#include <stdio.h>
void fun(int a, int b, long *c)
{

}
```

```
main()
{   int a,b; long c;
    printf("Input a b:");
    scanf("%d%d", &a, &b);
    fun(a, b, &c);
    printf("The result is: %ld\n", c);
}
```

第60套 上机操作题

一、程序填空题

给定程序中，函数 fun 的功能是计算出带有头结点的单向链表中各结点数据域中值之和作为函数值返回。

请在程序的下划线处填入正确的内容并把下划线删除，使程序得出正确的结果。

注意：源程序存放在考生文件夹下的 BLANK1.C 中。

不得增行或删行，也不得更改程序的结构！

给定源程序如下：

```
#include <stdio.h>
#include <stdlib.h>
#define N 8
typedef struct list
{   int data;
    struct list *next;
} SLIST;
SLIST *creatlist(int *);
void outlist(SLIST *);
int fun( SLIST *h)
{   SLIST *p;    int s=0;
    p=h->next;
    while(p)
    {
/**********found**********/
        s+= p->___1___;
/**********found**********/
        p=p->___2___;
    }
    return s;
}
main()
{   SLIST *head;
    int a[N]={12,87,45,32,91,16,20,48};
    head=creatlist(a);   outlist(head);
/**********found**********/
    printf("\nsum=%d\n", fun(___3___));
}
SLIST *creatlist(int a[])
{   SLIST *h,*p,*q;    int i;
    h=p=(SLIST *)malloc(sizeof(SLIST));
    for(i=0; i<N; i++)
    {   q=(SLIST *)malloc(sizeof(SLIST));
        q->data=a[i]; p->next=q; p=q;
    }
    p->next=0;
    return h;
}
void outlist(SLIST *h)
{   SLIST *p;
    p=h->next;
    if (p==NULL) printf("The list is NULL!\n");
    else
    {   printf("\nHead ");
        do
        {   printf("->%d", p->data); p=p->next;
        }
        while(p!=NULL);
        printf("->End\n");
    }
}
```

二、程序改错题

给定程序 MODI1.C 中函数 fun 的功能是将 s 所指字符串中出现的与 t1 所指字符串相同的子串全部替换成 t2 所指字符串，所形成的新串放在 w 所指的数组中。在此处，要求 t1 和 t2 所指字符串的长度相同。

例如，当 s 所指字符串中的内容为 "abcdabfab"，t1 所指子串中的内容为 "ab"，t2 所指子串中的内容为"99"时，结果在 w 所指的数组中的内容应为"99cd99f99"。

请改正程序中的错误，使它能得出正确的结果。

注意：不要改动 main 函数，不得增行或删行，也不得更改程序的结构！

给定源程序如下。
```
#include <stdio.h>
#include <string.h>
void fun (char *s, char *t1, char *t2 , char *w)
{
    char *p, *r, *a;
    strcpy( w, s );
    while ( *w )
    {   p = w;   r = t1;
/************found************/
        while ( r )
            if ( *r == *p )  {   r++;  p++; }
            else  break;
        if ( *r == '\0' )
        {   a = w;  r = t2;
            while ( *r ){
/************found************/
                *a = *r; a++; r++
            }
            w += strlen(t2) ;
        }
        else w++;
    }
}
main()
{
    char s[100], t1[100], t2[100], w[100];
    printf("\nPlease enter string S:");
    scanf("%s", s);
    printf("\nPlease enter substring t1:");
    scanf("%s", t1);
    printf("\nPlease enter substring t2:");
    scanf("%s", t2);
    if ( strlen(t1)==strlen(t2) ) {
        fun( s, t1, t2, w);
        printf("\nThe result is : %s\n", w);
    }
    else  printf("Error : strlen(t1) != strlen(t2)\n");
}
```

三、程序设计题

函数 fun 的功能是将 s 所指字符串中下标为偶数的字符删除，串中剩余字符形成的新串放在 t 所指数组中。

例如，当 s 所指字符串中的内容为"ABCDEFGHIJK"，在 t 所指数组中的内容应是"BDFHJ"。

注意：部分源程序存在文件 PROG1.C 中。

请勿改动主函数 main 和其他函数中的任何内容，仅在函数 fun 的花括号中填入编写的若干语句。

给定源程序如下。
```
#include <stdio.h>
#include <string.h>
void fun(char *s, char t[])
{

}
main()
{
    char s[100], t[100];
    printf("\nPlease enter string S:");
    scanf("%s", s);
    fun(s, t);
    printf("\nThe result is: %s\n", t);
}
```

第61套 上机操作题

一、程序填空题

人员的记录由编号和出生年、月、日组成，N 名人员的数据已在主函数中存入结构体数组 std 中，且编号唯一。函数 fun 的功能是找出指定编号人员的数据,作为函数值返回,由主函数输出,若指定编号不存在,返回数据中的编号为空串。

请在程序的下划线处填入正确的内容并把下划线删除,使程序得出正确的结果。

注意:源程序存放在考生文件夹下的 BLANK1.C 中。

不得增行或删行,也不得更改程序的结构!

给定源程序如下。

```c
#include <stdio.h>
#include <string.h>
#define  N  8
typedef struct
{   char num[10];
    int  year,month,day ;
}STU;
/**********found**********/
    １  fun(STU *std, char *num)
{   int i;    STU a={"",9999,99,99};
    for (i=0; i<N; i++)
/**********found**********/
        if( strcmp(__２__,num)==0 )
/**********found**********/
            return ( __３__ );
    return a;
}
main()
{   STU std[N]={{"111111",1984,2,15},
    {"222222",1983,9,21},{"333333",1984,9,1},
    {"444444",1983,7,15},{"555555",1984,9,28},
    {"666666",1983,11,15},{"777777",1983,6,22},
    {"888888",1984,8,19}};
    STU p;    char n[10]="666666";
    p=fun(std,n);
    if(p.num[0]==0)
        printf("\nNot found !\n");
    else
    {   printf("\nSucceed !\n ");
        printf("%s  %d-%d-%d\n",p.num,p.year,p.month,p.day);
    }
}
```

二、程序改错题

给定程序 MODI1.C 中函数 fun 的功能是从 s 所指字符串中,找出与 t 所指字符串相同的子串的个数作为函数值返回。

例如,当 s 所指字符串中的内容为"abcdabfab",t 所指字符串的内容为"ab",则函数返回整数 3。

请改正程序中的错误,使它能得出正确的结果。

注意:不要改动 main 函数,不得增行或删行,也不得更改程序的结构!

给定源程序如下。

```c
#include <stdio.h>
#include <string.h>
int fun (char *s, char *t)
{
    int n;   char *p, *r;
    n = 0;
    while ( *s )
    {   p = s;  r = t;
        while ( *r )
            if ( *r == *p ) {
/************found***********/
                r++; p++
            }
            else break;
/************found***********/
        if ( r == '\0' )
            n++;
        s++;
    }
    return n;
}
main()
{
    char s[100], t[100];   int m;
    printf("\nPlease enter string S:");
    scanf("%s", s);
    printf("\nPlease enter substring t:");
```

```
    scanf("%s", t);
    m = fun( s,  t);
    printf("\nThe result is:  m = %d\n", m);
}
```

三、程序设计题

函数 fun 的功能是将 s 所指字符串中 ASCII 值为偶数的字符删除，串中剩余字符形成一个新串放在 t 所指的数组中。

例如，若 s 所指字符串中的内容为 "ABCDEFG12345"，其中字符 B 的 ASCII 码值为偶数、…、字符 2 的 ASCII 码值为偶数、… 都应当删除，其他依此类推。最后 t 所指的数组中的内容应是 "ACEG135"。

注意：部分源程序存在文件 PROG1.C 中。

请勿改动主函数 main 和其他函数中的任何内容，仅在函数 fun 的花括号中填入编写的若干语句。

给定源程序如下。

```
#include <stdio.h>
#include <string.h>
void fun(char *s, char t[])
{

}
main()
{
    char s[100], t[100];
    printf("\nPlease enter string S:"); scanf("%s", s);
    fun(s, t);
    printf("\nThe result is: %s\n", t);
}
```

第62套 上机操作题

一、程序填空题

人员的记录由编号和出生年、月、日组成，N 名人员的数据已在主函数中存入结构体数组 std 中。函数 fun 的功能是找出指定出生年份的人员，将其数据放在形参 k 所指的数组中，由主函数输出，同时由函数值返回满足指定条件的人数。

请在程序的下划线处填入正确的内容并把下划线删除，使程序得出正确的结果。

注意：源程序存放在考生文件夹下的 BLANK1.C 中。

不得增行或删行，也不得更改程序的结构！

给定源程序如下。

```
#include  <stdio.h>
#define   N   8
typedef struct
{   int num;
    int year,month,day ;
}STU;
int fun(STU *std, STU *k, int year)
{   int i,n=0;
    for (i=0; i<N; i++)
/**********found**********/
        if(___1___==year)
/**********found**********/
            k[n++]=___2___;
/**********found**********/
    return (___3___);
}
main()
{   STU std[N]={{1,1984,2,15},
    {2,1983,9,21},{3,1984,9,1},
    {4,1983,7,15},{5,1985,9,28},
    {6,1982,11,15},{7,1982,6,22},
    {8,1984,8,19}};
    STU k[N];    int i,n,year;
    printf("Enter a year : "); scanf("%d",&year);
    n=fun(std,k,year);
    if(n==0)
        printf("\nNo person was born in %d \n",year);
    else
    {   printf("\nThese persons were born in %d \n",year);
        for(i=0; i<n; i++)
            printf("%d  %d-%d-%d\n",k[i].
```

num,k[i].year,k[i].month,k[i].day);
   }
}

二、程序改错题

给定程序 MODI1.C 的功能是读入一个整数 k（2 ≤ k ≤ 10000），打印它的所有质因子（即所有为素数的因子）。

例如，若输入整数 2310，则应输出 2、3、5、7、11。

请改正程序中的语法错误，使程序能得出正确的结果。

注意：不要改动 main 函数，不得增行或删行，也不得更改程序的结构！

给定源程序如下。

```
#include <stdio.h>
/************found************/
IsPrime ( int n );
{   int  i, m;
    m = 1;
    for ( i = 2;  i < n;  i++ )
/************found************/
         if  !( n%i )
         {    m = 0;    break ;   }
    return ( m );
}
main( )
{    int  j, k;
    printf( "\nPlease enter an integer number between 2 and 10000: " ); scanf( "%d", &k );
    printf( "\n\nThe prime factor(s) of %d is( are ):", k );
    for( j = 2;  j <= k;  j++ )
        if( ( !( k%j ) )&&( IsPrime( j ) ) )
            printf( "\n %4d", j );
    printf("\n");
}
```

三、程序设计题

已知学生的记录由学号和学习成绩构成，N 名学生的数据已存入结构体数组 a 中。请编写函数 fun，函数的功能是找出成绩最高的学生记录，通过形参指针传回主函数（规定只有一个最高分）。已给出函数的首部，请完成该函数。

注意：部分源程序存在文件 PROG1.C 中。

请勿改动主函数 main 和其他函数中的任何内容，仅在函数 fun 的花括号中填入编写的若干语句。

给定源程序如下。

```
#include <stdio.h>
#include <string.h>
#define  N  10
typedef  struct  ss
{   char num[10];   int s; } STU;
void fun( STU  a[], STU  *s )
{

}
main ( )
{
    STU  a[N]={{"A01",81},{"A02",89},
        {"A03",66},{"A04",87},{"A05",77},
        {"A06",90},{"A07",79},{"A08",61},
        {"A09",80},{"A10",71} }, m ;
    int i;
    printf("***** The original data *****\n");
    for ( i=0; i< N; i++ )printf("No = %s  Mark = %d\n", a[i].num,a[i].s);
    fun ( a, &m );
    printf ("***** THE  RESULT *****\n");
    printf ("The top :  %s , %d\n",m.num, m.s);
}
```

第63套 上机操作题

一、程序填空题

给定程序通过定义并赋初值的方式，利用结构体变量存储了一名学生的学号、姓名和三门课的成绩。函数 fun 的功能是将该学生的各科成绩都乘以一个系数 a。

请在程序的下划线处填入正确的内容并把下划线删除，使程序得出正确的结果。

注意：源程序存放在考生文件夹下的 BLANK1.C 中。

不得增行或删行，也不得更改程序的结构！
给定源程序如下。
```
#include   <stdio.h>
typedef  struct
{   int num;
     char  name[9];
     float  score[3];
}STU;
void show(STU tt)
{   int i;
    printf("%d %s : ",tt.num,tt.name);
    for(i=0; i<3; i++)
        printf("%5.1f",tt.score[i]);
    printf("\n");
}
/**********found**********/
void modify(  1   *ss,float a)
{   int i;
    for(i=0; i<3; i++)
/**********found**********/
        ss->  2   *=a;
}
main( )
{   STU std={   1,"Zhanghua",76.5,78.0,82.0 };
    float a;
    printf("\nThe original number and name and scores :\n");
    show(std);
    printf("\nInput a number :   "); scanf("%f",&a);
/**********found**********/
    modify(  3   ,a);
    printf("\nA result of modifying :\n");
    show(std);
}
```

二、程序改错题

给定程序 MODI1.C 中函数 fun 的功能是求 k！（k<13），所求阶乘的值作为函数值返回。例如，若 k = 10，则应输出 3628800。

请改正程序中的错误，使它能得出正确的结果。

注意：不要改动 main 函数，不得增行或删行，也不得更改程序的结构！

给定源程序如下。
```
#include <stdio.h>
long fun ( int   k)
{
/************found************/
    if  k > 0
        return (k*fun(k−1));
/************found************/
    else if ( k=0 )
        return 1L;
    else
        return 1L;
}
main()
{   int k = 10 ;
    printf("%d!=%ld\n", k, fun ( k )) ;
}
```

三、程序设计题

程序定义了 N×N 的二维数组，并在主函数中自动赋值。请编写函数 fun(int a[][N], int n)，函数的功能是：使数组左下三角元素中的值乘以 n。例如，若 n 的值为 3，a 数组中的值为

$$a = \begin{vmatrix} 1 & 9 & 7 \\ 2 & 3 & 8 \\ 4 & 5 & 6 \end{vmatrix}$$ 则返回主程序后a数组

中的值应为 $\begin{vmatrix} 3 & 9 & 7 \\ 6 & 9 & 8 \\ 12 & 15 & 18 \end{vmatrix}$

注意：部分源程序存在文件 PROG1.C 中。

请勿改动主函数 main 和其他函数中的任何内容，仅在函数 fun 的花括号中填入编写的若干语句。

给定源程序如下。
```
#include <stdio.h>
#include <stdlib.h>
#define  N  5
void fun ( int a[][N], int n)
```

```
{
}
main ( )
{
    int  a[N][N], n, i, j;
    printf("***** The array *****\n");
    for ( i =0;  i<N; i++ )
    {   for ( j =0; j<N; j++ )
        {    a[i][j] = rand()%10;
             printf( "%4d", a[i][j] ); }
             printf("\n");
    }
    do n = rand()%10 ; while ( n >=3 );
    printf("n = %4d\n",n);
    fun ( a, n );
    printf ("***** THE  RESULT *****\n");
    for ( i =0;  i<N; i++ )
    {   for ( j =0; j<N; j++ ) printf( "%4d", a[i][j] );
             printf("\n");
    }
}
```

第64套 上机操作题

一、程序填空题

给定程序中，函数 fun 的功能是将形参指针所指结构体数组中的三个元素按 num 成员进行升序排列。

请在程序的下划线处填入正确的内容并把下划线删除，使程序得出正确的结果。

注意：源程序存放在考生文件夹下的 BLANK1.C 中。不得增行或删行，也不得更改程序的结构！

给定源程序如下：

```
#include  <stdio.h>
typedef struct
{   int num;
      char name[10];
}PERSON;
/**********found**********/
void fun(PERSON  __1__ )
{
/**********found**********/
    __2__  temp;
    if(std[0].num>std[1].num)
    {   temp=std[0];  std[0]=std[1];  std[1]=temp; }
    if(std[0].num>std[2].num)
    {   temp=std[0];  std[0]=std[2];  std[2]=temp; }
    if(std[1].num>std[2].num)
    {   temp=std[1];  std[1]=std[2];  std[2]=temp; }
}
main()
{   PERSON  std[ ]={   5,"Zhanghu",2,"WangLi", 6,"LinMin" };
    int  i;
/**********found**********/
    fun(__3__);
    printf("\nThe result is :\n");
    for(i=0; i<3; i++)
       printf("%d,%s\n",std[i].num,std[i].name);
}
```

二、程序改错题

给定程序 MODI1.C 中函数 fun 的功能是将 m（1 ≤ m ≤ 10）个字符串连接起来，组成一个新串，放入 pt 所指存储区中。

例如：把 3 个串："abc","CD","EF" 连接起来，结果是 "abcCDEF"。

请改正程序中的错误，使它能得出正确的结果。

注意：不要改动 main 函数，不得增行或删行，也不得更改程序的结构！

给定源程序如下：

```
#include <stdio.h>
#include <string.h>
void  fun ( char  str[][10], int  m, char *pt )
{
/************found************/
    Int  k, q, i ;
    for ( k = 0; k < m; k++ )
    {    q = strlen ( str [k] );
         for (i=0; i<q; i++)
/************found************/
             pt[i] = str[k,i] ;
```

```
            pt += q ;
            pt[0] = 0 ;
        }
}
main( )
{    int m, h ;
     char s[10][10], p[120] ;
     printf( "\nPlease enter m:" ) ;
     scanf("%d", &m) ;  gets(s[0]) ;
     printf( "\nPlease enter  %d string:\n", m ) ;
     for ( h = 0; h < m; h++ ) gets( s[h] ) ;
     fun(s, m, p) ;
     printf( "\nThe result is : %s\n", p) ;
}
```

三、程序设计题

程序定义了 N×N 的二维数组，并在主函数中自动赋值。请编写函数 fun(int a[][N])，函数的功能是使数组左下三角元素中的值全部置成 0。

例如：a 数组中的值为

$$a = \begin{vmatrix} 1 & 9 & 7 \\ 2 & 3 & 8 \\ 4 & 5 & 6 \end{vmatrix}$$ 则返回主程序后 a 数组中的值

应为 $\begin{vmatrix} 0 & 9 & 7 \\ 0 & 0 & 8 \\ 0 & 0 & 0 \end{vmatrix}$

注意：部分源程序存在文件 PROG1.C 中。

请勿改动主函数 main 和其他函数中的任何内容，仅在函数 fun 的花括号中填入编写的若干语句。

给定源程序如下。

```
#include <stdio.h>
#include <stdlib.h>
#define N 5
void fun ( int a[][N] )
{

}
```

```
main ( )
{    int a[N][N], i, j;
     printf("***** The array *****\n");
     for ( i =0;  i<N; i++ )
     {    for ( j =0; j<N; j++ )
          {    a[i][j] = rand()%10;
               printf( "%4d", a[i][j] ); }
          printf("\n");
     }
     fun ( a );
     printf ("THE  RESULT\n");
     for ( i =0;  i<N; i++ )
     {    for ( j =0; j<N; j++ ) printf( "%4d", a[i][j] );
          printf("\n");
     }
}
```

第65套 上机操作题

一、程序填空题

给定程序中，函数 fun 的功能是将形参 std 所指结构体数组中年龄最大者的数据作为函数值返回，并在 main 函数中输出。

请在程序的下划线处填入正确的内容并把下划线删除，使程序得出正确的结果。

注意：源程序存放在考生文件夹下的 BLANK1.C 中。不得增行或删行，也不得更改程序的结构！

给定源程序如下。

```
#include    <stdio.h>
typedef struct
{   char name[10];
    int age;
}STD;
STD fun(STD  std[], int n)
{   STD max;    int i;
/**********found**********/
    max=___1___;
    for(i=1; i<n; i++)
/**********found**********/
        if(max.age<___2___) max=std[i];
```

```
        return max;
}
main( )
{   STD std[5]={"aaa",17,"bbb",16,"ccc",18,"ddd"
,17,"eee",15 };
     STD max;
     max=fun(std,5);
     printf("\nThe result: \n");
/**********found**********/
     printf("\nName:%s, Age: %d\n",   3   ,max.age);
}
```

二、程序改错题

给定程序 MODI1.C 中函数 fun 的功能是实现两个整数的交换。

例如给 a 和 b 分别输入 60 和 65，输出为 a=65 b=60。

请改正程序中的错误，使它能得出正确的结果。

注意：不要改动 main 函数，不得增行或删行，也不得更改程序的结构！

给定源程序如下。

```
#include <stdio.h>
/**********found**********/
void fun ( int  a, b )
{   int   t;
/**********found**********/
    t = b;  b = a;   a = t;
}
main ( )
{   int   a, b;
    printf ( "Enter  a , b :  ");
    scanf ( "%d,%d", &a, &b );
    fun ( &a , &b );
    printf (" a = %d  b = %d\n ", a, b );
}
```

三、程序设计题

请编一个函数 void fun(int tt[M][N], int pp[N])，tt 指向一个 M 行 N 列的二维数组，求出二维数组每列中最小元素，并依次放入 pp 所指一维数组中。二维数组中的数已在主函数中赋予。

注意：部分源程序存在文件 PROG1.C 中。

请勿改动主函数 main 和其他函数中的任何内容，仅在函数 fun 的花括号中填入编写的若干语句。

给定源程序如下。

```
#include <stdio.h>
#define  M  3
#define  N  4
void  fun ( int tt[M][N], int pp[N] )
{

}
main( )
{
    int t [ M ][ N ]={{22,45, 56,30},
                     {19,33, 45,38},
                     {20,22, 66,40}};
    int  p[ N ], i, j, k;
    printf ( "The original data is : \n" );
    for( i=0; i<M; i++ ){
        for( j=0; j<N; j++ )
            printf ( "%6d", t[i][j] );
        printf("\n");
    }
    fun ( t, p );
    printf( "\nThe result  is:\n" );
    for ( k = 0; k < N; k++ ) printf ( " %4d ", p[ k ] );
    printf("\n");
}
```

第66套 上机操作题

一、程序填空题

程序通过定义并赋初值的方式，利用结构体变量存储了一名学生的信息。函数 fun 的功能是输出这位学生的信息。

请在程序的下划线处填入正确的内容并把下划线删除，使程序得出正确的结果。

注意：源程序存放在考生文件夹下的 BLANK1.C 中。

不得增行或删行，也不得更改程序的结构！

给定源程序如下。

#include   <stdio.h>

```
typedef struct
{   int num;
    char name[9];
    char sex;
    struct {  int year,month,day ;} birthday;
    float score[3];
}STU;
/**********found**********/
void show(STU    1    )
{   int i;
    printf("\n%d %s %c %d-%d-%d", tt.num,
tt.name, tt.sex,tt.birthday.year, tt.birthday.month,
tt.birthday.day);
    for(i=0; i<3; i++)
/**********found**********/
        printf("%5.1f",    2    );
    printf("\n");
}
main( )
{   STU std={1,"Zhanghua",'M',1961,10,8,76.5,78.0,82.0 };
    printf("\nA student data:\n");
/**********found**********/
    show(    3    );
}
```

二、程序改错题

给定程序 MODI1.C 中函数 fun 的功能是求出数组中最大数和次最大数，并把最大数和 a[0] 中的数对调、次最大数和 a[1] 中的数对调。

请改正程序中的错误，使它能得出正确的结果。

注意：不要改动 main 函数，不得增行或删行，也不得更改程序的结构！

给定源程序如下。

```
#include <stdio.h>
#define N  20
void fun ( int  * a, int   n )
{   int i, m, t, k ;
    for(i=0;i<2;i++) {
/**********found**********/
        m=0;
        for(k=i+1;k<n;k++)
/**********found**********/
            if(a[k]>a[m]) k=m;
        t=a[i];a[i]=a[m];a[m]=t;
    }
}
main( )
{   int  b[N]={11,5,12,0,3,6,9,7,10,8}, n=10, i;
    for ( i=0; i<n; i++ ) printf("%d  ", b[i]);
    printf("\n");
    fun ( b, n );
    for ( i=0; i<n; i++ ) printf("%d  ", b[i]);
    printf("\n");
}
```

三、程序设计题

请编写一个函数 unsigned fun(unsigned w)，w 是一个大于 10 的无符号整数，若 w 是 n(n ≥ 2) 位的整数，函数求出 w 的低 n-1 位的数作为函数值返回。

例如：w 值为 5923，则函数返回 923；w 值为 923，则函数返回 23。

注意：部分源程序存在文件 PROG1.C 中。

请勿改动主函数 main 和其他函数中的任何内容，仅在函数 fun 的花括号中填入编写的若干语句。

给定源程序如下。

```
#include <stdio.h>
unsigned  fun ( unsigned  w )
{

}main( )
{
    unsigned  x;
    printf ( "Enter a unsigned integer number : " );
    scanf ( "%u", &x );
    printf ( "The original data is : %u\n", x );
    if ( x < 10  ) printf ("Data error !");
    else printf ( "The result ： %u\n", fun ( x ) );
}
```

第67套 上机操作题

一、程序填空题

给定程序中，函数 fun 的功能是对形参 ss 所指字符串数组中的 M 个字符串按长度由短到长进行排序。ss 所指字符串数组中共有 M 个字符串，且串长小于 N。

请在程序的下划线处填入正确的内容并把下划线删除，使程序得出正确的结果。

注意：源程序存放在考生文件夹下的 BLANK1.C 中。

不得增行或删行，也不得更改程序的结构！
给定源程序如下：

```
#include <stdio.h>
#include <string.h>
#define  M  5
#define  N  20
void fun(char  (*ss)[N])
{   int i, j, k, n[M];   char t[N];
    for(i=0; i<M; i++) n[i]=strlen(ss[i]);
    for(i=0; i<M-1; i++)
    {   k=i;
/**********found**********/
        for(j=__1__; j<M; j++)
/**********found**********/
            if(n[k]>n[j])  __2__ ;
        if(k!=i)
        {   strcpy(t,ss[i]);
            strcpy(ss[i],ss[k]);
/**********found**********/
            strcpy(ss[k],__3__);
            n[k]=n[i];
        }
    }
}
main()
{   char ss[M][N]={"shanghai","guangzhou","beijing","tianjing","cchongqing"};
    int i;
    printf("\nThe original strings are :\n");
    for(i=0; i<M; i++)  printf("%s\n",ss[i]);
    printf("\n");
    fun(ss);
    printf("\nThe result :\n");
    for(i=0; i<M; i++)  printf("%s\n",ss[i]);
}
```

二、程序改错题

给定程序 MODI1.C 中函数 fun 的功能是判断 ch 中的字符是否与 str 所指串中的某个字符相同；若相同，什么也不做，若不同，则将其插在串的最后。

请改正程序中的错误，使它能进行正确的操作。

注意：不要改动 main 函数，不得增行或删行，也不得更改程序的结构！
给定源程序如下：

```
#include <stdio.h>
#include <string.h>
/**********found**********/
void fun(char str, char ch )
{   while ( *str && *str != ch ) str++;
/**********found**********/
    if ( *str == ch )
    {   str [ 0 ] = ch;
/**********found**********/
        str[1] = '0';
    }
}
main( )
{   char s[81], c ;
    printf( "\nPlease enter a string:\n" ); gets ( s );
    printf ("\n Please enter the character to search :");
    c = getchar();
    fun(s, c) ;
    printf( "\nThe result  is %s\n", s);
}
```

三、程序设计题

请编一个函数 fun(char *s)，函数的功能是把 s 所指字符串中的内容逆置。

例如：字符串中原有的字符串为 abcdefg，则调用该函数后，串中的内容为 gfedcba。

注意：部分源程序存在文件 PROG1.C 中。

请勿改动主函数 main 和其他函数中的任何内容，仅在函数 fun 的花括号中填入编写的若干语句。

给定源程序如下。

```
#include <string.h>
#include <stdio.h>
#define N 81
void fun ( char *s )
{

}
main( )
{
    char a[N];
    printf ( "Enter a string : " ); gets ( a );
    printf ( "The original string is : " ); puts( a );
    fun ( a );
    printf("\n");
    printf ( "The string after modified : " );
    puts ( a );
}
```

第68套 上机操作题

一、程序填空题

给定程序中，函数 fun 的功能是求出形参 ss 所指字符串数组中最长字符串的长度，其余字符串左边用字符 * 补齐，使其与最长的字符串等长。字符串数组中共有 M 个字符串，且串长 <N。

请在程序的下划线处填入正确的内容并把下划线删除，使程序得出正确的结果。

注意：源程序存放在考生文件夹下的 BLANK1.C 中。

不得增行或删行，也不得更改程序的结构。

给定源程序如下。

```
#include    <stdio.h>
#include    <string.h>
#define  M  5
#define  N  20
void fun(char (*ss)[N])
{   int  i, j, k=0, n, m, len;
    for(i=0; i<M; i++)
    {   len=strlen(ss[i]);
        if(i==0) n=len;
        if(len>n) {
/**********found**********/
            n=len;    __1__=i;
        }
    }
    for(i=0; i<M; i++)
        if (i!=k)
        {   m=n;
            len=strlen(ss[i]);
/**********found**********/
            for(j=__2__; j>=0; j--)
                ss[i][m--]=ss[i][j];
            for(j=0; j<n-len; j++)
/**********found**********/
                __3__='*';
        }
}
main()
{   char  ss[M][N]={"shanghai","guangzhou","beijing","tianjing","cchongqing"};
    int  i;
    printf("\nThe original strings are :\n");
    for(i=0; i<M; i++)  printf("%s\n",ss[i]);
    printf("\n");
    fun(ss);
    printf("\nThe result:\n");
    for(i=0; i<M; i++)  printf("%s\n",ss[i]);
}
```

二、程序改错题

给定程序 MODI1.C 中函数 fun 的功能是计算整数 n 的阶乘。

请改正程序中的错误或在下划线处填上适当的内容并把下划线删除，使它能计算出正确的结果。

注意：不要改动 main 函数，不得增行或删行，也不得更改程序的结构。
给定源程序如下。
```
#include <stdio.h>
double fun(int n)
{
    double result=1.0;
    while (n>1 && n<170)
/*********found*********/
        result*=--n;
/*********found*********/
    return _____;
}
main()
{
    int n;
    printf("Enter an integer: ");
    scanf("%d",&n);
    printf("\n\n%d!=%lg\n\n",n,fun(n));
}
```

三、程序设计题

编写函数 fun，函数的功能是从 s 所指的字符串中删除给定的字符。同一字母的大、小写按不同字符处理。

若程序执行时输入字符串为 turbo c and borland c++。

从键盘上输入字符 n，则输出后变为 turbo c ad borlad c++。

如果输入的字符在字符串中不存在，则字符串照原样输出。

注意： 部分源程序存在文件 PROG1.C 中。

请勿改动主函数 main 和其他函数中的任何内容，仅在函数 fun 的花括号中填入你编写的若干语句。

给定源程序如下。
```
#include <stdio.h>
#include <string.h>
void fun(char s[],char c)
{

}
main()
```

```
{
    static char str[]="turbo c and borland c++";
    char ch;
    printf(" 原始字符串 :%s\n", str);
    printf(" 输入一个字符 :");
    scanf("%c",&ch);
    fun(str,ch);
    printf("str[]=%s\n",str);
}
```

第69套 上机操作题

一、程序填空题

给定程序中，函数 fun 的功能是求出形参 ss 所指字符串数组中最长字符串的长度，将其余字符串右边用字符 * 补齐，使其与最长的字符串等长。ss 所指字符串数组中共有 M 个字符串，且串长 <N。

请在程序的下划线处填入正确的内容并把下划线删除，使程序得出正确的结果。

注意： 源程序存放在考生文件夹下的 BLANK1.C 中。

不得增行或删行，也不得更改程序的结构。

给定源程序如下。
```
#include <stdio.h>
#include <string.h>
#define  M  5
#define  N  20
void fun(char (*ss)[N])
{   int  i, j, n, len=0;
    for(i=0; i<M; i++)
    {   len=strlen(ss[i]);
        if(i==0) n=len;
        if(len>n)n=len;
    }
    for(i=0; i<M; i++) {
/*********found*********/
        n=strlen(___1___);
        for(j=0; j<len-n; j++)
/*********found*********/
```

```
            ss[i][ __2__ ]='*';
/**********found**********/
            ss[i][n+j+ __3__ ]='\0';
     }
}
main()
{   char ss[M][N]={"shanghai","guangzhou","beijing","tianjing","cchongqing"};
    int i;
    printf("The original strings are :\n");
    for(i=0; i<M; i++)  printf("%s\n",ss[i]);
    printf("\n");
    fun(ss);
    printf("The result is :\n");
    for(i=0; i<M; i++)  printf("%s\n",ss[i]);
}
```

二、程序改错题

给定程序 MODI1.C 中 fun 函数的功能是将 p 所指字符串中每个单词的最后一个字母改成大写（这里的"单词"是指由空格隔开的字符串）。

例如，若输入

"I am a student to take the examination."，

则应输出 "I aM A studenT tO takE thE examination."。

请修改程序中的错误之处，使它能得出正确的结果。

注意：不要改动 main 函数，不得删行，也不得更改程序的结构。

给定源程序如下。

```
#include <ctype.h>
#include <stdio.h>
#include <string.h>
void fun( char *p )
{
    int k = 0;
    for( ; *p; p++ )
        if( k )
        {
/**********found**********/
            if( p == ' ' )
            {
                k = 0;
/**********found**********/
                * (p-1) = toupper( *( p - 1 ) )
            }
            else
                k = 1;
}
main()
{
    char chrstr[64];
    int d ;
    printf( "\nPlease enter an English sentence within 63 letters: ");
    gets(chrstr);
    d=strlen(chrstr) ;
    chrstr[d] = ' ';
    chrstr[d+1] = 0 ;
    printf("\n\nBefore changing:\n %s", chrstr);
    fun(chrstr);
    printf("\nAfter changing:\n %s", chrstr);
}
```

三、程序设计题

请编写函数 fun，对长度为 7 个字符的字符串，除首、尾字符外，将其余 5 个字符按 ASCII 码降序排列。

例如，原来的字符串为 CEAedca，排序后输出为 CedcEAa。

注意：部分源程序存在文件 PROG1.C 中。

请勿改动主函数 main 和其他函数中的任何内容，仅在函数 fun 的花括号中填入编写的若干语句。

给定源程序如下。

```
#include <stdio.h>
#include <ctype.h>
#include <string.h>
void fun(char *s,int num)
```

```
        {
        }
main()
{
    char s[10];
    printf("输入7个字符的字符串:");
    gets(s);
    fun(s,7);
    printf("\n%s",s);
}
```

第70套 上机操作题

一、程序填空题

给定程序中,函数fun的功能是求ss所指字符串数组中长度最长的字符串所在的行下标,作为函数值返回,并把其串长放在形参n所指变量中。ss所指字符串数组中共有M个字符串,且串长小于N。

请在程序的下划线处填入正确的内容并把下划线删除,使程序得出正确的结果。

注意: 源程序存放在考生文件夹下的BLANK1.C中。

不得增行或删行,也不得更改程序的结构!

给定源程序如下。

```
#include <stdio.h>
#include <string.h>
#define M 5
#define N 20
/**********found**********/
int fun(char (*ss)  1  , int *n)
{   int i, k=0, len=0;
    for(i=0; i<M; i++)
    {   len=strlen(ss[i]);
/**********found**********/
        if(i==0) *n=  2  ;
        if(len>*n) {
/**********found**********/
           3 ;
```

```
            k=i;
        }
    }
    return(k);
}
main()
{   char ss[M][N]={"shanghai","guangzhou","beijing","tianjing","cchongqing"};
    int n,k,i;
    printf("\nThe original strings are :\n");
    for(i=0;i<M;i++)puts(ss[i]);
    k=fun(ss,&n);
    printf("\nThe length of longest string is : %d\n",n);
    printf("\nThe longest string is : %s\n",ss[k]);
}
```

二、程序改错题

给定程序MODI1.C中fun函数的功能是根据形参m,计算如下公式的值。

$$t = 1 + \frac{1}{2} + \frac{1}{3} + \frac{1}{4} + \cdots + \frac{1}{m}$$

例如,若输入5,则应输出2.283333。

请改正程序中的错误或在下划线处填上适当的内容并把下划线删除,使它能计算出正确的结果。

注意: 不要改动main函数,不得增行或删行,也不得更改程序的结构。

给定源程序如下。

```
#include <stdio.h>
double fun( int m )
{
    double t = 1.0;
    int i;
    for( i = 2; i <= m; i++ )
/**********found**********/
        t += 1.0/k;
/**********found**********/
      _____
}
main()
{
```

```
        int m;
        printf( "\nPlease enter 1 integer number:" );
        scanf( "%d", &m );
        printf( "\nThe result is %lf\n", fun( m ) );
}
```

三、程序设计题

编写一个函数,该函数可以统计一个长度为 2 的字符串在另一个字符串中出现的次数。例如,假定输入的字符串为 asd asasdfg asd as zx67 asd mklo,子字符串为 as,则应输出 6。

注意:部分源程序存在文件 PROG1.C 中。

请勿改动主函数 main 和其他函数中的任何内容,仅在函数 fun 的花括号中填入编写的若干语句。

给定源程序如下。

```
#include <stdio.h>
#include <string.h>
int fun(char *str,char *substr)
{

}
main()
{
        char str[81],substr[3];
        int n;
        printf(" 输入主字符串 : ");
        gets(str);
        printf(" 输入子字符串 : ");
        gets(substr);
        puts(str);
        puts(substr);
        n=fun(str,substr);
        printf("n=%d\n",n);
}
```

第71套 上机操作题

一、程序填空题

给定程序中,函数 fun 的功能是求 ss 所指字符串数组中长度最短的字符串所在的行下标,作为函数值返回,并把其串长放在形参 n 所指变量中。ss 所指字符串数组中共有 M 个字符串,且串长小于 N。

请在程序的下划线处填入正确的内容并把下划线删除,使程序得出正确的结果。

注意:源程序存放在考生文件夹下的 BLANK1.C 中。

不得增行或删行,也不得更改程序的结构。

给定源程序如下。

```
#include    <stdio.h>
#include    <string.h>
#define   M   5
#define   N   20
int fun(char  (*ss)[N], int  *n)
{    int  i, k=0, len= N;
/**********found**********/
        for(i=0; i<___1___; i++)
        {    len=strlen(ss[i]);
             if(i==0)  *n=len;
/**********found**********/
             if(len___2___*n)
             {   *n=len;
                 k=i;
             }
        }
/**********found**********/
        return(___3___);
}
main()
{    char  ss[M][N]={"shanghai","guangzhou","beijing","tianjing","chongqing"};
     int  n,k,i;
     printf("\nThe original strings are :\n");
     for(i=0;i<M;i++)puts(ss[i]);
     k=fun(ss,&n);
     printf("\nThe length of shortest string is : %d\n",n);
     printf("\nThe shortest string is : %s\n",ss[k]);
}
```

二、程序改错题

给定程序 MODI1.C 中函数 fun 的功能是将 tt 所指字符串中的小写字母都改为对应的大写字母，其他字符不变。

例如，若输入"Ab,cD"，则输出"AB,CD"。

请改正程序中的错误，使它能得出正确的结果。

注意：不要改动 main 函数，不得增行或删行，也不得更改程序的结构！

给定源程序如下。

```c
#include <stdio.h>
#include <string.h>
char* fun( char tt[] )
{
    int i;
    for( i = 0; tt[i]; i++ )
/**********found**********/
        if(( 'a' <= tt[i] )||( tt[i] <= 'z' ) )
/**********found**********/
            tt[i] += 32;
    return( tt );
}
main( )
{
    char tt[81];
    printf( "\nPlease enter a string: " );
    gets( tt );
    printf( "\nThe result string is:\n%s", fun( tt ) );
}
```

三、程序设计题

请编写函数 fun，其功能是将所有大于 1 小于整数 m 的非素数存入 xx 所指数组中，非素数的个数通过 k 传回。prime 函数是判断一个整数是否为素数，是返回 1，否则返回 0。

例如，若输入 17，则应输出 4 6 8 9 10 12 14 15 16。

注意：部分源程序存在文件 PROG1.C 中。

请勿改动主函数 main 和其他函数中的任何内容，仅在函数 fun 的花括号中填入编写的若干语句。

给定源程序如下。

```c
#include <stdio.h>
int prime ( int m )
{   int k = 2;
    while ( k <= m && (m%k))
        k++;
    if (m == k )
        return 1;
    else  return 0;
}
void fun( int m, int *k, int xx[] )
{


}
main()
{
    int m, n, zz[100];
    printf( "\nPlease enter an integer number between 10 and 100: " );
    scanf( "%d", &n );
    fun( n, &m, zz );
    printf( "\n\nThere are %d non-prime numbers less than %d:", m, n );
    for( n = 0; n < m; n++ )
        printf( "\n  %4d", zz[n] );
}
```

第72套 上机操作题

一、程序填空题

给定程序中，函数 fun 的功能是将 s 所指字符串中的所有数字字符移到所有非数字字符之后，并保持数字字符串和非数字字符串原有的先后次序。例如，形参 s 所指的字符串为 def35adh3kjsdf7。执行结果为 defadhkjsdf3537。

请在程序的下划线处填入正确的内容并把下划线删除，使程序得出正确的结果。

注意：源程序存放在考生文件夹下的 BLANK1.C 中。

不得增行或删行，也不得更改程序的结构。

给定源程序如下。
```
#include   <stdio.h>
void fun(char *s)
{    int i, j=0, k=0;   char t1[80], t2[80];
     for(i=0; s[i]!='\0'; i++)
         if(s[i]>='0' && s[i]<='9')
         {
/**********found**********/
             t2[j]=s[i];   __1__ ;
         }
         else  t1[k++]=s[i];
     t2[j]=0;  t1[k]=0;
/**********found**********/
     for(i=0; i<k; i++)  __2__ ;
/**********found**********/
     for(i=0; i< __3__ ; i++)  s[k+i]=t2[i];
}
main()
{   char  s[80]="def35adh3kjsdf7";
    printf("\nThe original string is : %s\n",s);
    fun(s);
    printf("\nThe result is : %s\n",s);
}
```

二、程序改错题

给定程序 MODI1.C 中函数 fun 的功能是用冒泡法对 6 个字符串按由小到大的顺序进行排序。

请改正程序中的错误，使它能得出正确的结果。

注意：不要改动 main 函数，不得增行或删行，也不得更改程序的结构！

给定源程序如下。
```
#include <stdio.h>
#include <string.h>
#define MAXLINE 20
void  fun ( char *pstr[6])
{   int i, j ;
    char *p ;
    for (i = 0 ; i < 5 ; i++) {
/***************found***************/
        for (j = i + 1, j < 6, j++)
        {
            if(strcmp(*(pstr + i), *(pstr + j)) > 0)
            {
                p = *(pstr + i) ;
/***************found***************/
                *(pstr + i) = pstr + j ;
                *(pstr + j) = p ;
            }
        }
    }
}
main( )
{   int i ;
    char *pstr[6], str[6][MAXLINE] ;
    for(i = 0; i < 6 ; i++) pstr[i] = str[i] ;
    printf( "\nEnter 6 string(1 string at each line):\n" ) ;
    for(i = 0 ; i < 6 ; i++) scanf("%s", pstr[i]) ;
    fun(pstr) ;
    printf("The strings after sorting:\n") ;
    for(i = 0 ; i < 6 ; i++) printf("%s\n", pstr[i]) ;
}
```

三、程序设计题

请编写函数 fun，它的功能是求出 ss 所指字符串中指定字符的个数，并返回此值。

例如，若输入字符串：123412132，输入字符为 1，则输出 3。

注意：部分源程序存在文件 PROG1.C 中。

请勿改动主函数 main 和其他函数中的任何内容，仅在函数 fun 的花括号中填入编写的若干语句。

给定源程序如下。
```
#include <stdio.h>
#include <string.h>
#define  M 81
int fun(char *ss, char c)
{


}
main()
{   char a[M], ch;
```

```
            printf("\nPlease enter a string:"); gets(a);
            printf("\nPlease enter a char:"); ch = getchar();
            printf("\nThe number of the char is: %d\n",
fun(a, ch));
        }
```

第73套 上机操作题

一、程序填空题

给定程序中，函数 fun 的功能是在形参 s 所指字符串中的每个数字字符之后插入一个 * 号。例如，形参 s 所指的字符串为：def35adh3kjsdf7。执行结果为 def3*5*adh3*kjsdf7*。

请在程序的下划线处填入正确的内容并把下划线删除，使程序得出正确的结果。

注意：源程序存放在考生文件夹下的 BLANK1.C 中。

不得增行或删行，也不得更改程序的结构！

给定源程序如下。

```
#include    <stdio.h>
void fun(char *s)
{    int  i, j, n;
        for(i=0; s[i]!='\0'; i++)
/**********found**********/
            if(s[i]>='0'    1     s[i]<='9')
            {  n=0;
/**********found**********/
                while(s[i+1+n]!=   2   ) n++;
                for(j=i+n+1; j>i; j--)
/**********found**********/
                    s[j+1]=   3   ;
                s[j+1]='*';
                i=i+1;
            }
}
main()
{    char  s[80]="ba3a54cd23a";
        printf("\nThe original string is : %s\n",s);
        fun(s);
        printf("\nThe result is : %s\n",s);
```

二、程序改错题

给定程序 MODI1.C 中函数 fun 的功能是根据整型形参 m，计算如下公式的值。

$$y = 1 + \frac{1}{2 \times 2} + \frac{1}{3 \times 3} + \frac{1}{4 \times 4} + \cdots + \frac{1}{m \times m}$$

例如，若 m 中的值为 5，则应输出 1.463611。

请改正程序中的错误，使它能得出正确的结果。

注意：不要改动 main 函数，不得增行或删行，也不得更改程序的结构。

给定源程序如下。

```
#include <stdio.h>
double fun ( int   m )
{    double  y = 1.0 ;
        int i ;
/**************found**************/
        for(i = 2 ; i < m ; i++)
/**************found**************/
            y += 1 / (i * i) ;
        return( y ) ;
}
main( )
{    int n = 5 ;
        printf( "\nThe result is %lf\n", fun ( n ) ) ;
}
```

三、程序设计题

请编写函数 fun，函数的功能是实现 B=A+A'，即把矩阵 A 加上 A 的转置，存放在矩阵 B 中。计算结果在 main 函数中输出。

例如，输入下面的矩阵： 其转置矩阵为

  1 2 3   1 4 7

  4 5 6   2 5 8

  7 8 9   3 6 9

程序输出

  2   6   10

  6   10   14

  10   14   18

注意：部分源程序存在文件 PROG1.C 中。

请勿改动主函数 main 和其他函数中的任何内

容，仅在函数 fun 的花括号中填入编写的若干语句。

给定源程序如下。
```
#include <stdio.h>
void  fun ( int a[3][3], int b[3][3])
{


}
main( )   /* 主程序 */
{    int a[3][3] = {{1, 2, 3}, {4, 5, 6}, {7, 8, 9}}, t[3][3];
     int i, j ;
     fun(a, t) ;
     for (i = 0 ; i < 3 ; i++) {
         for (j = 0 ; j < 3 ; j++)
             printf("%7d", t[i][j]) ;
         printf("\n") ;
     }
}
```

第74套 上机操作题

一、程序填空题

给定程序中，函数 fun 的功能是统计形参 s 所指字符串中数字字符出现的次数，并存放在形参 t 所指的变量中，最后在主函数中输出。例如，形参 s 所指的字符串为 abcdef35adgh3kjsdf7。输出结果为 4。

请在程序的下划线处填入正确的内容并把下划线删除，使程序得出正确的结果。

注意： 源程序存放在考生文件夹下的 BLANK1.C 中。

不得增行或删行，也不得更改程序的结构！
给定源程序如下。
```
#include     <stdio.h>
void fun(char  *s, int  *t)
{    int i, n;
     n=0;
/**********found**********/
     for(i=0; ___1___ !=0; i++)
/**********found**********/
         if(s[i]>='0'&&s[i]<= ___2___ ) n++;
/**********found**********/
         ___3___ ;
}
main()
{    char s[80]="abcdef35adgh3kjsdf7";
     int t;
     printf("\nThe original string is : %s\n",s);
     fun(s,&t);
     printf("\nThe result is : %d\n",t);
}
```

二、程序改错题

给定程序 MODI1.C 中函数 fun 的功能是通过某种方式实现两个变量值的交换，规定不允许增加语句和表达式。例如变量 a 中的值原为 8，b 中的值原为 3，程序运行后 a 中的值为 3，b 中的值为 8。

请改正程序中的错误，使它能得出正确的结果。

注意： 不要改动 main 函数，不得增行或删行，也不得更改程序的结构！

给定源程序如下。
```
#include <stdio.h>
int fun(int *x,int y)
{
     int t ;
/**************found**************/
     t = x ; x = y ;
/**************found**************/
     return(y) ;
}
main()
{
     int a = 3, b = 8 ;
     printf("%d  %d\n", a, b) ;
     b = fun(&a, b) ;
     printf("%d  %d\n", a, b) ;
}
```

三、程序设计题

请编写函数 fun，它的功能是求出 1 到 1000 之间能被 7 或 11 整除、但不能同时被 7 和 11 整除的所有整数并将它们放在 a 所指的数组中，通过 n 返回这些数的个数。

注意：部分源程序存在文件 PROG1.C 中。

请勿改动主函数 main 和其他函数中的任何内容，仅在函数 fun 的花括号中填入编写的若干语句。

给定源程序如下。

```
#include <stdio.h>
void fun (int *a, int *n)
{

}
main ( )
{   int aa[1000], n, k ;
    fun ( aa, &n ) ;
    for ( k = 0 ; k < n ; k++ )
        if((k + 1) % 10 == 0) printf("\n") ;
        else printf("%5d", aa[k]) ;
}
```

第75套 上机操作题

一、程序填空题

给定程序中，函数 fun 的功能是把形参 s 所指字符串中下标为奇数的字符右移到下一个奇数位置，最右边被移出字符串的字符绕回放到第一个奇数位置，下标为偶数的字符不动（字符串的长度大于等于 2）。例如，形参 s 所指的字符串为 abcdefgh，执行结果为 ahcbedgf。

请在程序的下划线处填入正确的内容并把下划线删除，使程序得出正确的结果。

注意：源程序存放在考生文件夹下的 BLANK1.C 中。

不得增行或删行，也不得更改程序的结构！

给定源程序如下。

```
#include  <stdio.h>
void fun(char *s)
{   int  i, n, k;   char c;
    n=0;
    for(i=0; s[i]!='\0'; i++)  n++;
/**********found**********/
    if(n%2==0) k=n- __1__ ;
    else     k=n-2;
/**********found**********/
    c= __2__ ;
    for(i=k-2; i>=1; i=i-2)  s[i+2]=s[i];
/**********found**********/
    s[1]= __3__ ;
}
main()
{   char s[80]="abcdefgh";
    printf("\nThe original string is : %s\n",s);
    fun(s);
    printf("\nThe result is : %s\n",s);
}
```

二、程序改错题

给定程序 MODI1.C 中 fun 函数的功能是求 s=aa…aa-…-aaa-aa-a (此处 aa…aa 表示 n 个 a，a 和 n 的值在 1 至 9 之间)。

例如 a=3，n=6，则以上表达式为 s=333333-33333-3333-333-33-3，其值是 296298。

a 和 n 是 fun 函数的形参，表达式的值作为函数值传回 main 函数。

请改正程序中的错误，使它能计算出正确的结果。

注意：不要改动 main 函数，不得增行或删行，也不得更改程序的结构！

给定源程序如下。

```
#include <stdio.h>
long fun (int a, int n)
{   int  j ;
/**************found**************/
    long  s = 0, t = 1 ;
    for ( j = 0 ; j < n ; j++)
        t = t * 10 + a ;
    s = t ;
    for ( j = 1 ; j < n ; j++) {
/**************found**************/
        t = t % 10 ;
```

```
            s = s − t ;
        }
        return(s) ;
    }
    main( )
    {   int  a, n ;
        printf( "\nPlease enter a and n:") ;
        scanf( "%d%d", &a, &n ) ;
        printf( "The value of function is: %ld\n", fun ( a, n ) );
    }
```

三、程序设计题

请编写一个函数 void fun(char *tt, int pp[]), 统计在 tt 所指字符串中 'a' 到 'z'26 个小写字母各自出现的次数, 并依次放在 pp 所指数组中。

例如, 当输入字符串为: abcdefgabcdeabc 后, 程序的输出结果应该是:
3 3 3 2 2 1 1 0 0 0 0 0 0 0 0 0 0 0 0 0 0 0 0 0 0 0

注意: 部分源程序存在文件 PROG1.C 中。

请勿改动主函数 main 和其他函数中的任何内容, 仅在函数 fun 的花括号中填入编写的若干语句。

给定源程序如下。
```
#include <stdio.h>
#include <string.h>
void fun(char *tt, int pp[])
{

}
main( )
{   char aa[1000] ;
    int  bb[26], k ;
    printf( "\nPlease enter  a char string:" ) ;
    scanf("%s", aa ) ;
    fun(aa, bb ) ;
    for ( k = 0 ; k < 26 ; k++ ) printf ("%d ", bb[k]) ;
    printf( "\n" ) ;
}
```

第76套 上机操作题

一、程序填空题

给定程序中, 函数 fun 的功能是对形参 s 所指字符串中下标为奇数的字符按 ASCII 码大小递增排序, 并将排序后下标为奇数的字符取出, 存入形参 p 所指字符数组中, 形成一个新串。

例如, 形参 s 所指的字符串为 baawrskjghzli cda, 执行后 p 所指字符数组中的字符串应为 aachjlsw。

请在程序的下划线处填入正确的内容并把下划线删除, 使程序得出正确的结果。

注意: 源程序存放在考生文件夹下的 BLANK1.C 中。
不得增行或删行, 也不得更改程序的结构!
给定源程序如下。
```
#include    <stdio.h>
void fun(char *s, char *p)
{    int  i, j, n, x, t;
     n=0;
     for(i=0; s[i]!='\0'; i++)  n++;
     for(i=1; i<n−2; i=i+2) {
/**********found**********/
         ___1___ ;
/**********found**********/
         for(j=___2___+2 ; j<n; j=j+2)
             if(s[t]>s[j]) t=j;
         if(t!=i)
         {  x=s[i]; s[i]=s[t]; s[t]=x; }
     }
     for(i=1,j=0; i<n; i=i+2, j++)  p[j]=s[i];
/**********found**********/
     p[j]=___3___ ;
}
main()
{   char s[80]="baawrskjghzlicda", p[50];
    printf("\nThe original string is : %s\n",s);
    fun(s,p);
    printf("\nThe result is : %s\n",p);
}
```

二、程序改错题

给定程序 MODI1.C 中函数 fun 的功能是用下面的公式求 π 的近似值，直到最后一项的绝对值小于指定的数（参数 num）为止。

$$\frac{\pi}{4} \approx 1 - \frac{1}{3} + \frac{1}{5} - \frac{1}{7} + \ldots$$

例如，程序运行后，输入 0.0001，则程序输出 3.1414。

请改正程序中的错误，使它能输出正确的结果。

注意：不要改动 main 函数，不得增行或删行，也不得更改程序的结构！

给定源程序如下。

```
#include <math.h>
#include <stdio.h>
float fun ( float num )
{   int s ;
    float n, t, pi ;
    t = 1 ; pi = 0 ; n = 1 ; s = 1 ;
/**************found**************/
    while(t >= num)
    {
        pi = pi + t ;
        n = n + 2 ;
        s = -s ;
/**************found**************/
        t = s % n ;
    }
    pi = pi * 4 ;
    return pi ;
}
main( )
{   float n1, n2 ;
    printf("Enter a float number: ") ;
    scanf("%f", &n1) ;
    n2 = fun(n1) ;
    printf("%6.4f\n", n2) ;
}
```

三、程序设计题

请编写一个函数 void fun (char a[],char b[],int n)，其功能是删除一个字符串中指定下标的字符。其中，a 指向原字符串，删除指定字符后的字符串存放在 b 所指的数组中，n 中存放指定的下标。

例如，输入一个字符串 World，然后输入 3，则调用该函数后的结果为 Word。

注意：部分源程序存在文件 PROG1.C 中。

请勿改动主函数 main 和其他函数中的任何内容，仅在函数 fun 的花括号中填入编写的若干语句。

给定源程序如下。

```
#include <stdio.h>
#include <string.h>
#define LEN 20
void fun (char a[], char b[], int n)
{

}
main( )
{   char str1[LEN], str2[LEN] ;
    int n ;
    printf("Enter the string:\n") ;
    gets(str1) ;
    printf("Enter the index of the char deleted:") ;
    scanf("%d", &n) ;
    fun(str1, str2, n) ;
    printf("The new string is: %s\n", str2) ;
}
```

第77套 上机操作题

一、程序填空题

给定程序中，函数 fun 的功能是在形参 s 所指字符串中寻找与参数 c 相同的字符，并在其后插入一个与之相同的字符，若找不到相同的字符则函数不做任何处理。

例如，s 所指字符串为 baacda，c 中的字符为 a，执行后 s 所指字符串为 baaaacdaa。

请在程序的下划线处填入正确的内容并把下划线删除，使程序得出正确的结果。

注意：源程序存放在考生文件夹下的 BLANK1.C 中。

不得增行或删行，也不得更改程序的结构！

给定源程序如下。
```c
#include    <stdio.h>
void fun(char  *s, char  c)
{    int  i, j, n;
/**********found**********/
       for(i=0; s[i]!=__1__ ; i++)
            if(s[i]==c)
            {
/**********found**********/
                n=__2__ ;
                while(s[i+1+n]!='\0')  n++;
                for(j=i+n+1; j>i; j--)  s[j+1]=s[j];
/**********found**********/
                s[j+1]=__3__ ;
                i=i+1;
            }
}
main()
{   char  s[80]="baacda", c;
    printf("\nThe string: %s\n",s);
    printf("\nInput a character: ");
    scanf("%c",&c);
    fun(s,c);
    printf("\nThe result is: %s\n",s);
}
```

二、程序改错题

在主函数中从键盘输入若干个数放入数组中，用0结束输入并放在最后一个元素中。给定程序MODI1.C中函数fun的功能是：计算数组元素中值为正数的平均值（不包括0）。

例如：数组中元素中的值依次为39，-47，21，2，-8，15，0，则程序的运行结果为19.250000。

请改正程序中的错误，使它能得出正确的结果。

注意：不要改动main函数，不得增行或删行，也不得更改程序的结构！

给定源程序如下。
```c
#include <stdio.h>
double fun ( int x[])
{
/************found************/
    int sum = 0.0;
    int c=0, i=0;
    while (x[i] != 0)
    {    if (x[i] > 0) {
            sum += x[i]; c++; }
         i++;
    }
/************found************/
    sum \= c;
    return sum;
}
main( )
{    int x[1000]; int i=0;
    printf( "\nPlease enter some data (end with 0): ");
    do
    {   scanf("%d", &x[i]); }
    while (x[i++] != 0);
    printf("%f\n", fun ( x ));
}
```

三、程序设计题

编写函数fun，函数的功能是根据以下公式计算s，计算结果作为函数值返回；n通过形参传入。

$$S = 1 + \frac{1}{1+2} + \frac{1}{1+2+3} + \ldots + \frac{1}{1+2+3+\ldots+n}$$

例如：若n的值为11时，函数的值为：1.833333。

注意：部分源程序存在文件PROG1.C中。

请勿改动主函数main和其他函数中的任何内容，仅在函数fun的花括号中填入编写的若干语句。

给定源程序如下。
```c
#include <stdio.h>
double fun(int  n)
{

}
main()
{    int n; double s;
```

```
        printf("\nPlease enter N:"); scanf("%d", &n);
        s = fun(n);
        printf("the result is: %f\n", s);
}
```

第78套 上机操作题

一、程序填空题

给定程序中，函数 fun 的功能是有 N×N 矩阵，根据给定的 m（m<=N）值，将每行元素中的值均右移 m 个位置，左边置为0。例如，N=3，m=2，有下列矩阵。

  1 2 3
  4 5 6
  7 8 9

程序执行结果为

  0 0 1
  0 0 4
  0 0 7

请在程序的下划线处填入正确的内容并把下划线删除，使程序得出正确的结果。

注意：源程序存放在考生文件夹下的 BLANK1.C 中。

不得增行或删行，也不得更改程序的结构！

给定源程序如下。

```
#include   <stdio.h>
#define  N   4
void fun(int  (*t)[N], int  m)
{   int  i, j;
/*********found**********/
    for(i=0; i<N; ___1___ )
    {   for(j=N-1-m; j>=0; j--)
/*********found**********/
        t[i][j+ ___2___ ]=t[i][j];
/*********found**********/
        for(j=0; j< ___3___ ; j++)
            t[i][j]=0;
    }
}
main()
```

```
{   int t[][N]={21,12,13,24,25,16,47,38,29,11,32,54
,42,21,33,10}, i, j, m;
    printf("\nThe original array:\n");
    for(i=0; i<N; i++)
    {   for(j=0; j<N; j++)
            printf("%2d  ",t[i][j]);
        printf("\n");
    }
    printf("Input m (m<=%d): ",N); scanf("%d",&m);
    fun(t,m);
    printf("\nThe result is:\n");
    for(i=0; i<N; i++)
    {   for(j=0; j<N; j++)
            printf("%2d  ",t[i][j]);
        printf("\n");
    }
}
```

二、程序改错题

给定程序 MODI1.C 中函数 fun 的功能是计算并输出 high 以内最大的 10 个素数之和。high 的值由主函数传给 fun 函数。

若 high 的值为 100，则函数的值为 732。

请改正程序中的错误，使程序能输出正确的结果。

注意：不要改动 main 函数，不得增行或删行，也不得更改程序的结构！

给定源程序如下。

```
#include <stdio.h>
#include <math.h>
int fun( int  high )
{   int sum = 0,  n=0,  j,  yes;
/************found************/
    while ((high >= 2) && (n < 10)
    {   yes = 1;
        for (j=2; j<=high/2; j++)
            if (high % j ==0 ){
/************found************/
                yes=0; break
            }
        if (yes) {   sum +=high; n++; }
        high--;
```

```
        return sum ;
}
main ( )
{
        printf("%d\n", fun (100));
}
```

三、程序设计题

编写函数 fun，它的功能是：利用以下所示的简单迭代方法求方程：cos(x)–x=0 的一个实根。

$$x_{n+1} = \cos(x_n)$$

迭代步骤如下：

（1）取 x1 初值为 0.0；
（2）x0=x1，把 x1 的值赋给 x0；
（3）x1=cos(x0)，求出一个新的 x1；
（4）若 x0–x1 的绝对值小于 0.000001，执行步骤（5），否则执行步骤（2）；
（5）所求 x1 就是方程 cos(x)–x=0 的一个实根，作为函数值返回。

程序将输出结果 Root=0.739086。

注意： 部分源程序存在文件 PROG1.C 中。
请勿改动主函数 main 和其他函数中的任何内容，仅在函数 fun 的花括号中填入编写的若干语句。

```
#include <math.h>
#include <stdio.h>
double fun()
{


}
main()
{
        printf("Root =%f\n", fun());
}
```

第79套 上机操作题

一、程序填空题

给定程序中，函数 fun 的功能是将 N×N 矩阵中元素的值按列右移 1 个位置，右边被移出矩阵的元素绕回左边。例如，N=3，有下列矩阵：

```
1  2  3
4  5  6
7  8  9
```

计算结果为

```
3  1  2
6  4  5
9  7  8
```

请在程序的下划线处填入正确的内容并把下划线删除，使程序得出正确的结果。

注意： 源程序存放在考生文件夹下的 BLANK1.C 中。

不得增行或删行，也不得更改程序的结构！
给定源程序如下。

```
#include   <stdio.h>
#define   N   4
void fun(int  (*t)[N])
{   int  i, j, x;
/**********found**********/
        for(i=0; i<___1___; i++)
        {
/**********found**********/
                x=t[i][___2___];
                for(j=N–1; j>=1; j--)
                        t[i][j]=t[i][j–1];
/**********found**********/
                t[i][___3___]=x;
        }
}
main()
{   int   t[][N]={21,12,13,24,25,16,47,38,29,11,32,54,42,21,33,10}, i, j;
        printf("The original array:\n");
        for(i=0; i<N; i++)
        {   for(j=0; j<N; j++)  printf("%2d ",t[i][j]);
                printf("\n");
        }
        fun(t);
        printf("\nThe result is:\n");
        for(i=0; i<N; i++)
        {   for(j=0; j<N; j++) printf("%2d ",t[i][j]);
                printf("\n");
```

}
}

二、程序改错题

下列给定程序中函数 fun 的功能是计算并输出下列级数的前 N 项和 S_N，直到 S_{N+1} 的值大于 q 为止，q 的值通过形参传入。

$$S_N = \frac{2}{1} + \frac{3}{2} + \frac{4}{3} + \ldots + \frac{n+1}{n}$$

例如，若 q 的值为 50.0，则函数值应为 49.394948。

请改正程序中的错误，使程序能输出正确的结果。

注意：不要改动 main 函数，不得增行或删行，也不得更改程序的结构！

给定源程序如下。

```
#include <stdio.h>
double  fun( double  q )
{   int n; double  s,t;
    n = 2;
    s = 2.0;
    while (s<=q)
    {
        t=s;
/************found************/
        s=s+(n+1)/n;
        n++;
    }
    printf("n=%d\n",n);
/************found************/
    return s;
}
main ( )
{
    printf("%f\n", fun(50));
}
```

三、程序设计题

编写函数 fun，它的功能是求 Fibonacci 数列中大于 t 的最小的一个数，结果由函数返回。其中 Fibonacci 数列 F(n) 的定义为

$$F(0) = 0,\ F(1) = 1$$

$$F(n) = F(n-1) + F(n-2)$$

例如：当 t=1000 时，函数值为 1597。

注意：部分源程序存在文件 PROG1.C 中。

请勿改动主函数 main 和其他函数中的任何内容，仅在函数 fun 的花括号中填入编写的若干语句。

给定源程序如下。

```
#include <math.h>
#include <stdio.h>
int  fun( int  t)
{


}
main()  /* 主函数 */
{   int n;
    n=1000;
    printf("n = %d, f = %d\n",n, fun(n));
}
```

第80套 上机操作题

一、程序填空题

给定程序中，函数 fun 的功能是有 N×N 矩阵，将矩阵的外围元素顺时针旋转。操作顺序是首先将第一行元素的值存入临时数组 r，然后使第一列成为第一行，最后一行成为第一列，最后一列成为最后一行，临时数组中的元素成为最后一列。

例如，若 N=3，有下列矩阵。

1 2 3
4 5 6
7 8 9

计算结果为

7 4 1
8 5 2
9 6 3

请在程序的下划线处填入正确的内容并把下划线删除，使程序得出正确的结果。

注意：源程序存放在考生文件夹下的 BLANK1.C 中。

不得增行或删行，也不得更改程序的结构！
给定源程序如下。
```
#include    <stdio.h>
#define   N   4
void fun(int  (*t)[N])
{    int  j ,r[N];
        for(j=0; j<N; j++) r[j]=t[0][j];
        for(j=0; j<N; j++)
/**********found**********/
            t[0][N−j−1]=t[j][  1  ];
        for(j=0; j<N; j++)
            t[j][0]=t[N−1][j];
/**********found**********/
        for(j=N−1; j>=0;  2   )
            t[N−1][N−1−j]=t[j][N−1];
        for(j=N−1; j>=0; j−−)
/**********found**********/
            t[j][N−1]=r[  3  ];
}
main()
{   int t[][N]={21,12,13,24,25,16,47,38,29,11,32,
54,42,21,33,10}, i, j;
        printf("\nThe original array:\n");
        for(i=0; i<N; i++)
        {   for(j=0; j<N; j++) printf("%2d ",t[i][j]);
                printf("\n");
        }
        fun(t);
        printf("\nThe result is:\n");
        for(i=0; i<N; i++)
        {   for(j=0; j<N; j++) printf("%2d ",t[i][j]);
                printf("\n");
        }
}
```

二、程序改错题

给定程序 MODI1.C 中函数 fun 的功能是计算
S=f(−n)+f(−n+1)+⋯+f(0)+f（1）+f（2）+⋯+f(n) 的值。
例如，当 n 为 5 时，函数值应为 10.407143。f(x) 函
数定义如下。

$$f(x) = \begin{cases} (x+1)/(x-2) & x>0 \text{ 且} x\neq 2 \\ 0 & x=0 \text{ 或} x=2 \\ (x-1)/(x-2) & x<0 \end{cases}$$

请改正程序中的错误，使程序能输出正确的
结果。

注意：不要改动 main 函数，不得增行或删行，
也不得更改程序的结构！

给定源程序如下。
```
#include <stdio.h>
#include <math.h>
/************found***********/
f( double x)
{
    if (x == 0.0 || x == 2.0)
        return 0.0;
    else if (x < 0.0)
        return (x −1)/(x−2);
    else
        return (x +1)/(x−2);
}
double fun( int n )
{    int i;  double  s=0.0, y;
    for (i= −n; i<=n; i++)
        {y=f(1.0*i); s += y;}
/************found***********/
    return s
}
main ( )
{
    printf("%f\n", fun（5）);
}
```

三、程序设计题

编写函数 fun，它的功能是计算：
$S = \sqrt{\ln(1) + \ln(2) + \ln(3) + \cdots + \ln(m)}$，s 作为
函数值返回。在 C 语言中可调用 log(n) 函数求 ln(n)。
log 函数的引用说明是

double log(double x)。

例如，若 m 的值为 20，fun 函数值为 6.506583。

注意：部分源程序存在文件 PROG1.C 中。

请勿改动主函数 main 和其他函数中的任何内容，仅在函数 fun 的花括号中填入你编写的若干语句。

给定源程序如下。
```
#include <math.h>
#include <stdio.h>
double  fun( int m )
{

}
main()
{
    printf("%f\n", fun(20));
}
```

第81套 上机操作题

一、程序填空题

给定程序中，函数 fun 的功能是有 N×N 矩阵，以主对角线为对称线，对称元素相加并将结果存放在左下三角元素中，右上三角元素置为0。例如，若 N=3，有下列矩阵。

  1 2 3
  4 5 6
  7 8 9

计算结果为

  1 0 0
  6 5 0
  10 14 9

请在程序的下划线处填入正确的内容并把下划线删除，使程序得出正确的结果。

注意： 源程序存放在考生文件夹下的 BLANK1.C 中。

不得增行或删行，也不得更改程序的结构！

给定源程序如下。
```
#include   <stdio.h>
#define   N   4
/**********found**********/
void fun(int  (*t)___1___ )
{   int  i, j;
    for(i=1; i<N; i++)
    {   for(j=0; j<i; j++)
        {
/**********found**********/
            ___2___ =t[i][j]+t[j][i];
/**********found**********/
            ___3___ =0;
        }
    }
}
main()
{   int   t[][N]={21,12,13,24,25,16,47,38,29,11,32,54,42,21,33,10}, i, j;
    printf("\nThe original array:\n");
    for(i=0; i<N; i++)
    {   for(j=0; j<N; j++) printf("%2d ",t[i][j]);
        printf("\n");
    }
    fun(t);
    printf("\nThe result is:\n");
    for(i=0; i<N; i++)
    {   for(j=0; j<N; j++) printf("%2d ",t[i][j]);
        printf("\n");
    }
}
```

二、程序改错题

给定程序 MODI1.C 中函数 fun 的功能是计算函数 F(x,y,z)=(x+y)/(x-y)+(z+y)/(z-y) 的值。其中 x 和 y 的值不等，z 和 y 的值不等。

例如，当 x 的值为 9、y 的值为 11、z 的值为 15 时，函数值为 −3.50。

请改正程序中的错误，使它能得出正确结果。

注意： 不要改动 main 函数，不得增行或删行，也不得更改程序的结构。

给定源程序如下。
```
#include <stdio.h>
#include <math.h>
#include <stdlib.h>
```

```
/************found************/
#define  FU(m,n)   (m/n)
float fun(float a,float b,float c)
{   float  value;
        value=FU(a+b,a-b)+FU(c+b,c-b);
/************found************/
        Return(Value);
}
main()
{   float  x,y,z,sum;
        printf("Input x y z: ");
        scanf("%f%f%f",&x,&y,&z);
        printf("x=%f,y=%f,z=%f\n",x,y,z);
        if (x==y||y==z){printf("Data error!\n");exit(0);}
        sum=fun(x,y,z);
        printf("The result is : %5.2f\n",sum);
}
```

三、程序设计题

规定输入的字符串中只包含字母和 * 号。请编写函数 fun，它的功能是将字符串中的前导 * 号全部删除，中间和尾部的 * 号不删除。

例如，字符串中的内容为 *******A*BC*DEF*G****，删除后，字符串中的内容应当是 A*BC*DEF*G****。在编写函数时，不得使用C语言提供的字符串函数。

注意：部分源程序存在文件 PROG1.C 中。

请勿改动主函数 main 和其他函数中的任何内容，仅在函数 fun 的花括号中填入编写的若干语句。

给定源程序如下。

```
#include <stdio.h>
void  fun( char *a )
{

}
main()
{   char  s[81];
        printf("Enter a string:\n");gets(s);
        fun( s );
        printf("The string after deleted:\n");puts(s);
}
```

第82套 上机操作题

一、程序填空题

给定程序中，函数 fun 的功能是将 N×N 矩阵主对角线元素中的值与反向对角线对应位置上元素中的值进行交换。例如，若 N=3，有下列矩阵。

  1　2　3
  4　5　6
  7　8　9

交换后为

  3　2　1
  4　5　6
  9　8　7

请在程序的下划线处填入正确的内容并把下划线删除，使程序得出正确的结果。

注意：源程序存放在考生文件夹下的 BLANK1.C 中。

不得增行或删行，也不得更改程序的结构！

给定源程序如下。

```
#include    <stdio.h>
#define   N   4
/**********found**********/
void fun(int   __1__ , int n)
{   int  i,s;
/**********found**********/
    for(__2__ ; i++)
    {   s=t[i][i];
        t[i][i]=t[i][n-i-1];
/**********found**********/
        t[i][n-1-i]= __3__ ;
    }
}
main()
{   int  t[][N]={21,12,13,24,25,16,47,38,29,11,32,54,42,21,33,10}, i, j;
    printf("\nThe original array:\n");
    for(i=0; i<N; i++)
    {   for(j=0; j<N; j++) printf("%d  ",t[i][j]);
        printf("\n");
    }
```

```
       fun(t,N);
       printf("\nThe result is:\n");
       for(i=0; i<N; i++)
       {    for(j=0; j<N; j++) printf("%d  ",t[i][j]);
            printf("\n");
       }
}
```

二、程序改错题

由 N 个有序整数组成的数列已放在一维数组中，给定程序 MODI1.C 中函数 fun 的功能是利用折半查找算法查找整数 m 在数组中的位置。若找到，返回其下标值；反之，返回 –1。

折半查找的基本算法是每次查找前先确定数组中待查的范围：low 和 high（low<high），然后把 m 与中间位置（mid）中元素的值进行比较。如果 m 的值大于中间位置元素中的值，则下一次的查找范围落在中间位置之后的元素中；反之，下一次的查找范围落在中间位置之前的元素中。直到 low>high，查找结束。

请改正程序中的错误，使它能得出正确结果。

注意：不要改动 main 函数，不得增行或删行，也不得更改程序的结构。

给定源程序如下。

```
#include <stdio.h>
#define  N   10
/************found************/
void fun(int a[], int m )
{    int  low=0,high=N−1,mid;
     while(low<=high)
     {    mid=(low+high)/2;
          if(m<a[mid])
              high=mid−1;
/************found************/
          else If(m > a[mid])
              low=mid+1;
          else  return(mid);
     }
     return(−1);
}
main()
{    int  i,a[N]={−3,4,7,9,13,45,67,89,100,180 },k,m;
     printf("a 数组中的数据如下 :");
```

```
     for(i=0;i<N;i++) printf("%d ", a[i]);
     printf("Enter m: ");  scanf("%d",&m);
     k=fun(a,m);
     if(k>=0) printf("m=%d,index=%d\n",m,k);
     else  printf("Not be found!\n");
}
```

三、程序设计题

假定输入的字符串中只包含字母和 * 号。请编写函数 fun，它的功能是除了尾部的 * 号之外，将字符串中其他 * 号全部删除。形参 p 已指向字符串中最后的一个字母。在编写函数时，不得使用 C 语言提供的字符串函数。

例 如， 字 符 串 中 的 内 容 为 ****A*BC*DEF*G*******，删除后，字符串中的内容应当是 ABCDEFG*******。

注意：部分源程序存在文件 PROG1.C 中。
请勿改动主函数 main 和其他函数中的任何内容，仅在函数 fun 的花括号中填入编写的若干语句。
给定源程序如下。

```
#include <stdio.h>
void fun( char *a, char *p )
{

}
main()
{    char s[81],*t;
     printf("Enter a string:\n");gets(s);
     t=s;
     while(*t)t++;
     t−−;
     while(*t=='*')t−−;
     fun( s , t );
     printf("The string after deleted:\n");puts(s);
}
```

第83套 上机操作题

一、程序填空题

给定程序中，函数 fun 的功能是计算 N × N 矩阵的主对角线元素和反向对角线元素之和，并作为函数值返回。

注意：要求先累加主对角线元素中的值，然后累加反向对角线元素中的值。例如，若N=3，有下列矩阵。

```
1 2 3
4 5 6
7 8 9
```

fun 函数首先累加 1、5、9，然后累加 3、5、7，函数的返回值为 30。

请在程序的下划线处填入正确的内容并把下划线删除，使程序得出正确的结果。

注意：源程序存放在考生文件夹下的 BLANK1.C 中。

不得增行或删行，也不得更改程序的结构！

给定源程序如下。

```c
#include  <stdio.h>
#define  N  4
fun(int t[][N], int n)
{   int i, sum;
/**********found**********/
    ___1___;
    for(i=0; i<n; i++)
/**********found**********/
        sum+=  ___2___ ;
    for(i=0; i<n; i++)
/**********found**********/
        sum+= t[i][n-i-  ___3___ ];
    return sum;
}
main()
{   int  t[][N]={21,2,13,24,25,16,47,38,29,11,32,54,42,21,3,10},i,j;
    printf("\nThe original data:\n");
    for(i=0; i<N; i++)
    {   for(j=0; j<N; j++) printf("%4d",t[i][j]);
        printf("\n");
    }
    printf("The result is: %d",fun(t,N));
}
```

二、程序改错题

下列给定程序中函数 fun 和 funx 的功能是用二分法求方程 $2x^3-4x^2+3x-6=0$ 的一个根，并要求绝对误差不超过 0.001。

例如，若给 m 输入 -100，n 输入 90，则函数求得的一个根为 2.000。

请改正程序中的错误，使它能得出正确的结果。

注意：部分源程序存在文件 MODI1.C 中，不得增行或删行，也不得更改程序的结构。

给定源程序如下。

```c
#include <stdio.h>
#include <math.h>
double funx(double x)
{   return(2*x*x*x-4*x*x+3*x-6); }
double fun( double m, double n)
{
/***********found***********/
    int  r;
    r=(m+n)/2;
/***********found***********/
    while(fabs(n-m)<0.001)
    {   if(funx(r)*funx(n)<0)  m=r;
        else n=r;
        r=(m+n)/2;
    }
    return  r;
}
main( )
{   double  m,n, root;
    printf("Enter m n : \n");
    scanf("%lf%lf",&m,&n);
    root=fun( m,n );
    printf("root = %6.3f\n",root);
}
```

三、程序设计题

假定输入的字符串中只包含字母和 * 号。请编写函数 fun，它的功能是除了字符串前导和尾部的 * 号之外，将串中其他 * 号全部删除。形参 h 已指向字符串中第一个字母，形参 p 已指向字符串中最后一个字母。在编写函数时，不得使用 C 语言提供的字符串函数。

例如，字符串中的内容为 ****A*BC*DEF*G********，删除后，字符串中的内容应当是

****ABCDEFG********。在编写函数时，不得使用C语言提供的字符串函数。

注意：部分源程序存在文件 PROG1.C 中。

请勿改动主函数 main 和其他函数中的任何内容，仅在函数 fun 的花括号中填入你编写的若干语句。

给定源程序如下：

```
#include <stdio.h>
void fun( char *a, char *h,char *p )
{

}
main()
{   char  s[81],*t, *f;
    printf("Enter a string:\n");gets(s);
    t=f=s;
    while(*t)t++;
    t--;
    while(*t=='*')t--;
    while(*f=='*')f++;
    fun( s , f,t );
    printf("The string after deleted:\n");puts(s);
}
```

第84套 上机操作题

一、程序填空题

函数 fun 的功能是把形参 a 所指数组中的奇数按原顺序依次存放到 a[0]、a[1]、a[2]、……中，把偶数从数组中删除，奇数个数通过函数值返回。例如：若 a 所指数组中的数据最初排列为 9、1、4、2、3、6、5、8、7，删除偶数后 a 所指数组中的数据为 9、1、3、5、7，返回值为 5。

请在程序的下划线处填入正确的内容并把下划线删除，使程序得出正确的结果。

注意：源程序存放在考生文件夹下的 BLANK1.C 中。

不得增行或删行，也不得更改程序的结构！

给定源程序如下：

```
#include  <stdio.h>
#define  N  9
int fun(int a[], int n)
{   int i,j;
    j = 0;
    for (i=0; i<n; i++)
/**********found**********/
        if (a[i]%2==___1___)
        {
/**********found**********/
            a[j] = a[i]; ___2___;
        }
/**********found**********/
    return ___3___;
}
main()
{   int b[N]={9,1,4,2,3,6,5,8,7}, i, n;
    printf("\nThe original data :\n");
    for (i=0; i<N; i++)  printf("%4d ", b[i]);
    printf("\n");
    n = fun(b, N);
    printf("\nThe number of odd  : %d \n", n);
    printf("\nThe odd number  :\n");
    for (i=0; i<n; i++)  printf("%4d ", b[i]);
    printf("\n");
}
```

二、程序改错题

给定程序 MODI1.C 中函数 fun 的功能是求出两个非零正整数的最大公约数，并作为函数值返回。

例如，若给 num1 和 num2 分别输入 49 和 21，则输出的最大公约数为 7；若给 num1 和 num2 分别输入 27 和 81，则输出的最大公约数为 27。

请改正程序中的错误，使它能得出正确结果。

注意：不要改动 main 函数，不得增行或删行，也不得更改程序的结构。

给定源程序如下：

```
#include <stdio.h>
int fun(int  a,int  b)
{   int  r,t;
    if(a<b) {
/************found************/
        t=a; b=a; a=t;
```

```
            }
            r=a%b;
        while(r!=0)
        {  a=b; b=r; r=a%b; }
/************found************/
        return(a);
}
main()
{   int num1, num2,a;
    printf("Input num1 num2: ");
    scanf("%d%d",&num1,&num2);
    printf("num1= %d  num2= %d\n\n",num1,num2);
    a=fun(num1,num2);
    printf("The maximun common divisor is %d\n\n",a);
}
```

三、程序设计题

假定输入的字符串中只包含字母和 * 号。请编写函数 fun，它的功能是删除字符串中所有的 * 号。在编写函数时，不得使用 C 语言提供的字符串函数。

例如，字符串中的内容为 ****A*BC*DEF*G*******，删除后，字符串中的内容应当是 ABCDEFG。

注意：部分源程序存在文件 PROG1.C 中。

请勿改动主函数 main 和其他函数中的任何内容，仅在函数 fun 的花括号中填入编写的若干语句。

给定源程序如下。

```
#include <stdio.h>
void fun( char *a )
{

}
main()
{   char s[81];
    printf("Enter a string:\n");gets(s);
    fun( s );
    printf("The string after deleted:\n");puts(s);
}
```

第85套 上机操作题

一、程序填空题

函数 fun 的功能是把形参 a 所指数组中的偶数按原顺序依次存放到 a[0]、a[1]、a[2]、……中，把奇数从数组中删除，偶数个数通过函数值返回。例如，若 a 所指数组中的数据最初排列为：9、1、4、2、3、6、5、8、7，删除奇数后 a 所指数组中的数据为 4、2、6、8，返回值为 4。

请在程序的下划线处填入正确的内容并把下划线删除，使程序得出正确的结果。

注意：源程序存放在考生文件夹下的 BLANK1.C 中。

不得增行或删行，也不得更改程序的结构!

给定源程序如下。

```
#include    <stdio.h>
#define  N  9
int fun(int  a[], int  n)
{   int  i,j;
    j = 0;
    for (i=0; i<n; i++)
/**********found**********/
        if ( __1__ == 0) {
/**********found**********/
            __2__ = a[i]; j++;
        }
/**********found**********/
    return    __3__ ;
}
main()
{   int  b[N]={9,1,4,2,3,6,5,8,7}, i, n;
    printf("\nThe original data :\n");
    for (i=0; i<N; i++)  printf("%4d ", b[i]);
    printf("\n");
    n = fun(b, N);
    printf("\nThe number of even  : %d\n", n);
    printf("\nThe even :\n");
    for (i=0; i<n; i++)  printf("%4d ", b[i]);
    printf("\n");
}
```

二、程序改错题

给定程序 MODI1.C 中函数 fun 的功能是按以下递归公式求函数值。

$$fun(n) = \begin{cases} 10 & (n = 1) \\ fun(n-1) + 2 & (n > 1) \end{cases}$$

例如，当给 n 输入 5 时，函数值为 18；当给 n 输入 3 时，函数值为 14。

请改正程序中的错误，使它能得出正确结果。

注意：不要改动 main 函数，不得增行或删行，也不得更改程序的结构。

给定源程序如下。

```
#include <stdio.h>
/************found************/
fun ( n )
{   int c;
/************found************/
    if(n=1)
        c = 10;
    else
        c= fun(n-1)+2;
    return(c);
}
main()
{   int n;
    printf("Enter n : "); scanf("%d",&n);
    printf("The result : %d\n\n", fun(n));
}
```

三、程序设计题

假定输入的字符串中只包含字母和 * 号。请编写函数 fun，它的功能是使字符串尾部的 * 号不得多于 n 个；若多于 n 个，则删除多余的 * 号；若少于或等于 n 个，则什么也不做，字符串中间和前面的 * 号不删除。

例如，字符串中的内容为 ****A*BC*DEF*G*******，若 n 的值为 4，删除后，字符串中的内容应当是 ****A*BC*DEF*G****；若 n 的值为 7，则字符串中的内容仍为 ****A*BC*DEF*G*******。n 的值在主函数中输入。在编写函数时，不得使用 C 语言提供的字符串函数。

提示：建议从字符串尾统计 * 的个数。

注意：部分源程序存在文件 PROG1.C 中。

请勿改动主函数 main 和其他函数中的任何内容，仅在函数 fun 的花括号中填入编写的若干语句。

给定源程序如下。

```
#include <stdio.h>
void fun( char *a,int n )
{

}
main()
{   char s[81]; int n;
    printf("Enter a string:\n");gets(s);
    printf("Enter n : ");scanf("%d",&n);
    fun( s,n );
    printf("The string after deleted:\n");puts(s);
}
```

第86套 上机操作题

一、程序填空题

函数 fun 的功能是把形参 a 所指数组中的最小值放在元素 a[0] 中，接着把形参 a 所指数组中的最大值放在 a[1] 元素中；再把 a 所指数组元素中的次小值放在 a[2] 中，把 a 所指数组元素中的次大值放在 a[3]；其余以此类推。例如，若 a 所指数组中的数据最初排列为 9、1、4、2、3、6、5、8、7；则按规则移动后，数据排列为 1、9、2、8、3、7、4、6、5。形参 n 中存放 a 所指数组中数据的个数。

注意：规定 fun 函数中的 max 存放当前所找的最大值，px 存放当前所找最大值的下标。

请在程序的下划线处填入正确的内容并把下划线删除，使程序得出正确的结果。

注意：源程序存放在考生文件夹下的 BLANK1.C 中。

不得增行或删行，也不得更改程序的结构！

给定源程序如下。

```
# include <stdio.h>
#define N 9
void fun(int a[], int n)
{   int i,j, max, min, px, pn, t;
```

```
        for (i=0; i<n-1; i+=2)
        {
/**********found**********/
            max = min = ____1____ ;
            px = pn = i;
            for (j=i+1; j<n; j++) {
/**********found**********/
                if (max< ___2___ )
                {   max = a[j]; px = j; }
/**********found**********/
                if (min> ___3___ )
                {   min = a[j]; pn = j; }
            }
            if (pn != i)
            {   t = a[i]; a[i] = min; a[pn] = t;
                if (px == i) px =pn;
            }
            if (px != i+1)
            {   t = a[i+1]; a[i+1] = max; a[px] = t; }
        }
}
main()
{   int  b[N]={9,1,4,2,3,6,5,8,7}, i;
    printf("\nThe original data  :\n");
    for (i=0; i<N; i++)  printf("%4d ", b[i]);
    printf("\n");
    fun(b, N);
    printf("\nThe data after moving  :\n");
    for (i=0; i<N; i++)  printf("%4d ", b[i]);
    printf("\n");
}
```

二、程序改错题

给定程序 MODI1.C 中函数 fun 的功能是用递归算法计算斐波拉契数列中第 n 项的值。从第 1 项起，斐波拉契数列为 1、1、2、3、5、8、13、21、…

例如，若给 n 输入 7，该项的斐波拉契数值为 13。

请改正程序中的错误，使它能得出正确结果。

注意： 不要改动 main 函数，不得增行或删行，也不得更改程序的结构。

给定源程序如下。

```
#include <stdio.h>
long fun(int  g)
{
/**********found**********/
    switch(g);
    {   case 0: return 0;
/**********found**********/
        case 1 ;case 2 : return 1 ;
    }
    return( fun(g-1)+fun(g-2) );
}
main()
{   long  fib;   int  n;
    printf("Input n: "); scanf("%d",&n);
    printf("n = %d\n",n);
    fib=fun(n);
    printf("fib = %d\n\n",fib);
}
```

三、程序设计题

某学生的记录由学号、8 门课程成绩和平均分组成，学号和 8 门课程的成绩已在主函数中给出。请编写函数 fun，它的功能是求出该学生的平均分放在记录的 ave 成员中。

例如，学生的成绩是 85.5,76,69.5,85,91,72,64.5,87.5，他的平均分应当是 78.875。

注意： 部分源程序存在文件 PROG1.C 中。

请勿改动主函数 main 和其他函数中的任何内容，仅在函数 fun 部位中填入编写的若干语句。

给定源程序如下。

```
#include <stdio.h>
#define  N  8
typedef struct
{   char num[10];
    double s[N];
    double ave;
} STREC;
void fun(STREC *a)
{
```

```
}
main()
{   STREC  s={"GA005",85.5,76,69.5,85,91,72,64.5,87.5};
    int i;
    fun( &s );
    printf("The %s's student data:\n", s.num);
    for(i=0;i<N; i++)
        printf("%4.1f\n",s.s[i]);
    printf("\nave=%7.3f\n",s.ave);
}
```

第87套 上机操作题

一、程序填空题

函数 fun 的功能是把形参 a 所指数组中的最大值放在 a[0] 中，接着求出 a 所指数组中的最小值放在 a[1] 中；再把 a 所指数组元素中的次大值放在 a[2] 中，把 a 数组元素中的次小值放在 a[3] 中；其余以此类推。例如，若 a 所指数组中的数据最初排列为 1、4、2、3、9、6、5、8、7，则按规则移动后，数据排列为 9、1、8、2、7、3、6、4、5。形参 n 中存放 a 所指数组中数据的个数。

请在程序的下划线处填入正确的内容并把下划线删除，使程序得出正确的结果。

注意：源程序存放在考生文件夹下的 BLANK1.C 中。

不得增行或删行，也不得更改程序的结构！
给定源程序如下。

```
#include   <stdio.h>
#define   N   9
/**********found**********/
void fun(int   __1__, int n)
{   int  i, j, max, min, px, pn, t;
/**********found**********/
    for (i=0; i<n-1; i+=__2__ )
    {   max = min = a[i];
        px = pn = i;
/**********found**********/
        for (j=__3__ ; j<n; j++)
        {   if (max < a[j])
            {   max = a[j]; px = j; }
            if (min > a[j])
            {   min = a[j]; pn = j; }
        }
        if (px != i)
        {   t = a[i]; a[i] = max; a[px] = t;
            if (pn == i) pn= px;
        }
        if (pn != i+1)
        {   t = a[i+1]; a[i+1] = min; a[pn] = t; }
    }
}
main()
{   int  b[N]={1,4,2,3,9,6,5,8,7}, i;
    printf("\nThe original data :\n");
    for (i=0; i<N; i++)  printf("%4d ", b[i]);
    printf("\n");
    fun(b, N);
    printf("\nThe data after moving :\n");
    for (i=0; i<N; i++)  printf("%4d ", b[i]);
    printf("\n");
}
```

二、程序改错题

给定程序 MODI1.C 中函数 fun 的功能是按顺序给 s 所指数组中的元素赋予从 2 开始的偶数，然后再按顺序对每五个元素求一个平均值，并将这些值依次存放在 w 所指的数组中。若 s 所指数组中元素的个数不是 5 的倍数，多余部分忽略不计。

例如，s 所指数组有 14 个元素，则只对前 10 个元素进行处理，不对最后的 4 个元素求平均值。

请改正程序中的错误，使它能得出正确结果。

注意：不要改动 main 函数，不得增行或删行，也不得更改程序的结构。

给定源程序如下。

```
#include <stdio.h>
#define   SIZE   20
fun(double  *s, double  *w)
{   int  k,i;   double sum;
```

```
        for(k=2,i=0;i<SIZE;i++)
        {   s[i]=k;   k+=2;   }
/**********found**********/
        sun=0.0;
        for(k=0,i=0;i<SIZE;i++)
        {   sum+=s[i];
/**********found**********/
            if(i+1%5==0)
            {   w[k]=sum/5; sum=0; k++; }
        }
        return k;
}
main( )
{    double  a[SIZE],b[SIZE/5];
     int   i, k;
     k = fun(a,b);
     printf("The original data:\n");
     for(i=0; i<SIZE; i++)
     {   if(i%5==0) printf("\n");
         printf("%4.0f", a[i]);
     }
     printf("\n\nThe result :\n");
     for(i=0; i<k; i++) printf("%6.2f  ",b[i]);
     printf("\n\n");
}
```

三、程序设计题

学生的记录由学号和成绩组成，N 名学生的数据已在主函数中放入结构体数组 s 中，请编写函数 fun，它的功能是：把低于平均分的学生数据放在 b 所指的数组中，低于平均分的学生人数通过形参 n 传回，平均分通过函数值返回。

注意：部分源程序存在文件 PROG1.C 中。

请勿改动主函数 main 和其他函数中的任何内容，仅在函数 fun 的花括号中填入编写的若干语句。

给定源程序如下：

```
#include <stdio.h>
#define  N  8
typedef  struct
{    char  num[10];
     double  s;
} STREC;
double fun( STREC *a, STREC *b, int *n )
{


}
main()
{    STREC  s[N]={{"GA05",85},{"GA03",76},{"GA02",69},{"GA04",85},
                   {"GA01",91},{"GA07",72},{"GA08",64},{"GA06",87}};
     STREC  h[N],t;FILE *out ;
     int  i,j,n; double ave;
     ave=fun( s,h,&n );
     printf("The %d student data which is lower than %7.3f:\n",n,ave);
     for(i=0;i<n; i++)
         printf("%s  %4.1f\n",h[i].num,h[i].s);
     printf("\n");
     out = fopen("c:\\test\\out.dat","w") ;
     fprintf(out, "%d\n%7.3f\n", n, ave);
     for(i=0;i<n−1;i++)
         for(j=i+1;j<n;j++)
             if(h[i].s>h[j].s) {t=h[i] ;h[i]=h[j];h[j]=t;}
     for(i=0;i<n; i++)
         fprintf(out,"%4.1f\n",h[i].s);
     fclose(out);
}
```

第88套 上机操作题

一、程序填空题

函数 fun 的功能是将形参 a 所指数组中的前半部分元素中的值和后半部分元素中的值对换。形参 n 中存放数组中数据的个数，若 n 为奇数，则中间的元素不动。例如，若 a 所指数组中的数据依次为 1、2、3、4、5、6、7、8、9，则调换后为 6、7、8、9、5、1、2、3、4。

请在程序的下划线处填入正确的内容并把下划线删除，使程序得出正确的结果。

注意：源程序存放在考生文件夹下的 BLANK1.

C中。

不得增行或删行，也不得更改程序的结构！
给定源程序如下。
```
#include <stdio.h>
#define N 9
void fun(int a[], int n)
{   int i, t, p;
/**********found**********/
    p = (n%2==0)?n/2:n/2+___1___;
    for (i=0; i<n/2; i++)
    {
        t=a[i];
/**********found**********/
        a[i] = a[p+___2___];
/**********found**********/
        ___3___ = t;
    }
}
main()
{   int b[N]={1,2,3,4,5,6,7,8,9}, i;
    printf("\nThe original data :\n");
    for (i=0; i<N; i++) printf("%4d ", b[i]);
    printf("\n");
    fun(b, N);
    printf("\nThe data after moving :\n");
    for (i=0; i<N; i++) printf("%4d ", b[i]);
    printf("\n");
}
```

二、程序改错题

给定程序MODI1.C中函数fun的功能是把主函数中输入的3个数，最大的放在a中，最小的放在c中，中间的放在b中。

例如，输入的数为：55 12 34，输出结果应当是：a=55.0, b=34.0, c=12.0。

请改正程序中的错误，使它能得出正确结果。

注意：不要改动main函数，不得增行或删行，也不得更改程序的结构。

给定源程序如下。
```
#include <stdio.h>
void fun(float *a,float *b,float *c)
{
/**********found**********/
    float *k;
    if( *a<*b )
    {   k=*a; *a=*b; *b=k; }
/**********found**********/
    if( *a>*c )
    {   k=*c; *c=*a; *a=k; }
    if( *b<*c )
    {   k=*b; *b=*c; *c=k; }
}
main()
{   float a,b,c;
    printf("Input a b c: ");
    scanf("%f%f%f",&a,&b,&c);
    printf("a = %4.1f, b = %4.1f, c = %4.1f\n",a,b,c);
    fun(&a,&b,&c);
    printf("a = %4.1f, b = %4.1f, c = %4.1f\n",a,b,c);
}
```

三、程序设计题

学生的记录由学号和成绩组成，N名学生的数据已在主函数中放入结构体数组s中，请编写函数fun，它的功能是把分数最高的学生数据放在b所指的数组中，(分数最高的学生可能不止一个，函数返回分数最高的学生的人数)。

注意：部分源程序存在文件PROG1.C中。

请勿改动主函数main和其他函数中的任何内容，仅在函数fun的花括号中填入编写的若干语句。

给定源程序如下。
```
#include <stdio.h>
#define N 16
typedef struct
{   char num[10];
    int s;
} STREC;
int fun( STREC *a, STREC *b )
```

```
        {

        }
main()
{    STREC  s[N]={{"GA05",85},{"GA03",76},
            {"GA02",69},{"GA04",85}, {"GA01",91},
            {"GA07",72}, {"GA08",64},{"GA06",87},
            {"GA015",85},{"GA013",91},{"GA012",64},
            {"GA014",91}, {"GA011",77},{"GA017",64},
            {"GA018",64},{"GA016",72}});
    STREC  h[N];
    int  i,n;FILE *out ;
    n=fun( s,h );
    printf("The %d highest score :\n",n);
    for(i=0;i<n; i++)
        printf("%s  %4d\n",h[i].num,h[i].s);
    printf("\n");
    out = fopen("c:\\test\\out.dat","w") ;
    fprintf(out, "%d\n",n);
    for(i=0;i<n; i++)
        fprintf(out, "%4d\n",h[i].s);
    fclose(out);
}
```

第89套 上机操作题

一、程序填空题

函数 fun 的功能是逆置数组元素中的值。例如：若 a 所指数组中的数据依次为 1、2、3、4、5、6、7、8、9，则逆置后依次为 9、8、7、6、5、4、3、2、1。形参 n 给出数组中数据的个数。

请在程序的下划线处填入正确的内容并把下划线删除，使程序得出正确的结果。

注意： 源程序存放在考生文件夹下的 BLANK1.C 中。

不得增行或删行，也不得更改程序的结构。

给定源程序如下。

```
#include   <stdio.h>
void fun(int a[], int n)
{    int  i,t;
/**********found**********/
        for (i=0; i<___1___; i++)
        {
            t=a[i];
/**********found**********/
            a[i] = a[n-1-___2___];
/**********found**********/
            ___3___ = t;
        }
}
main()
{    int  b[9]={1,2,3,4,5,6,7,8,9}, i;
    printf("\nThe original data :\n");
    for (i=0; i<9; i++)
        printf("%4d ", b[i]);
    printf("\n");
    fun(b, 9);
    printf("\nThe data after invert  :\n");
    for (i=0; i<9; i++)
        printf("%4d ", b[i]);
    printf("\n");
}
```

二、程序改错题

给定程序 MODI1.C 中函数 fun 的功能是将一个由八进制数字字符组成的字符串转换为与其面值相等的十进制整数。规定输入的字符串最多只能包含 5 位八进制数字字符。

例如，若输入 77777，则输出将是 32767。

请改正程序中的错误，使它能得出正确结果。

注意： 不要改动 main 函数，不得增行或删行，也不得更改程序的结构。

给定源程序如下。

```
#include <stdio.h>
#include <stdlib.h>
#include <string.h>
int fun( char *p )
{    int   n;
/**********found**********/
    n= *P-'o';
    p++;
```

```
        while( *p!=0 ) {
/**********found**********/
            n=n*8+*P-'o';
            p++;
        }
        return n;
}
main()
{   char s[6];   int i;   int n;
    printf("Enter a string (Ocatal digits): "); gets(s);
        if(strlen(s)>5){   printf("Error: String too longer !\n\n");exit(0); }
        for(i=0; s[i]; i++)
            if(s[i]<'0'||s[i]>'7')
            {   printf("Error: %c not is ocatal digits!\n\n",s[i]);exit(0); }
        printf("The original string: "); puts(s);
        n=fun(s);
        printf("\n%s is convered to integer number: %d\n\n",s,n);
}
```

三、程序设计题

学生的记录由学号和成绩组成，N名学生的数据已在主函数中放入结构体数组 s 中，请编写函数 fun，它的功能是函数返回指定学号的学生数据，指定的学号在主函数中输入。若没找到指定学号，在结构体变量中给学号置空串，给成绩置 –1，作为函数值返回。（用于字符串比较的函数是 strcmp,strcmp(a, b) 当 a 和 b 字符串相等时返回值为 0 ）。

注意：部分源程序存在文件 PROG1.C 中。

请勿改动主函数 main 和其他函数中的任何内容，仅在函数 fun 的花括号中填入编写的若干语句。

给定源程序如下。

```
#include <stdio.h>
#include <string.h>
#define N   16
typedef struct
{   char num[10];
    int  s;
} STREC;
STREC fun( STREC *a, char *b )
{
    int i;
    STREC t = {'\0', -1};


}
main()
{   STREC s[N]={{"GA005",85},{"GA003",76},
{"GA002",69},{"GA004",85},{"GA001",91},
{"GA007",72},{"GA008",64},{"GA006",87},
{"GA015",85},{"GA013",91},{"GA012",64},
{"GA014",91}, {"GA011",77},{"GA017",64},
{"GA018",64},{"GA016",72}};
    STREC h;
    char  m[10];
    int  i;FILE *out ;
    printf("The original data:\n");
    for(i=0; i<N; i++)
    {   if(i%4==0) printf("\n");
        printf("%s %3d  ",s[i].num,s[i].s);
    }
    printf("\n\nEnter the number:  ");gets(m);
    h=fun( s,m );
    printf("The data :  ");
    printf("\n%s  %4d\n",h.num,h.s);
    printf("\n");
    out = fopen("c:\\test\\out.dat","w") ;
    h=fun(s,"GA013");
    fprintf(out,"%s  %4d\n",h.num,h.s);
    fclose(out);
}
```

第90套 上机操作题

一、程序填空题

函数 fun 的功能是进行数字字符转换。若形参 ch 中是数字字符 '0' ~ '9'，则 '0' 转换成 '9','1' 转换成 '8'，'2' 转换成 '7'，……，'9' 转换成 '0'；若是其他字符则保持不变；并将转换后的结果作为函数值返回。

请在程序的下划线处填入正确的内容并把下划线删除，使程序得出正确的结果。

注意：源程序存放在考生文件夹下的 BLANK1.C 中。

不得增行或删行，也不得更改程序的结构。

给定源程序如下。

```
#include    <stdio.h>
/**********found**********/
    __1__  fun(char ch)
{
/**********found**********/
    if (ch>='0' &&  __2__  )
/**********found**********/
        return  '9'- (ch- __3__ );
    return ch ;
}
main()
{   char c1, c2;
    printf("\nThe result :\n");
    c1='2';   c2 = fun(c1);
    printf("c1=%c    c2=%c\n", c1, c2);
    c1='8';   c2 = fun(c1);
    printf("c1=%c    c2=%c\n", c1, c2);
    c1='a';   c2 = fun(c1);
    printf("c1=%c    c2=%c\n", c1, c2);
}
```

二、程序改错题

给定程序 MODI1.C 中函数 fun 的功能是将 p 所指字符串中的所有字符复制到 b 中，要求每复制三个字符之后插入一个空格。

例如，在调用 fun 函数之前给 a 输入字符串：ABCDEFGHIJK，调用函数之后，字符数组 b 中的内容则为 ABC DEF GHI JK。

请改正程序中的错误，使它能得出正确结果。

注意：不要改动 main 函数，不得增行或删行，也不得更改程序的结构。

给定源程序如下。

```
#include <stdio.h>
void  fun(char *p, char *b)
{   int  i, k=0;
    while(*p)
    {   i=1;
        while( i<=3 && *p ) {
/**********found**********/
            b[k]=p;
            k++; p++; i++;
        }
        if(*p)
        {
/**********found**********/
            b[k++]=" ";
        }
    }
    b[k]='\0';
}
main()
{   char a[80],b[80];
    printf("Enter a string:    "); gets(a);
    printf("The original string: "); puts(a);
    fun(a,b);
    printf("\nThe string after insert space:    ");
    puts(b); printf("\n\n");
}
```

三、程序设计题

N 名学生的成绩已在主函数中放入一个带头结点的链表结构中，h 指向链表的头结点。请编写函数 fun，它的功能是求出平均分，由函数值返回。

例如，若学生的成绩是 85，76，69，85，91，72，64，87，则平均分应当是 78.625。

注意：部分源程序存在文件 PROG1.C 中。

请勿改动主函数 main 和其他函数中的任何内容，仅在函数 fun 的花括号中填入编写的若干语句。

题目要求求链表中数据域的平均值，应首先使用循环语句遍历链表，求各结点数据域中数值的和，再对和求平均分。遍历链表时应定义一个指向结点的指针 p，因为"头结点"中没有数值，所以程序中让 p 直接指向"头结点"的下一个结点，使用语句 STREC *p = h->next。

给定源程序如下。

```
#include <stdio.h>
#include <stdlib.h>
```

```
#define N 8
struct slist
{   double s;
    struct slist *next;
};
typedef struct slist STREC;
double fun( STREC *h )
{

}
STREC * creat( double *s)
{   STREC *h,*p,*q;  int i=0;
    h=p=(STREC*)malloc(sizeof(STREC));p->s=0;
    while(i<N)
    {   q=(STREC*)malloc(sizeof(STREC));
        q->s=s[i]; i++;  p->next=q; p=q;
    }
    p->next=0;
    return h;
}
outlist( STREC *h)
{   STREC *p;
    p=h->next; printf("head");
    do
    {  printf("->%4.1f",p->s);p=p->next;}
    while(p!=0);
    printf("\n\n");
}
main()
{   double  s[N]={85,76,69,85,91,72,64,87},ave;
    STREC *h;
    h=creat( s );  outlist(h);
    ave=fun( h );
    printf("ave= %6.3f\n",ave);
}
```

第91套　上机操作题

一、程序填空题

函数 fun 的功能是进行字母转换。若形参 ch 中是小写英文字母，则转换成对应的大写英文字母；若 ch 中是大写英文字母，则转换成对应的小写英文字母；若是其他字符则保持不变；并将转换后的结果作为函数值返回。

请在程序的下划线处填入正确的内容并把下划线删除，使程序得出正确的结果。

注意：源程序存放在考生文件夹下的 BLANK1.C 中。

不得增行或删行，也不得更改程序的结构。
给定源程序如下。

```
#include  <stdio.h>
#include  <ctype.h>
char fun(char ch)
{
/**********found**********/
    if ((ch>='a')__1__(ch<='z'))
        return ch –'a' + 'A';
    if ( isupper(ch) )
/**********found**********/
        return ch +'a'– __2__ ;
/**********found**********/
    return __3__ ;
}
main()
{  char c1, c2;
   printf("\nThe result :\n");
   c1='w';   c2 = fun(c1);
   printf("c1=%c   c2=%c\n", c1, c2);
   c1='W';   c2 = fun(c1);
   printf("c1=%c   c2=%c\n", c1, c2);
   c1='8';   c2 = fun(c1);
   printf("c1=%c   c2=%c\n", c1, c2);
}
```

二、程序改错题

给定程序 MODI1.C 中函数 fun 的功能是给一维数组 a 输入任意4个整数，并按下例的规律输出。例如输入1、2、3、4，程序运行后将输出以下方阵。

```
4 1 2 3
3 4 1 2
2 3 4 1
1 2 3 4
```

请改正函数 fun 中指定部位的错误，使它能得出正确的结果。

注意：不要改动 main 函数，不得增行或删行，也不得更改程序的结构！

```
#include <stdio.h>
#define   M   4
/**************found**************/
void fun(int  a)
{   int  i,j,k,m;
    printf("Enter 4 number : ");
    for(i=0; i<M; i++)  scanf("%d",&a[i]);
    printf("\n\nThe result  :\n\n");
    for(i=M;i>0;i--)
    {   k=a[M-1];
        for(j=M-1;j>0;j--)
/**************found**************/
            aa[j]=a[j-1];
        a[0]=k;
        for(m=0; m<M; m++)  printf("%d  ",a[m]);
        printf("\n");
    }
}
main()
{   int a[M];
    fun(a); printf("\n\n");
}
```

三、程序设计题

请编写一个函数 fun，它的功能是计算并输出给定整数 n 的所有因子（不包括 1 与 n 自身）之和。规定 n 的值不大于 1000。

例如，在主函数中从键盘给 n 输入的值为 856，则输出为：sum=763。

注意：部分源程序存在文件 PROG1.C 中。
请勿改动主函数 main 和其他函数中的任何内容，仅在函数 fun 的花括号中填入编写的若干语句。
给定源程序如下。

```
#include <stdio.h>
int fun(int n)
{
```

```
}
main()
{   int n,sum;
    printf("Input n: ");  scanf("%d",&n);
    sum=fun(n);
    printf("sum=%d\n",sum);
}
```

第92套 上机操作题

一、程序填空题

函数 fun 的功能是：计算 $f(x) = 1 + x - \dfrac{x^2}{2!} + \dfrac{x^3}{3!} - \dfrac{x^4}{4!} + \cdots + (-1)^{n-2}\dfrac{x^{n-1}}{(n-1)!} + (-1)^{n-1}\dfrac{x^n}{n!}$ 的前 n 项之和。若 x=2.5，n=15 时，函数值为：1.917914。

请在程序的下划线处填入正确的内容并把下划线删除，使程序得出正确的结果。

注意：源程序存放在考生文件夹下的 BLANK1.C 中。
不得增行或删行，也不得更改程序的结构！

```
#include   <stdio.h>
#include   <math.h>
double fun(double  x, int n)
{    double  f, t;    int  i;
/**********found**********/
     f = ___1___;
     t = -1;
     for (i=1; i<n; i++)
     {
/**********found**********/
         t *= (___2___)*x/i;
/**********found**********/
         f += ___3___;
     }
     return  f;
}
main()
{    double  x, y;
     x=2.5;
```

```
        y = fun(x, 15);
        printf("\nThe result is :\n");
        printf("x=%-12.6f  y=%-12.6f\n", x, y);
}
```

二、程序改错题

给定程序 MODI1.C 中函数 fun 的功能是从 3 个红球, 5 个白球, 6 个黑球中任意取出 8 个作为一组, 进行输出。在每组中, 可以没有黑球, 但必须要有红球和白球。

组合数作为函数值返回。正确的组合数应该是 15。程序中 i 的值代表红球数, j 的值代表白球数, k 的值代表黑球数。

请改正函数 fun 中指定部位的错误, 使它能得出正确的结果。

注意: 不要改动 main 函数, 不得增行或删行, 也不得更改程序的结构!

给定源程序如下。

```
#include <stdio.h>
int fun()
{   int i,j,k,sum=0;
    printf("\nThe result :\n\n");
/**************found**************/
    for(i=0; i<=3; i++)
    {   for(j=1; j<=5; j++)
        {   k=8-i-j;
/**************found**************/
            if(K>=0 && K<=6)
            {  sum=sum+1;
               printf("red:%4d white:%4d black:%4d\n",i,j,k);
            }
        }
    }
    return sum;
}
main()
{   int sum;
    sum=fun();
    printf("sum =%4d\n\n",sum);
}
```

三、程序设计题

请编写函数 fun, 其功能是计算并输出下列多项式的值:

$$S_n = 1 + \frac{1}{1!} + \frac{1}{2!} + \frac{1}{3!} + \frac{1}{4!} + \cdots + \frac{1}{n!}$$

例如, 在主函数中从键盘给 n 输入 15, 则输出为: s=2.718282。

注意: 要求 n 的值大于 1 但不大于 100。

部分源程序存在文件 PROG1.C 中。

请勿改动主函数 main 和其他函数中的任何内容, 仅在函数 fun 的花括号中填入你编写的若干语句。

给定源程序如下。

```
#include <stdio.h>
double fun(int n)
{


}
main()
{   int n;   double s;
    printf("Input n: "); scanf("%d",&n);
    s=fun(n);
    printf("s=%f\n",s);
}
```

第93套 上机操作题

一、程序填空题

函数 fun 的功能是计算 $f(x) = 1 + x - \frac{x^2}{2!} + \frac{x^3}{3!} - \frac{x^4}{4!} + \cdots + (-1)^{n-2}\frac{x^{n-1}}{(n-1)!} + (-1)^{n-1}\frac{x^n}{n!}$

直到 $\left|\frac{x^n}{n!}\right| < 10^{-6}$。若 x=2.5, 函数值为 1.917915。

请在程序的下划线处填入正确的内容并把下划线删除, 使程序得出正确的结果。

注意: 源程序存放在考生文件夹下的 BLANK1.C 中。

不得增行或删行, 也不得更改程序的结构。

给定源程序如下。

```
#include <stdio.h>
#include <math.h>
double fun(double x)
```

```
{   double f, t;    int n;
    f = 1.0 + x;
/**********found**********/
    t =   1  ;
    n = 1;
    do {
            n++;
/**********found**********/
            t *= (-1.0)*x/  2  ;
            f += t;
    }
/**********found**********/
    while (   3   >= 1e-6);
    return f;
}
main()
{   double x, y;
    x=2.5;
    y = fun(x);
    printf("\nThe result is :\n");
    printf("x=%-12.6f y=%-12.6f\n", x, y);
}
```

二、程序改错题

给定程序 MODI1.C 中函数 fun 的功能是求整数 x 的 y 次方的低 3 位值。例如，整数 5 的 6 次方为 15625，此值的低 3 位值为 625。

请改正函数 fun 中指定部位的错误，使它能得出正确的结果。

注意：不要改动 main 函数，不得增行或删行，也不得更改程序的结构！

先用简单的思路理解一下该程序，如果当 x = y = 1 时，程序的问题就很简单了，所以 for 语句的循环条件应该是 for(i=1; i<=y; i++)。另外，t = t/1000; 中的错误是混淆了"/"和"%"的定义，这样的细节问题曾多次出现，请考生务必引起注意。

给定源程序如下：
```
#include <stdio.h>
long fun(int  x,int y,long *p )
{   int i;
    long t=1;
/**************found**************/
    for(i=1; i<y; i++)
        t=t*x;
        *p=t;
/**************found**************/
    t=t/1000;
    return t;
}
main()
{   long t,r;   int x,y;
    printf("\nInput x and y: ");
    scanf("%ld%ld",&x,&y);
    t=fun(x,y,&r);
    printf("\n\nx=%d, y=%d, r=%ld, last=%ld\n",x, y,r,t );
}
```

三、程序设计题

请编写函数 fun，其功能是计算并输出当 x<0.97 时，如下多项式的值，直到 $|S_n - S_{n-1}|<0.000001$ 为止。

$$S_n = 1 + 0.5x + \frac{0.5(0.5-1)}{2!}x^2 + \frac{0.5(0.5-1)(0.5-2)}{3!}x^3 + \cdots + \frac{0.5(0.5-1)(0.5-2)\cdots(0.5-n+1)}{n!}x^n$$

例如，若主函数从键盘给 x 输入 0.21 后，则输出 S = 1.100000。

注意：部分源程序存在文件 PROG1.C 中。

请勿改动主函数 main 和其他函数中的任何内容，仅在函数 fun 的花括号中填入你编写的若干语句。

给定源程序如下：
```
#include <stdio.h>
#include <math.h>
double fun(double x)
{

}
main()
{   double x,s;
    printf("Input x: ");  scanf("%lf",&x);
    s=fun(x);
    printf("s=%f\n",s);
```

}

第94套 上机操作题

一、程序填空题

函数 fun 的功能是计算

$$f(x)=1+x+\frac{x^2}{2!}+\cdots+\frac{x^n}{n!}$$

的前 n 项。若 x=2.5，函数值为 12.182340。

请在程序的下划线处填入正确的内容并把下划线删除，使程序得出正确的结果。

注意：源程序存放在考生文件夹下的 BLANK1.C 中。

不得增行或删行，也不得更改程序的结构。
给定源程序如下。

```
#include <stdio.h>
double fun(double x, int n)
{   double f, t;   int i;
    f = 1.0;
/**********found**********/
    t = __1__;
/**********found**********/
    for (i= __2__ ; i<n; i++)
    {
/**********found**********/
        t *= x/ __3__ ;
        f += t;
    }
    return f;
}
main()
{   double x, y;
    x=2.5;
    y = fun(x, 12);
    printf("\nThe result is :\n");
    printf("x=%-12.6f   y=%-12.6f\n", x, y);
}
```

二、程序改错题

给定程序 MODI1.C 中函数 fun 的功能是找出 100 至 n（不大于 1000）之间三位数字相等的所有整数，把这些整数放在 s 所指数组中，个数作为函数值返回。

请改正函数 fun 中指定部位的错误，使它能得出正确的结果。

注意：不要改动 main 函数，不得增行或删行，也不得更改程序的结构！

给定源程序如下。

```
#include <stdio.h>
#define N 100
int fun(int *s, int n)
{   int i,j,k,a,b,c;
    j=0;
    for(i=100; i<n; i++) {
/**************found**************/
        k=n;
        a=k%10; k/=10;
        b=k%10; k/=10;
/**************found**************/
        c=k%10
        if( a==b && a==c ) s[j++]=i;
    }
    return j;
}
main()
{   int a[N], n, num=0, i;
    do
    {   printf("\nEnter n( <=1000 ) : "); scanf("%d",&n); }
    while(n > 1000);
    num = fun( a,n );
    printf("\n\nThe result :\n");
    for(i=0; i<num; i++)printf("%5d",a[i]);
    printf("\n\n");
}
```

三、程序设计题

请编写函数 fun，其功能是计算并输出给定 10 个数的方差：

$$S=\sqrt{\frac{1}{10}\sum_{k=1}^{10}(X_k-X')^2}$$（即 10 个数的平均值）

其中 $X' = \dfrac{1}{10}\sum\limits_{k=1}^{10} X_k$

例如，给定的 10 个数为 95.0、89.0、76.0、65.0、88.0、72.0、85.0、81.0、90.0、56.0，输出为 S=11.730729。

注意：部分源程序存在文件 PROG1.C 中。

请勿改动主函数 main 和其他函数中的任何内容，仅在函数 fun 的花括号中填入你编写的若干语句。

给定源程序如下：

```
#include <stdio.h>
#include <math.h>
double fun(double x[10])
{

}
main()
{   double s, x[10]={95.0,89.0,76.0,65.0,88.0,72.0,85.0,81.0,90.0,56.0};
    int i;
    printf("\nThe original data is :\n");
    for(i=0;i<10;i++)printf("%6.1f",x[i]); printf("\n\n");
    s=fun(x);
    printf("s=%f\n",s);
}
```

第95套 上机操作题

一、程序填空题

函数 fun 的功能是计算

$$f(x) = 1 + x + \dfrac{x^2}{2!} + \cdots + \dfrac{x^n}{n!}$$

直到 $\left|\dfrac{x^n}{n!}\right| < 10^{-6}$。若 $x = 2.5$，函数值为 12.182494。

请在程序的下画线处填入正确的内容并把下画线删除，使程序得出正确的结果。

注意：部分源程序在文件 BLANK1.C 中。
不得增行或删行，也不得更改程序的结构。

给定源程序如下：

```
#include  <stdio.h>
#include  <math.h>
double fun(double  x)
{   double f, t; int n;
/**********found**********/
    f = 1.0+___1___;
    t = x;
    n = 1;
    do {
              n++;
/**********found**********/
              t *= x/___2___;
/**********found**********/
              f += ___3___;
    } while (fabs(t) >= 1e-6);
    return  f;
}
main()
{   double x, y;
    x=2.5;
    y = fun(x);
    printf("\nThe result is :\n");
    printf("x=%-12.6f   y=%-12.6f \n", x, y);
}
```

二、程序改错题

给定程序 MODI1.C 中函数 fun 的功能是计算 n 的 5 次方的值 (规定 n 的值大于 2、小于 8)，通过形参指针传回主函数；并计算该值的个位、十位、百位上数字之和作为函数值返回。

例如，7 的 5 次方是 16807，其低 3 位数的和值是 15。

请改正函数 fun 中指定部位的错误，使它能得出正确的结果。

注意：不要改动 main 函数，不得增行或删行，也不得更改程序的结构！

给定源程序如下：

```
#include <stdio.h>
#include <math.h>
int fun( int n ,int *value )
{   int d,s,i;
/**************found**************/
```

```
        d=0; s=0;
        for(i=1; i<=5; i++)  d=d*n;
           *value=d;
        for(i=1; i<=3; i++)
        {    s=s+d%10;
/*************found*************/
               d=d\10;
        }
        return s;
}
main()
{    int n, sum, v;
     do
     {    printf("\nEnter n( 2<n<8):");
          scanf("%d",&n); }
     while(n<=2||n>=8);
     sum=fun( n,&v );
     printf("\n\nThe result:\n  value=%d  sum=%d\n\n",v,sum);
}
```

三、程序设计题

请编写函数 fun，其功能是计算并输出给定数组（长度为9）中每相邻两个元素之平均值的平方根之和。

例如，给定数组中的 9 个元素依次为 12.0、34.0、4.0、23.0、34.0、45.0、18.0、3.0、11.0，输出应为 S=35.951014。

注意：部分源程序存在文件 PROG1.C 中。

请勿改动主函数 main 和其他函数中的任何内容，仅在函数 fun 的花括号中填入你编写的若干语句。

给定源程序如下。

```
#include <stdio.h>
#include <math.h>
double fun(double x[9])
{


}
main()
{    double  s,a[9]={12.0,34.0,4.0,23.0,34.0,45.0,18.0,3.0,11.0};
```

```
        int  i;
        printf("\nThe original data is :\n");
        for(i=0;i<9;i++)printf("%6.1f",a[i]);  printf("\n\n");
        s=fun(a);
        printf("s=%f\n\n",s);
}
```

第96套 上机操作题

一、程序填空题

函数 fun 的功能是统计所有小于等于 n(n>2) 的素数的个数，素数的个数作为函数值返回。

请在程序的下划线处填入正确的内容并把下划线删除，使程序得出正确的结果。

注意：源程序存放在考生文件夹下的 BLANK1.C 中。

不得增行或删行，也不得更改程序的结构。

给定源程序如下。

```
#include   <stdio.h>
int fun(int  n)
{    int i,j, count=0;
     printf("\nThe prime number between 3 to %d\n", n);
     for (i=3; i<=n; i++) {
/**********found**********/
        for ( __1__ ; j<i; j++)
/**********found**********/
            if ( __2__ %j == 0)
                break;
/**********found**********/
            if ( __3__ >=i)
            {   count++; printf( count%15? "%5d":"\n%5d",i); }
     }
     return count;
}
main()
{    int n=20, r;
     r = fun(n);
     printf("\nThe number of prime is : %d\n", r);
```

二、程序改错题

数列中，第一项值为3，后一项都比前一项的值增5；给定程序MODI1.C中函数fun的功能是：计算前n(4<n<50)项的累加和；每累加一次把被4除后余2的当前累加值放入数组中，符合此条件的累加值的个数作为函数值返回主函数。

例如，当n的值为20时，该数列为3，8，13，18，23，28，……，93，98。符合此条件的累加值应为42，126，366，570，1010。

请改正函数fun中指定部位的错误，使它能得出正确的结果。

注意：不要改动main函数，不得增行或删行，也不得更改程序的结构！

给定源程序如下：

```
#include <stdio.h>
#define  N   20
int fun(int n,int *a)
{   int i,j,k,sum;
/**************found**************/
    sum=j==0;
    for(k=3,i=0;i<n;i++,k+=5)
    {   sum=sum+k;
/**************found**************/
        if(sum%4=2)
            a[j++]=sum;
    }
    return j;
}
main()
{   int a[N],d,n,i;
    printf("\nEnter n (4<n<=50): ");
    scanf("%d",&n);
    d=fun(n,a);
    printf("\n\nThe result :\n");
    for(i=0; i<d; i++)printf("%6d",a[i]);printf("\n\n");
}
```

三、程序设计题

请编写函数fun，其功能是：计算并输出下列多项式的值：

$$S_n = 1 - \frac{1}{2} + \frac{1}{3} - \frac{1}{4} + \cdots + \frac{1}{2n-1} - \frac{1}{2n}$$

例如，在主函数中从键盘给n输入8后，输出为：s=0.662872。

注意：要求n的值大于1但不大于100。

部分源程序存在文件PROG1.C中。

请勿改动主函数main和其他函数中的任何内容，仅在函数fun的花括号中填入你编写的若干语句。

给定源程序如下：

```
#include <stdio.h>
double fun(int n)
{

}
main()
{   int n;   double s;
    printf("\nInput n: "); scanf("%d",&n);
    s=fun(n);
    printf("\ns=%f\n",s);
}
```

第97套 上机操作题

一、程序填空题

函数fun的功能是统计长整数n的各个位上出现数字1、2、3的次数，并通过外部(全局)变量c1，c2，c3返回主函数。例如，当n=123114350时，结果应该为c1=3 c2=1 c3=2。

请在程序的下划线处填入正确的内容并把下划线删除，使程序得出正确的结果。

注意：源程序存放在考生文件夹下的BLANK1.C中。

不得增行或删行，也不得更改程序的结构！

给定源程序如下：

```
#include  <stdio.h>
int  c1,c2,c3;
void fun(long n)
{    c1 = c2 = c3 = 0;
```

```
        while (n) {
/**********found**********/
            switch(  1  )
            {
/**********found**********/
                case 1:  c1++;  2  ;
/**********found**********/
                case 2:  c2++;  3  ;
                case 3:  c3++;
            }
            n /= 10;
        }
}
main()
{   long n=123114350L;
    fun(n);
    printf("\nThe result :\n");
    printf("n=%ld  c1=%d  c2=%d  c3=%d\n",n,c1,c2,c3);
}
```

二、程序改错题

给定程序 MODI1.C 中函数 fun 的功能是统计一个无符号整数中各位数字值为零的个数，通过形参传回主函数；并把该整数中各位上最大的数字值作为函数值返回。例如，若输入无符号整数 30800，则数字值为零的个数为 3，各位上数字值最大的是 8。

请改正函数 fun 中指定部位的错误，使它能得出正确的结果。

注意：不要改动 main 函数，不得增行或删行，也不得更改程序的结构！

给定源程序如下。

```
#include <stdio.h>
int fun(unsigned n, int *zero)
{   int count=0,max=0,t;
    do
    {   t=n%10;
/**************found**************/
        if(t=0)
            count++;
        if(max<t)  max=t;
        n=n/10;
    }while(n);
/**************found**************/
    zero=count;
    return max;
}
main()
{   unsigned n;   int zero,max;
    printf("\nInput n(unsigned): ");
    scanf("%d",&n);
    max = fun( n,&zero );
    printf("\nThe result:  max=%d   zero=%d\n",max,zero);
}
```

三、程序设计题

请编写函数 fun，其功能是计算并输出下列多项式的值：

$$S = 1 + \frac{1}{1\times 2} + \frac{1}{1\times 2\times 3} + \ldots + \frac{1}{1\times 2\times 3\times \ldots 50}$$

例如，在主函数中从键盘给 n 输入 50 后，输出为 s=1.718282。

注意：要求 n 的值大于 1 但不大于 100。

部分源程序存在文件 PROG1.C 中。

请勿改动主函数 main 和其他函数中的任何内容，仅在函数 fun 的花括号中填入你编写的若干语句。

给定源程序如下。

```
#include <stdio.h>
double fun(int n)
{

}
main()
{   int n;  double s;
    printf("\nInput n: "); scanf("%d",&n);
    s=fun(n);
    printf("\n\ns=%f\n\n",s);
}
```

第98套 上机操作题

一、程序填空题

用筛选法可得到 2～n（n<10000）之间的所有素数，方法是首先从素数 2 开始，将所有 2 的倍数的数从数表中删去（把数表中相应位置的值置成 0）；接着从数表中找下一个非 0 数，并从数表中删去该数的所有倍数；依此类推，直到所找的下一个数等于 n 为止。这样会得到一个序列：

    2, 3, 5, 7, 11, 13, 17, 19, 23, …

函数 fun 用筛选法找出所有小于等于 n 的素数，并统计素数的个数作为函数值返回。

请在程序的下划线处填入正确的内容并把下划线删除，使程序得出正确的结果。

注意：源程序存放在考生文件夹下的 BLANK1.C 中。

不得增行或删行，也不得更改程序的结构！
给定源程序如下。

```
#include <stdio.h>
int fun(int n)
{   int a[10000], i,j, count=0;
    for (i=2; i<=n; i++)  a[i] = i;
    i = 2;
    while (i<n) {
/**********found**********/
        for (j=a[i]*2; j<=n; j+=  1  )
            a[j] = 0;
        i++;
/**********found**********/
        while (  2  ==0)
            i++;
    }
    printf("\nThe prime number between 2 to %d\n", n);
    for (i=2; i<=n; i++)
/**********found**********/
        if (a[i]!=  3  )
            {  count++;  printf(
count%15?"%5d":"\n%5d",a[i]); }
    return count;
}
main()
{   int n=20, r;
    r = fun(n);
    printf("\nThe number of prime is : %d\n", r);
}
```

二、程序改错题

给定程序 MODI1.C 中函数 fun 的功能是为一个偶数寻找两个素数，这两个素数之和等于该偶数，并将这两个素数通过形参指针传回主函数。

请改正函数 fun 中指定部位的错误，使它能得出正确的结果。

注意：不要改动 main 函数，不得增行或删行，也不得更改程序的结构！

给定源程序如下。

```
#include <stdio.h>
#include <math.h>
void fun(int a,int *b,int *c)
{   int i,j,d,y;
    for(i=3;i<=a/2;i=i+2) {
/**************found**************/
        Y=1;
        for(j=2;j<=sqrt((double)i);j++)
            if(i%j==0) y=0;
        if(y==1) {
/**************found**************/
            d==a-i;
            for(j=2;j<=sqrt((double)d);j++)
                if(d%j==0) y=0;
            if(y==1)
            { *b=i; *c=d; }
        }
    }
}
main()
{   int a,b,c;
    do
    {   printf("\nInput a: "); scanf("%d",&a); }
    while(a%2);
    fun(a,&b,&c);
    printf("\n\n%d = %d + %d\n",a,b,c);
}
```

}

三、程序设计题

请编写函数 fun，它的功能是计算并输出 n（包括 n）以内能被 5 或 9 整除的所有自然数的倒数之和。

例如，在主函数中从键盘给 n 输入 20 后，输出为 s=0.583333。

注意： 要求 n 的值不大于 100。

部分源程序存在文件 PROG1.C 中。

请勿改动主函数 main 和其他函数中的任何内容，仅在函数 fun 的花括号中填入你编写的若干语句。

给定源程序如下：

```
#include <stdio.h>
double fun(int n)
{

}
main()
{   int n;   double s;
    printf("\nInput n: ");  scanf("%d",&n);
    s=fun(n);
    printf("\n\ns=%f\n",s);
}
```

第99套 上机操作题

一、程序填空题

甲乙丙丁四人同时开始放鞭炮，甲每隔 t1 秒放一次，乙每隔 t2 秒放一次，丙每隔 t3 秒放一次，丁每隔 t4 秒放一次，每人各放 n 次。函数 fun 的功能是根据形参提供的值，求出总共听到多少次鞭炮声作为函数值返回。注意，当几个鞭炮同时炸响，只算一次响声，第一次响声是在第 0 秒。

例如，若 t1=7, t2=5, t3=6, t4=4, n=10, 则总共可听到 28 次鞭炮声。

请在程序的下划线处填入正确的内容并把下划线删除，使程序得出正确的结果。

注意： 源程序存放在考生文件夹下的 BLANK1.C 中。

不得增行或删行，也不得更改程序的结构！
给定源程序如下：

```
#include   <stdio.h>
/**********found**********/
#define   OK(i, t, n)    (( __1__ %t==0) && (i/t<n))
int fun(int t1, int t2, int t3, int t4, int n)
{   int count, t , maxt=t1;
    if (maxt < t2) maxt = t2;
    if (maxt < t3) maxt = t3;
    if (maxt < t4) maxt = t4;
    count=1;    /* 给 count 赋初值 */
/**********found**********/
    for(t=1; t< maxt*(n-1);  __2__ )
    {
        if(OK(t, t1, n) || OK(t, t2, n)|| OK(t, t3, n) || OK(t, t4, n) )
                    count++;
    }
/**********found**********/
    return  __3__ ;
}
main()
{   int t1=7, t2=5, t3=6, t4=4, n=10, r;
    r = fun(t1, t2, t3, t4, n);
    printf("The sound : %d\n", r);
}
```

二、程序改错题

给定程序 MODI1.C 中函数 fun 的功能是根据输入的三个边长（整型值），判断能否构成三角形；构成的是等边三角形，还是等腰三角形。若构成等边三角形函数返回 3，若能构成等腰三角形函数返回 2，若能构成一般三角形函数返回 1，若不能构成三角形函数返回 0。

请改正函数 fun 中指定部位的错误，使它能得出正确的结果。

注意： 不要改动 main 函数，不得增行或删行，也不得更改程序的结构！

给定源程序如下：

```
#include <stdio.h>
#include <math.h>
```

```
/**************found**************/
void fun(int a,int b,int c)
{   if(a+b>c && b+c>a && a+c>b) {
            if(a==b && b==c)
                return 3;
            else if(a==b||b==c||a==c)
                return 2;
/**************found**************/
            else retrun 1
    }
    else return 0;
}
main()
{   int a,b,c,shape;
    printf("\nInput a,b,c: ");
    scanf("%d%d%d",&a,&b,&c);
    printf("\na=%d, b=%d, c=%d\n",a,b,c);
    shape =fun(a,b,c);
    printf("\n\nThe shape : %d\n",shape);
}
```

三、程序设计题

请编写函数 fun，其功能是计算并输出 3 到 n 之间 (含 3 和 n) 所有素数的平方根之和。

例如，在主函数中从键盘给 n 输入 100 后，输出为 sum=148.874270。

注意：要求 n 的值大于 2 但不大于 100。

部分源程序存在文件 PROG1.C 中。

请勿改动主函数 main 和其他函数中的任何内容，仅在函数 fun 的花括号中填入你编写的若干语句。

给定源程序如下。

```
#include <math.h>
#include <stdio.h>
double fun(int n)
{

}
main()
{   int n;  double sum;
    printf("\n\nInput n: "); scanf("%d",&n);
    sum=fun(n);
    printf("\n\nsum=%f\n\n",sum);
}
```

第100套 上机操作题

一、程序填空题

函数 fun 的功能是从三个形参 a，b，c 中找出中间的那个数，作为函数值返回。

例如，当 a=3, b=5, c=4 时，中数为 4。

请在程序的下划线处填入正确的内容并把下划线删除，使程序得出正确的结果。

注意：源程序存放在考生文件夹下的 BLANK1.C 中。

不得增行或删行，也不得更改程序的结构！

给定源程序如下。

```
#include  <stdio.h>
int fun(int a, int  b, int  c)
{
    int t;
/**********found**********/
    t = (a>b) ? (b>c? b :(a>c?c: _1_ )) : ((a>c)?
_2_ : ((b>c)?c: _3_ ));
    return t;
}
main()
{   int a1=3, a2=5, a3=4, r;
    r = fun(a1, a2, a3);
    printf("\nThe middle number is : %d\n", r);
}
```

二、程序改错题

给定程序 MODI1.C 中函数 fun 的功能是首先将大写字母转换为对应小写字母；若小写字母为 a ~ u，则将其转换为其后的第 5 个字母；若小写字母为 v ~ z，使其值减 21。转换后的小写字母作为函数值返回。例如，若形参是字母 A，则转换为小写字母 f；若形参是字母 W，则转换为小写字母 b。

请改正函数 fun 中指定部位的错误，使它能得出正确的结果。

注意：不要改动 main 函数，不得增行或删行，也不得更改程序的结构！

给定源程序如下。

```
#include <stdio.h>
#include <ctype.h>
```

```
char fun(char c)
{   if( c>='A' && c<='Z')
/**************found**************/
    C=C+32;
    if(c>='a' && c<='u')
/**************found**************/
        c=c-5;
    else if(c>='v'&&c<='z')
        c=c-21;
    return c;
}
main()
{   char c1,c2;
    printf("\nEnter a letter(A-Z): "); c1=getchar();
    if( isupper(c1) )
    {   c2=fun(c1);
        printf("\n\nThe letter \'%c\' change to \'%c\'\n", c1,c2);
    }
    else  printf("\nEnter (A-Z)!\n");
}
```

三、程序设计题

请编写函数 fun,其功能是计算并输出
$$S = 1 + (1+\sqrt{2}) + (1+\sqrt{2}+\sqrt{3}) + \cdots + (1+\sqrt{2}+\sqrt{3}+\cdots+\sqrt{n})$$

例如,在主函数中从键盘给 n 输入 20 后,输出为 S=534.188884。

注意:要求 n 的值大于 1 但不大于 100。

部分源程序存在文件 PROG1.C 中。

请勿改动主函数 main 和其他函数中的任何内容,仅在函数 fun 的花括号中填入你编写的若干语句。

给定源程序如下。

```
#include <math.h>
#include <stdio.h>
double fun(int n)
{

}
main()
{   int n;   double s;
    printf("\n\nInput n: ");  scanf("%d",&n);
    s=fun(n);
    printf("\n\ns=%f\n\n",s);
}
```

第101套~104套 上机操作题

本部分对应的内容在图书配套软件中。先安装二级 C 语言软件,启动软件后单击主界面中的"配书答案"按钮,即可查看。

第 4 部分

参考答案及解析

第1套 参考答案及解析

一、程序填空题

【微答案】

（1）0（2）x（3）t++

【微分析】

填空 1：变量 n 用于存放符合条件的整数的个数，应赋初值为 0。

填空 2：根据题目要求，确定循环变量 t 的取值范围 t<=x。

填空 3：循环变量 t 自增 1 操作。

二、程序改错题

【微答案】

（1）int i, sl;

（2）t[i]=s[sl-i-1];

【微分析】

（1）变量 s1 没有定义。

（2）该循环实现将 s 串中的字符逆序存入 t 串中，t[i] 对应 s 串中的 s[sl-i-1]。

三、程序设计题

【微答案】

```
void fun(int a, int b, long *c)
{
    *c=a%10+(b%10)*10+(a/10)*100+(b/10)*1000;
}
```

【微分析】

本题的主要问题是如何取出 a 和 b 的个位数和十位数，取出后如何表示成 c 中相应的位数。由于 a 和 b 都是只有两位的整数，所以分别对它们除以 10 可得到它们的十位数，分别用 10 对它们求余可得到它们的个位数。得到后对应乘以 1000、100、10、1 就可得到 c 的千位数、百位数、十位数和个位数。

注意：使用 c 时要进行指针运算。

第2套 参考答案及解析

一、程序填空题

【微答案】

（1）999（2）t/10（3）x

【微分析】

填空 1：题目要求找出 100～999 之间符合要求的数，所以 while 语句的循环条件是 t<=999。

填空 2：变量 s2 存放三位数的十位，取出三位数十位数值的方法为 s2=(t/10)%10。

填空 3：题目需要判断各位上数字之和是否为 x，所以 if 语句条件表达式是 s1+s2+s3==x。

二、程序改错题

【微答案】

（1）void fun(long s,long *t)

（2）while(s>0)

【微分析】

函数的形参类型应与实参类型相同，主函数中函数 fun() 的调用方式说明其参数应为指针类型，所以形参 t 应定义为 long *t。

while 循环的功能是每循环一次就从 s 中的数上取出一位进行运算，直到取完为止，所以循环条件为 s>0。

三、程序设计题

【微答案】

if(a[i].s>a[j].s)
{

```
        tmp=a[j];a[j]=a[i];a[i]=tmp;
    }
```

【微分析】

对 N 个数进行排序的算法很多，其中最简单的排序算法是冒泡算法。利用双层 for 循环嵌套和一个 if 判断语句来实现，外层循环用来控制需比较的轮数，内层循环用来控制两两比较。

第3套 参考答案及解析

一、程序填空题

【微答案】

（1）1（2）s>0（3）i*10

【微分析】

填空1：变量 i 用来控制被取出的偶数在新数中的位置，应赋初值1。

填空2：while 语句的循环条件是 s>0。

填空3：变量 i 用来标识个位、百位和千位等。

二、程序改错题

【微答案】

（1）int fun(int n,int xx[][M])

（2）printf("%d",xx[i][j]);

【微分析】

（1）当用数组作为函数的形参时，可以不定义数组的行数，但一定要定义数组的列数。

（2）该处错误比较隐蔽，一般C语言上机考试很少涉及 printf 函数中的错误，此处只要明白 d 和 f 的区别就可以了。格式字符 d 表示以带符号的十进制形式输出整数（正整数不输出符号）；格式字符 f 表示以小数形式输出单精度、双精度数据，隐含输出6位小数。

三、程序设计题

【微答案】

```
void fun(int a, int b, long *c)
{
    *c=b/10+(a%10)*10+(b%10)*100+(a/10)*1000;
}
```

【微分析】

本题中主要的问题是如何取出 a 和 b 的个位数和十位数，取出后如何表示成 c 中相应的位数。由于 a 和 b 都是只有两位的整数，所以分别对它们除10可得到它们的十位数，分别用10对它们求余可得到它们的个位数。得到后对应乘以 1000、100、10、1，就可得到 c 的千位数、百位数、十位数和个位数。注意使用 c 时要进行指针运算。

第4套 参考答案及解析

一、程序填空题

【微答案】

（1）0（2）10*x（3）n/10

【微分析】

填空1：定义变量 t 用来存放某数的各个位数值，此处判断 t 是否为偶数，即对2求余结果是否为0。

填空2：将 t 作为 x 的个位数，原来 x 的各个位上升十位，即 x = 10*x+t。

填空3：每循环一次，通过除法运算，去掉数值最后一位。

二、程序改错题

【微答案】

（1）*t=0;

（2）if(d%2!=0) 或 if(d%2==1)

【微分析】

（1）由函数定义可知，变量 t 是指针变量，所以对 t 进行赋初值0是不对的。因为 t 指向的是存放新数的变量，所以此处应给新数赋初值0，即 *t=0。

（2）变量 d 表示数 s 各个位上的数，此处的 if 条件应为判断 d 是否为奇数。

三、程序设计题

【微答案】

```
void fun(char p1[], char p2[])
{
    int i,j;
    for(i=0;p1[i]!='\0';i++) ;
    for(j=0;p2[j]!='\0';j++)
    p1[i++]=p2[j];
```

```
        p1[i]='\0';
    }
```

【微分析】

本题用两个循环完成操作,第 1 个循环的作用是求出第 1 个字符串的长度,即将 i 指到第 1 个字符串的末尾。第 2 个循环的作用是将第 2 个字符串的字符连到第 1 个字符串的末尾。最后在第 1 个字符串的结尾加上字符串结束标识 '\0'。

第5套 参考答案及解析

一、程序填空题

【微答案】

(1) 10 (2) 0 (3) x

【微分析】

填空 1:通过 t 对 10 求余,取出该数值的各个位。

填空 2:通过 if 条件语句实现奇偶数的判定。如果条件表达式对 2 求余为 0 即是偶数,反之是奇数。

填空 3:最后将剩余的数赋给 n 指问的元素。

二、程序改错题

【微答案】

(1) if(n==0)

(2) result *=n--; 或 {result *=n; n--;}

【微分析】

(1) 这里是一个简单的格式错误,if 条件应该加括号。

(2) 根据阶乘的概念,从 n 开始"n!=n*(n-1)!",直到 1,所以应改为 result *=n--;。

三、程序设计题

【微答案】

```
i=0;
if(*p=='-')                /* 负数时置 flag 为 -1*/
{   p++;
    i++;
    flag= -1;
}
else if(*p=='+')           /* 正数时置 flag 为 1*/
{   p++;
    i++;
}
for(;i<len;i++)0
{   x=x*10+*p-'0';         /* 将字符串转成相应的整数 */
    p++;
}
x = x*flag;
```

【微分析】

if() 语句的作用是判断该字符串应当为正数还是负数。

注意:*p 是一个字符(如 '9'、'4'),并不是一个数,要将其转成相应的数字需令其减去 '0' (不是 '\0'),即 *p-'0' 就得到 *p 这个字符的相应数字,如 '0'-'0'=0、'8'-'0'=8 等。

第6套 参考答案及解析

一、程序填空题

【微答案】

(1) 0 (2) n (3) (t*t)

【微分析】

填空 1:程序开始定义了变量 s,但没有对其进行初始化,根据公式及后面的程序可知变量 s 用来存储公式的前 n 项和,因此该变量应初始化为 0。

填空 2:通过 for 循环语句将表达式各项进行累加,结果存于变量 s 中,循环变量 i 的取值范围为 1 ~ n。

填空 3:根据题目要求确定表达式通项,前面已定义 t = 2.0*i,因此此空应填 (t*t)。

二、程序改错题

【微答案】

(1) for(i=0;str[i];i++)

(2) if(substr[k+1]== '\0')

【微分析】

我们先看循环条件 for(i = 0, str[i], i++),不难发现此处 for 循环语句的格式有误,其中表达式之间应以 ";" 相隔;同时很容易发现 if 条件语句处的关键字书写错误。

三、程序设计题

【微答案】
```
double fun ( double eps)
{
    double s=1.0,s1=1.0;
    int n=1;
    while(s1>=eps)      /* 当某项大于精度要求
                           时, 继续求下一项 */
    { s1=s1*n/(2*n+1);  /* 求多项式的每一项 */
        s=s+s1;         /* 求和 */
        n++;
    }
    return 2*s;
}
```

【微分析】
首先应该定义 double 类型变量, 并且赋初值, 用来存放多项式的某一项和最后的总和。从第 2 项开始以后的每一项都是其前面一项乘以 n/(2*n+1), 程序中用 s1 来表示每一项, s 表示求和后的结果。需注意 s1 和 s 的初值都为 1.0, 因为循环变量从第二项开始累加。

第7套 参考答案及解析

一、程序填空题

【微答案】
（1）1 （2）2*i （3）(-1)

【微分析】
填空 1: 由 fun 函数整体结构可以看出 k 的作用是赋值, 并累加各项前边的正负号, 由于第一项是正的, 因此赋给 k 的值为 1。

填空 2: 此空下一行的表达式 k*(2*i-1)*(2*i+1)/(t*t) 累加的通项, k 为正负号, 由题目中公式可知 t=2*i。

填空 3: 由于通向前边的正负号每次都要发生变化, 因此 k=k*(-1)。

二、程序改错题

【微答案】
（1）k++;

（2）if(m==k)

【微分析】
函数 fun 的功能是判断 m 是否为素数: m 从 2 开始作为除数, 并对 m 取余, 若不存在一个数使得余数为 0, 则 m 为素数, 第一处程序错误丢失分号, 第二处程序的错误在于 if(m=k) 语句中的逻辑表达式写成了赋值语句。

三、程序设计题

【微答案】
```
void fun(int a[],int n, int *max, int *d)
{
    int i;
    *max=a[0];
    *d=0;
    for(i=0;i<n;i++)
    if(*max<a[i])
    {*max=a[i];*d=i;}
}
```

【微分析】
要查找最大值及其下标需要定义两个变量, 该程序直接使用形参 max 和 d, 由于它们都是指针变量, 所以在引用它所指向的变量时要对它进行指针运算。循环语句用来遍历数组元素, 条件语句用来判断该数组元素是否最大。

第8套 参考答案及解析

一、程序填空题

【微答案】
（1）3.0 或 (double)3 （2）> （3）(t+1)

【微分析】
填空 1: 变量 x 定义为 double 类型, 而运算符 "/" 后面是整型数, 所以给 x 赋值时, 注意数据类型, 此处不能将 3.0 写成 3。

填空 2: while 循环语句的循环条件, 根据题意确定循环变量应大于 1e-3, 因此, 此处应填 ">"。

填空 3: 表达式的通项是 (2*i+1)/(2*i)2, 由于程序中已定义 t=2*i, 所以此处应该填写 (t+1)。

二、程序改错题

【微答案】

（1）double fun(int n)

（2）s=s+(double)a/b;

【微分析】

（1）由语句"return(s)"和变量 s 定义为 double 数据类型可知，该函数定义时其类型标识符为 double 类型。

（2）注意数据类型 double 的书写格式。

三、程序设计题

【微答案】

```
int fun (int a[][M])
{
    int i,j,max=a[0][0];
    for(i=0;i<2;i++)
    for(j=0;j<M;j++)
    if(max<a[i][j])
    max=a[i][j];
    return max;
}
```

【微分析】

此类求最大值或最小值的问题，我们可以采用逐个比较的方式，要求对数组中所有元素遍历一遍，并且从中找出数组最大值或最小值。首先定义变量 max 存放数组中的第一个元素的值，然后利用 for 循环逐个找出数组中的元素，并与 max 比较，如果元素值大于 max，则将该值赋于 max，循环结后 max 的值即为数组最大值，最后将该值返回。

第9套 参考答案及解析

一、程序填空题

【微答案】

（1）0 （2）i++ 或 ++i 或 i+=1 或 i=i+1 （3）2.0*i

【微分析】

填空1：循环变量 1 从开始参加运算，但是在每次循环的开始 i 都进行自加 1 操作，故 i 应赋初值为 0。

填空2：循环变量 i 自增 1 运算。

填空3：根据公式确定表达式通项。注意 x 为 double 类型，故应将 i 变为 double 类型再进行运算。

二、程序改错题

【微答案】

（1）void fun (char *s , char *t)

（2）t[2*d]='\0'; 或 t[d+i]='\0'; 或 t[2*d]=0; 或 t[d+i]=0;

【微分析】

（1）由主函数调用 fun 函数时可知，参数为数组，fun 函数定义时要写成指针形式。

（2）题目中把最后一个字符赋值为 '\0'，实际上是要将最后一个字符后面加上 '\0'。

三、程序设计题

【微答案】

```
void fun(char *s, char t[])
{
    int i,j=0,n;
    n=strlen(s);
    for(i=0;i<n;i++)
    if(i%2!=0&&s[i]%2!=0)
    { t[j]=s[i];
      j++;
    }
    t[j]='\0';
}
```

【微分析】

本题要求除了下标为奇数同时 ASCII 码值也为奇数的字符之外，其余的所有字符都删除，即留下下标为奇数同时 ASCII 码值也为奇数的字符。所以 if 的条件语句中应使用 if(i%2!=0&&s[i]%2!=0)。

第10套 参考答案及解析

一、程序填空题

【微答案】

（1）s[i] （2）k （3）'\0' 或 0

【微分析】

填空1：将字符串 s 中所有字母元素赋给数组 t。

填空2：字符串中所有非字母元素放到字母元

素后面,所以取值范围是 0 ~ k。

填空 3:最后给字符串加入结束标识 '\0'。

二、程序改错题

【微答案】

(1) while (*w)

(2) if (*r ==*p)

【微分析】

(1) 这里要判断的是值的真假,而不是地址,所以改为 while (*w)。

(2) C 语言中关键字区分大小写,只需运行程序,就可以根据错误提示找到。

三、程序设计题

【微答案】

```
void fun(char *s, char t[])
{
    int i,j=0,n;
    n=strlen(s);
    for(i=0;i<n;i++)
    if(s[i]%2==0)
    { t[j]=s[i];
      j++;
    }
    t[j]='\0';
}
```

【微分析】

要删除 ASCII 码值为奇数的字符,也就是要保留 ASCII 码值为偶数的字符,由于最终是要求出剩余字符形成的新串,所以本题的算法是对原字符串从头到尾扫描,并找出 ASCII 码值为偶数的字符依次存入数组中。

第11套 参考答案及解析

一、程序填空题

【微答案】

(1) j (2) k (3) p 或 (p)

【微分析】

填空 1:函数中申请了两个内存空间,其中 p 存放数字字符串,t 存放非数字字符串,根据条件可知,p 依次存放数字字符串,其位置由 j 来控制,所以应填 j。

填空 2:利用 for 循环再把 t 中的内容依次追加到 p 中,其中 t 的长度为 k,所以应填 k。

填空 3:处理之后的字符串存放到 p 中,最后返回 p 的首地址即可,所以应填 p。

二、程序改错题

【微答案】

(1) while (i<j)

(2) if (*a)

【微分析】

(1) 将字符串中字符逆序存放,循环条件是 i<j,所以应改为 while(i<j)。

(2) 书写错误,将 If 改为 if。

三、程序设计题

【微答案】

```
void fun(char *s, char t[])
{
    int i, j = 0 ;
    for(i = 0 ; i < strlen(s) ; i++)
    if(!((i % 2) ==0 && (s[i] % 2))) t[j++] = s[i];
    t[j] = 0 ;
}
```

【微分析】

本题是从一个字符串按要求生成另一个新的字符串。我们使用 for 循环语句来解决这个问题。在赋值新的字符串之前,先对数组元素的下标和 ASCII 码的值进行判断,将满足要求的元素赋给新的字符串。

第12套 参考答案及解析

一、程序填空题

【微答案】

(1) 0.0 (2) x[i]/N (3) j++

【微分析】

填空 1:通过读上面的程序可以看出此空考的是给变量赋初值,av 代表的是平均值,因此 av 的初值应该是 0.0。

填空2：通过for循环可知，此空代表求平均值，因此应该填写 x[i]/N。

填空3：先把大于平均值的数放在形参 y 所指数组中，然后使下标值加 1，因此此空应该填 j++。

二、程序改错题

【微答案】

（1）double fun(int m)

（2）for(i=100;i<=m;i+=100)

【微分析】

（1）题目要求在函数 fun 中求级数前 m 项和，可用循环语句，每次计算级数中的一项，然后累加。第一处错误在于定义 fun(int m)，由函数的返回值可知应该定义为 double fun(int m)。

（2）for(i=100,i<=m,i+=100) 中是一个简单的语法错误。for 循环语句的形式为 for(表达式 1; 表达式 2; 表达式 3)，其表达式之间应以 ";" 相隔。

三、程序设计题

【微答案】

```
fun(STU a[], STU *s)
{
    int i;
    *s=a[0];
    for(i=0;i<N;i++)
    if(s->s>a[i].s)
    *s=a[i];
}
```

【微分析】

找出结构体数组元素中的最小值。先认为第 1 个值最小，即 *s=a[0]；，如果在循环的过程中发现比第 1 个值更小的，就将指针 s 指向该元素，直到找到最小元素。另外，本题还涉及结构体中的指向运算符，请考生注意。

第13套 参考答案及解析

一、程序填空题

【微答案】

（1）*av（2）i（3）x[j]

【微分析】

填空1：从原程序中可以看出 *av 代表的是平均值，而 s/N 表示的就是平均值，因此本空应该填 *av。

填空2：if 语句来判断找最接近平均值的数，因而此空应该填 i。

填空3：题目要求将小于平均值且最接近平均值的数作为函数返回，而 j 表达的是最接近平均值的数在数组中的下标，因而本空应该填写 x[j]。

二、程序改错题

【微答案】

（1）float fun(int n)

（2）for(i=2;i<=n;i++)

【微分析】

（1）根据函数的返回值可知，函数应定义为 float 型。

（2）该题中函数 fun 的作用是计算数列前 n 项的和，而数列的组成方式是：第 n 项的分母是 1 加第 n-1 项的值，分子为 1，如果循环累加按 for(i=2;i<n;i++) 执行，当输入 n = 2 时循环不会执行，程序将得不到想要的结果，因此循环变量的取值范围应包括 2。

三、程序设计题

【微答案】

```
void fun(int a[][N], int m)
{
    int i,j;
    for(j=0;j<N;j++)
    for(i=0;i<=j;i++)
    a[i][j]=a[i][j]*m;    /* 右上半三角元素中的值乘以 m*/
}
```

【微分析】

本程序实现将矩阵中右上半三角元素中的值乘以 m，使用循环语句遍历数组元素，第 1 个循环用于控制行坐标，第 2 个循环用于控制列下标。

第14套 参考答案及解析

一、程序填空题

【微答案】

(1) s/N (2) j++ (3) -1

【微分析】

填空1：由原程序可知，av 代表的是平均值，而平均值的求法是所有数的总和除以数的个数，因而本空应该填写 s/N。

填空2：y 数组代表暂时存放 x 数组，if(x[i]>av) 表达的是当 x 数组中的数大于平均值时，应该把这些大于平均值的数放在 y 数组的前半部分，因而此空应该填 y[j++]。

填空3：此空表明当 x[i] 不等于什么时，x[i] 中的数要赋值给 y 数组，由题意可知此空只能填写 -1。

二、程序改错题

【微答案】

(1) #include <stdio.h>

(2) void upfst(char *p)

【微分析】

头文件引用 include 前要加 #，主函数中 fun 函数的调用方式说明函数 fun 的参数应为指针类型。

三、程序设计题

【微答案】

```
double fun (int w[][N])
{
    int i,j,k=0;
    double av=0.0;
    for(i=0;i<N;i++)
        for(j=0;j<N;j++)
            if(i==0||i==N-1||j==0||j==N-1)
            { av=av+w[i][j];
              k++;
            }
    return av/k;
}
```

【微分析】

本题要求计算二维数组周边元素的平均值，for 循环语句控制循环过程，if 条件语句根据数组元素的下标判断该元素是否为二维数组的周边元素。

本题采用逐一判断的方式，周边元素的规律为下标中有一个是 0 或 N-1，所以只要下标中有一个为 0 或 N-1，那么它一定是周边元素。计算周边元素个数的方式是当给 av 累加一个值时，k 也加 1。

第15套 参考答案及解析

一、程序填空题

【微答案】

(1) x[i]/N (2) j++ 或 ++j (3) i++ 或 ++i

【微分析】

填空1：av 代表平均值，本题考查了怎样求平均值，因此本空应该填写 x[i]/N。

填空2：通过 for 循环和 if 判断找到 x[i] 中比平均值小的数，并把这些值赋值给 y[j]，因此本空应该填写 j++ 或者 ++j。

填空3：通过 while 循环语句，把 x[i] 中比平均值大的数放在数组 y 的后半部分，因此本空应该填写 i++ 或者 ++i。

二、程序改错题

【微答案】

(1) num[k]=0;

(2) switch(*s)

【微分析】

循环变量是 k，所以是 num[k]=0;。

switch 语句说明如下：

(1) switch 后的表达式，可以是整型或字符型，也可以是枚举类型。在新的 ANSIC 标准中允许表达式的类型为任何类型。

(2) 每个 case 后的常量表达式只能是由常量组成的表达式，当 switch 后的表达式的值与某一个常量表达式的值一致时，程序就转到此 case 后的语句开始执行。如果没有一个常量表达式的值与 switch 后的值一致，就执行 default 后的语句。

(3) 各个 case 后的常量表达式的值必须互不相同。

(4) 各个 case 的次序不影响执行结果，一般情况下，尽量将出现概率大的 case 放在前面。

（5）在执行完一个 case 后面的语句后，程序会转到下一个 case 后的语句开始执行，因而必须使用 break 语句才能跳出。

三、程序设计题

【微答案】

```
int fun( int a [M][N])
{
    int i,j,sum=0;
    for(i=0;i<M;i++)
        for(j=0;j<N;j++)
            if(i==0||i==M-1||j==0||j==N-1)
                sum=sum+a[i][j];
    return sum;
}
```

【微分析】

本题采用逐一判断的方式，周边元素的规律是，其下标值中一定有一个是 0 或 M-1 或 N-1。程序中循环语句用来控制数组的行和列，条件语句用来判断数组元素是否为周边元素。

第16套 参考答案及解析

一、程序填空题

【微答案】

（1）'0'（2）s++ 或 ++s（3）ctod(a)+ctod(b)

【微分析】

填空 1：isdigt(*s) 这个函数表示检查 *s 是否为数字（0～9），d = d*10+*s- ? 表示的是要把字符串分别转换成面值相同的整数，因此本空应该填写 '0'。

填空 2：由填空 *s 所代表的字符串中字符需要一个一个的字符进行转换成整数，因此此空应该填写 s++ 或 ++s。

填空 3：题目要求把转换后的字符进行相加后作为函数的返回值，因此本空应该填写 ctod(a)+ctod(b)。

二、程序改错题

【微答案】

（1）void fun (char *s, int *a, int *b)

（2）*a=*a+1;

（3）*b=*b+1;

【微分析】

（1）由主函数中调用 fun 函数的语句 fun(s, &upper, &lower) 可知，函数的后两个变量为指针的形式，所以用 *a 和 *b。

（2）*a 的作用是用来记录大写字母的个数，此处的作用是对 *a 累加 1，所以此处应改为 *a=*a+1。

（3）*b 的作用是用来记录小写字母的个数，此处的作用是对 *b 累加 1，所以此处应改为 *b=*b+1。

三、程序设计题

【微答案】

```
float fun (float h )
{
    long t;
    t=(h*1000+5)/10;
    return (float)t/100;
}
```

【微分析】

注意：本题要求 h 的值真正进行四舍五入运算，而不是为了输出，即不能用 printf（"%7.2f", h）来直接得到结果。

第17套 参考答案及解析

一、程序填空题

【微答案】

（1）N 或 20（2）break（3）n

【微分析】

填空 1：变量 n 用于存储数组的下标，要通过 while 语句对数组进行赋值，数组的容量为 20，因此循环条件应为 n<20。

填空 2：通过一个 for 循环判断 x 是否与数组中已存的元素重复，若重复则跳出 for 循环结束。

填空 3：若 for 循环是由 break 语句结束的，则 x 与数组中的元素重复，此时 i 必然小于 n；若 for 循环是因为循环变量 i 递增到某值，而不再满足循环条件结束的，说明 x 的值与数组中的元素不重复，则此时 i 的值等于 n。

二、程序改错题

【微答案】

（1）sum=0;

（2）scanf("%d",&a[i][j]);

【微分析】

该题考查对循环语句的掌握和对数组概念的理解。本题的解题思路为：先从键盘输入一个3×3矩阵，然后循环累加，执行循环语句中的 sum = sum+a[i][i];。因为变量 sum 用来存放累加后的结果，所以应对其初始化为 0。第二处错误考查标准输入函数 scanf 的格式，被赋值的变量前要加上取地址符"&"。

三、程序设计题

【微答案】
```
void fun (int array[3][3])
{
    int i,j,t;
    for(i=0;i<3;i++)       /* 将右上三角和左下三角
                              对换，实现行列互换 */
    for(j=i+1;j<3;j++)
    { t=array[i][j];
      array[i][j]=array[j][i];
      array[j][i]=t;
    }
}
```

【微分析】

要实现矩阵转置，即将右上角数组元素和左下角数组元素对换，本题通过数组元素交换方法，完成矩阵转置操作。

因为对矩阵转置后仍然存回其本身，所以只能循环矩阵中的一个角(本程序是右上半三角)。控制右上半三角的方法是在内层循环中循环变量 j 从 i+1 或 i 开始。

第18套 参考答案及解析

一、程序填空题

【微答案】

（1）a[0][i] （2）< （3）x,y

【微分析】

填空1：数组 b 用于存放每列元素中的最大值，首先将第 i 列的第一个数赋给 b[i]，然后用 b[i] 与其他数进行比较，因此此空应填 a[0][i]。

填空2：if 条件表达式表示当 b[i] 小于 a[j][i] 时，就把 a[j][i] 的值赋给 b[i]，因此此空应该填 <。

填空3：fun 函数的调用，通过 fun(int (*a)[N], int *b) 可知，此空应该填 x、y。

二、程序改错题

【微答案】

（1）void fun(int *x, int *y)

（2）t=*x; *x=*y; *y=t;

【微分析】

（1）本题考查指针变量作函数参数。一般变量作参数时，不能改变实参的值，采用指针变量作为参数则能够改变实参的值。主函数中 fun 函数的调用方式表明 fun 函数的参数应当为指针类型。

（2）此处是一个变量交换操作错误，可知 x、y 是指针类型，变量类型不同，因而 x、y 不能与 t 进行值的交换。

三、程序设计题

【微答案】
```
int fun(int lim, int aa[MAX])
{
    int i,j,k=0;
    for(i=2;i<=lim;i++)         /* 求出小于或等于 lim
                                   的全部素数 */
    { for(j=2;j<i;j++)
      if(i%j==0) break;
      if(j>=i)
      aa[k++]=i;                /* 将求出的素数放入数
                                   组 aa 中 */
    }
    return k;                   /* 返回所求出的素数的
                                   个数 */
}
```

【微分析】

本程序使用 for 循环语句查找小于 lim 的所有数，使用内嵌的循环判断语句判断该数是否为素数。在做这道题时，需要重点掌握素数的判定方法：

第19套 参考答案及解析

一、程序填空题

【微答案】

（1）[N]（2）i（3）i+1

【微分析】

填空1：本题考查了形参的确定。参数传递时将实参的值赋给形参，实参和形参是一一对应的，因此该空应该填写[N]。

填空2：第二重for循环中a[i][j]和a[N-i-1][j]表示第一行和最后一行数组a[N][N]的值，因而此空应该填写i。

填空3：第三重for循环代表的是a[N][N]中每一列的值，因此此空应该填写i+1。

二、程序改错题

【微答案】

（1）aa[i]=m%k;

（2）printf("%d", aa[i-1]);

【微分析】

（1）将十进制正整数转换为任意进制的数与十进制正整数转换成二进制的数的方法是一样的。从整数n译出它的各位k进制数值，需采用除k取余的方法，即求n除k的余数，得到它的k进制的个位数，接着将n除以k。在n不等于0的状况下循环，能顺序求出n的k进制的各个位上的数。

（2）在进行for(i=0;m;i++)循环结束时，i已经多加了一个1，所以这里要减去1。

三、程序设计题

【微答案】

```
len=strlen(a[i]);
if (maxlen<len)
{   k=i;
    maxlen=len;
}
```

【微分析】

解答本题之前，首先应该明白ss是一个指向一维数组的指针变量，max是指向指针的变量，所以引用变量时要注意加上*。本程序使用循环语句遍历字符串数组，使用条件语句判断该字符串是否最大。

第20套 参考答案及解析

一、程序填空题

【微答案】

（1）0（2）||（3）1

【微分析】

填空1：本题考查为变量赋初值，在这里row+=a[i][j]代表是每行的总和，colum+=a[j][i]代表的是每列的总和，因而row，colum在初始化时应该为零，此空应该填0。

填空2：本题考查了if条件语句，此句if判断代表每行的总和与列是否相等，每行的总和是否与对角线的总和相等，两者若有一个不成立，即返回0，因而此空应该填写||。

填空3：题目要求若矩阵是"幻方"，则函数返回值为1，因而此空应该填写1。

二、程序改错题

【微答案】

（1）t-=1.0/i;

（2）return t;

【微分析】

（1）变量t存放公式的和，通过循环语句进行复合运算，因此此处应改为t-=1.0/i;，注意此处应进行变量的类型转换。

（2）循环结束后应将和值返回给主函数。

三、程序设计题

【微答案】

```
void fun (char *str)
{
    int i=0;
    char *p=str;
    while(*p)
    {
        if(*p!=' ')        /* 删除空格 */
        {
            str[i]=*p;
```

```
        i++;
    }
    p++;
}
str[i]='\0';          /* 加上结束符 */
}
```

【微分析】

本题要求删除所有空格，即保留除了空格以外的其他所有字符。由于 C 语言中没有直接删除字符的操作，所以对不需要删除的字符采用"保留"的操作。用指针 p 指向字符串中的每一个字符，每指向到一个字符都判断其是否为空格，若不是空格则保存到 str[i]。

第21套 参考答案及解析

一、程序填空题

【微答案】

（1）k （2）N （3）a[k][i]

【微分析】

填空1：变量 k 在函数体 fun 中已经使用，但在函数体中没有定义，肯定是在函数的形参中定义的，所以应填 k。

填空2：数组共 N 列，所以应填 N。

填空3：这部分语句实现的功能是变量值的交换，所以应填 a[k][i]。

二、程序改错题

【微答案】

（1）for(i=strlen(t)-1; i; i--)
或 for(i=strlen(t)-1; i>0; i--)

（2）if (t[j] > t[j+1])

【微分析】

（1）本题是利用选择法对数组元素进行比较排序。所谓选择法，是依次用当前取得的元素和其后面的元素进行比较，在第一个元素和其后面的元素顺次比较时，可以借助中间变量来对两个数进行交换，要保证第一个元素始终存放数组中的最大数，以后依次挑选出次大数，这样最终的数组就是有序的。strlen 函数所求得的字符串长度包括字符串结束符，所以要减1。

（2）这里是一个分析逻辑错误，题中要求按升序排序，所以应改为 if (t[j] > t[j+1])。

三、程序设计题

【微答案】

```
void fun(char *ss)
{
    int i;
    for(i=0;ss[i]!='\0';i++)
    if(i%2==1&&ss[i]>='a'&&ss[i]<='z')
    ss[i]=ss[i]-32;
}
```

【微分析】

该题要求将给定字符串中奇数位置的字母转换为大写，需要先判断奇数位置以及是否是小写字母，如果是再通过其转换方法进行转换。

从 C 语言的学习中知道，只要将小写字母减去 32 即转成大写字母，将大写字母加上 32 即转成小写字母。本程序用 if 语句实现转换功能。

第22套 参考答案及解析

一、程序填空题

【微答案】

（1）k （2）N-1 （3）temp

【微分析】

填空1：外循环 p 的值为数组移动的次数，试题要求第 k 列左移，则需要移动的次数为 k，所以应填 k。

填空2：矩阵共 N 列，所以应填 N-1。

填空3：临时变量 temp 中存放的值为数组最左边元素的值，需要把 temp 放到数组的末尾，即放到 a[i][N-1] 中，所以应填 temp。

二、程序改错题

【微答案】

（1）void fun(int a[][M], int m)

（2）a[j][k] = (k+1)*(j+1);

【微分析】

（1）在函数体 fun 中可知，a 是一个字符串数组型变量，设置实参时，用 **a 表示是错误的，所以应改为 void fun(int a[][M], int m)。

（2）根据输出的结果可知，应改为 a[j][k] = (k+1)*(j+1)。

三、程序设计题

【微答案】

```
void fun(int  a, int  b, long  *c)
{
 *c=(a%10)*1000+(b%10)*100+(a/10)*10+(b/10);
}
```

【微分析】

本题是给出两个两位数的正整数分别取出各位上的数字，再按条件组成一个新数。取 a 十位数字的方法 a/10，取 a 个位数字的方法 a%10。同理可取出整数 b 的个位数和十位数。

第23套 参考答案及解析

一、程序填空题

【微答案】

（1）j（2）0（3）i++

【微分析】

本题是在矩阵中找出在行上最大、在列上最小的那个元素。

填空1：找出行上最大的数，并将该数的列数 j 保存在 c 中，所以应填 j。

填空2：使用 while 循环语句和控制变量 find，如果该数不是列中的最小数，那么把 find 置 0，所以应填 0。

填空3：i 是 while 的控制变量，所以每做一次循环，该数值要加 1，所以应填 i++。

二、程序改错题

【微答案】

（1）for(i = 2 ; i<= m ; i++)

（2）y -= 1.0/(i * i);

【微分析】

（1）使用 for 循环计算公式，必须计算到 m，所以应改为 for(i=2; i<=m; i++)。

（2）在除法运算中，如果除数和被除数都是整数，那么所除结果也是整数，因此应改为 y-=1.0/(i*i)。

三、程序设计题

【微答案】

```
int fun(int score[],int m, int below[])
{
int i,j=0;
float av=0.0;
for(i=0;i<m;i++)
  av=av+score[i]/m;
for(i=0;i<m;i++)
  if(score[i]<av)
    below[j++]=score[i];
return j;
}
```

【微分析】

要计算低于平均分的人数，首先应该求出平均分，然后通过 for 循环语句和 if 条件语句找出低于平均分的分数。该题第 1 个循环的作用是求出平均分 av，第 2 个循环的作用是找出低于平均分的成绩记录并存入 below 数组中。

第24套 参考答案及解析

一、程序填空题

【微答案】

（1）t,s（2）s[i]（3）0 或 '\0'

【微分析】

本题是在矩阵中找出在行上最大、在列上最小的那个元素。

填空1：当给定的长度 n 大于该字符串 s 的长度，那么把该字符串直接拷贝到 t 就可以了，所以应填 t, s。

填空2：使用 for 循环语句，把最右边 n 个字符依次添加到 t 中，所以应填 s[i]。

填空3：字符串操作结束，需要给 t 加一个字符串结束符，所以应填 0 或 '\0'。

二、程序改错题

【微答案】

（1）if(i%k==0)

（2）if(k==i)

【微分析】

（1）判断当前数是否为素数，若存在一个数（除1和其自身）能整除当前数，则跳出本次循环，所以if条件应为i%k==0。

（2）如果i是素数，则循环结束时k==i，将该值返回。

三、程序设计题

【微答案】

```
void fun (int x, int pp[], int *n)
{
    int i,j=0;
    for(i=1;i<=x;i=i+2)   /*i 的初始值为 1, 步长
                             为 2, 确保 i 为奇数 */
        if(x%i==0)        /* 将能整除 x 的数存入
                             数组 pp 中 */
            pp[j++]=i;
    *n=j;                 /* 传回满足条件的数的个数 */
}
```

【微分析】

本题考查：偶数的判定方法；整除的实现。

本题题干信息是能整除x且不是偶数的所有整数。循环语句中变量i从1开始且每次增2，所以i始终是奇数。整除的方法，在前面已经讲过多次，这里就不再赘述了。对于本题目要求的不是偶数的判定方法，即该数对2求余不为0。除以上方法外，还可以通过for循环语句直接把偶数筛出去，确保参与操作的数均为奇数。

第25套 参考答案及解析

一、程序填空题

【微答案】

（1）s（2）--（3）return 0

【微分析】

填空1：根据函数体fun中，对变量lp和rp的使用可知，lp应指向形参s的起始地址，rp指向s的结尾地址，所以应填s。

填空2：rp是指向字符串的尾指针，当每做一次循环rp向前移动一个位置，所以应填：--。

填空3：当lp和rp相等时，表示字符串是回文并返回1，否则就返回0，所以应填return 0。

二、程序改错题

【微答案】

（1）double fun(int n)

（2）c=a;a+=b;b=c;

【微分析】

（1）由于返回值是double型的，所以函数要定义为double型。

（2）将c赋值为b即b=c，使之成为下一项的分母。

三、程序设计题

【微答案】

```
void fun(int m,int k,int xx[])
{
    int i,j,n;
    for(i=m+1,n=0;n<k;i++)
    {   for(j=2;j<i;j++)
            if(i%j==0) break;
        if(j>=i)
            xx[n++]=i;
    }
}
```

【微分析】

本题主要考查素数的判定方法，如果一个数不能被除了1和其自身以外的数整除，则这个数为素数。本程序使用循环语句控制需要判断的数，在循环体中判断该数是否为素数，若是则存入数组xx中。

第26套~104套 参考答案及解析

本部分对应的内容在图书配套软件中。先安装二级C语言软件，启动软件后单击主界面中的"配书答案"按钮，即可查看。